演習グラフィカル物理数学

松本 亮介
山口 智実 著

電気書院

まえがき

理工学系学部で学ぶ力学をはじめとする物理学の修得には，微分積分およびベクトルの理解が必須である．本書は，理工系学部の学生が初年度に必要とする微分積分およびベクトル解析の基礎について，**具体的数値とグラフが詳細に描かれた例題**を通して基本を学習し，さらに章末に用意した **STEP 1 と STEP 2 の 2 つのレベルの演習問題**に取り組むことにより実力がつくよう構成した演習書である．演習問題にも詳細な解答を例示しており，自習も可能である．

本書を用いた学習において，以下の点を強調したい．

①　方眼紙・関数電卓・定規を用意せよ．自らグラフを描こう！

第 1 章のグラフは方眼紙に描いた．読者自らが関数の値を計算し，数学的特長を理解してグラフを描くためである．特に著者が重要と考える関数とグラフの反転・平行移動（**図 1-7**），接線の傾きと微分係数（**図 1-15**），接線の傾きの変化と導関数（**図 1-16**），グラフの面積と不定積分（**図 3-2**）は A5 判という紙面のなか，実寸の方眼紙に描いた．数値の具体的な計算，そしてグラフを描くことは，数学的な感覚を養い，本質的な理解につながるはずである．

②　解き方を覚えるのではない．解釈し，理解する！

解き方を「記憶」するだけでは何の意味もない．例題の解答を「目で追う」だけでは理解につながらない．特に第 5 章から第 7 章の例題では，「答え」だけを示すのではなく，詳細な解説を行いながら答えの誘導を行っている．ぜひ自らが鉛筆を持ち，ノートに式の展開をしながら，そして方眼紙にグラフを書きながら，本書をじっくりと読み進めていただきたい．

③　演習問題は基本の応用が必要である．解法へのアプローチを考えよう！

章末には，解くのに様々なアプローチを必要とする演習問題を用意している．例えば，3 章の演習問題 3 は三角関数を用いた様々な積分の問題であるが，それぞれの問題で解法へのアプローチが異なる．したがって，例題で養った基本をどのように応用するのか，どのような方法で解くのか考えながら取り組んでいただきたい．

数学は，理工系の各専門分野の勉学を進めるための「武器」である．武器そのものの鍛錬（知識の習得と理解），そして武器を扱う者の鍛錬（知識の応用）は，決して楽なものではない．さあ，学生諸君，勉強をしよう！　紙と鉛筆で辛くて厳しい勉強をしよう！　そして，新しい世界を切り開く「武器」を身につけようではないか！

著者

目　次

●執筆分担●

松本　亮介　　まえがき，1～4章の本文
山口　智実　　1～4章の演習問題および演習問題解答，5～7章

1. 微分の基礎

1-1　極限と連続

【数列の収束と発散】

例題 1-1　$\lim_{n\to\infty}\frac{2^n+3^n}{2^n-3^n}$ を求めよ．

図 1-1 の表に $n=6$ までの 2^n，3^n，$\frac{2^n+3^n}{2^n-3^n}$ の値を記載した．グラフに $\frac{2^n+3^n}{2^n-3^n}$ の値をプロットすると，明らかに -1 に近づく様子がわかる．

$\frac{2^n+3^n}{2^n-3^n}$ の分母分子を 3^n で割ることにより，$\left(\frac{2}{3}\right)^n$ が現れる．n の増大にともない，分子の値は 1 に，分母の値は -1 に近づくことから，極限値は -1 である．

$$\lim_{n\to\infty}\frac{2^n+3^n}{2^n-3^n}=\lim_{n\to\infty}\frac{\left(\frac{2}{3}\right)^n+1}{\left(\frac{2}{3}\right)^n-1}=\frac{0+1}{0-1}=-1$$

例題 1-2　$\lim_{n\to\infty}\frac{2n^2}{n^2+1}$ を求めよ．

図 1-2 のグラフにプロットすると，明らかに2 に漸近する．問題の分母分子を n^2 で割ることにより，極限値が求まる．

$$\lim_{n\to\infty}\frac{2n^2}{n^2+1}=\lim_{n\to\infty}\frac{2}{1+\frac{1}{n^2}}=2$$

例題 1-3　以下の数列の一般項を求め，極限値を求めよ．

$$\frac{2}{1},\ \frac{3}{2},\ \frac{4}{3},\ \frac{5}{4},\ \frac{6}{5},\ \frac{7}{6},\ \cdots$$

一般項：$a_n=\frac{n+1}{n}=1+\frac{1}{n}$，極限値：$\lim_{n\to\infty}a_n=\lim_{n\to\infty}\left(1+\frac{1}{n}\right)=1$

例題 1-4　以下の数列をグラフに表しなさい．また一般項を求めよ．第 1000 項における値を，関数電卓を用いて求めよ（解答は**図 1-3** に記載）．

$$\left(\frac{2}{1}\right),\ \left(\frac{3}{2}\right)^2,\ \left(\frac{4}{3}\right)^3,\ \left(\frac{5}{4}\right)^4,\ \left(\frac{6}{5}\right)^5,\ \left(\frac{7}{6}\right)^6,\ \cdots$$

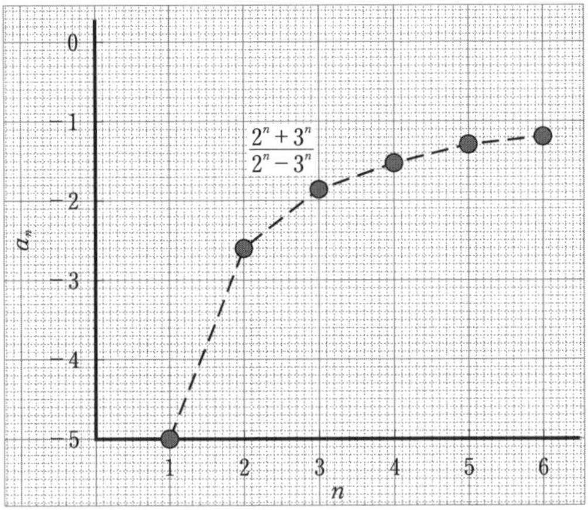

n	2^n	3^n	$\frac{2^n+3^n}{2^n-3^n}$
1	2	3	−5.00
2	4	9	−2.60
3	8	27	−1.84
4	16	81	−1.49
5	32	243	−1.30
6	64	729	−1.19

図 1-1

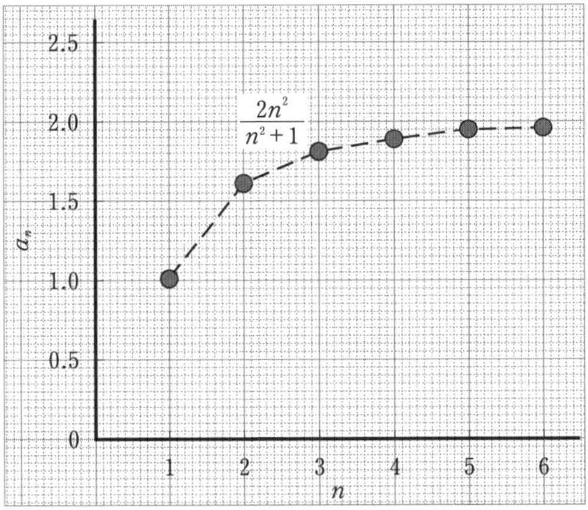

n	$2n^2$	n^2+1	$\frac{2n^2}{n^2+1}$
1	2	2	1.00
2	8	5	1.60
3	18	10	1.80
4	32	17	1.88
5	50	26	1.92
6	72	37	1.95

図 1-2

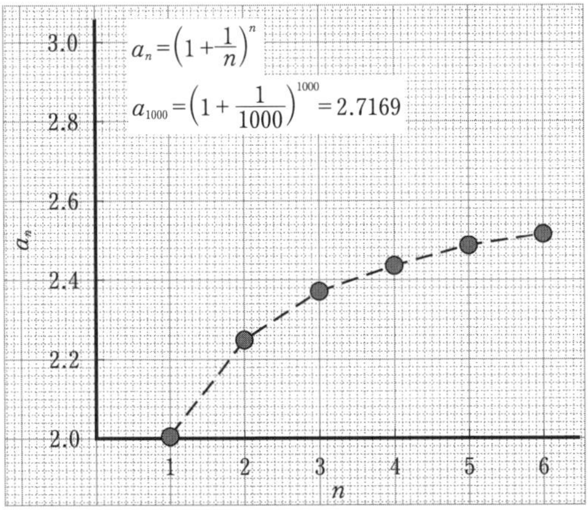

n	$\left(1+\frac{1}{n}\right)^n$
1	2.00
2	2.25
3	2.37
4	2.44
5	2.49
6	2.52

図 1-3

【無限等比級数】

例題 1-5　初項 $a_1 = 1$，公比 $r = \frac{1}{2}$ の等比数列と等比数列の和を求め，グラフに表しなさい．

図 1-4 の表のように，部分和 S_n を数列 a_n を用いて表すと，以下の関係がある．

$S_1 = a_1$，$S_2 = S_1 + a_2$，$S_3 = S_2 + a_3$，…，$S_n = S_{n-1} + a_n$，…

まず，同図のグラフに $S_1 = a_1$ を○（①）でプロットし，a_2 を●（②）で記す．S_1 に a_2 を足す，つまり x 軸上の $n = 1$ から a_2 に引いた線（③）と平行に S_1 から線（④）を引くと，S_2 の○プロット（⑤）が求まる．これを順次繰り返すと，等比数列の部分和が求まる．●の高さの分だけ○が増加していくのが理解できるであろう．また，○プロットは極限値 $\sum_{n=1}^{\infty} a_1 r^{n-1} = \frac{a_1}{1-r} = \frac{1}{1-\frac{1}{2}} = 2$ に収束する様子が確認できる．

上記の例題では，S_n が 2 に漸近する際，a_n は 0 に向かう．つまり，

無限級数 $\sum_{n=1}^{\infty} a_n$ が収束するならば，$\lim_{n\to\infty} a_n = 0$ である．

$\lim_{n\to\infty} a_n = 0$ は無限級数が収束するための必要条件であるが，十分条件ではない．例えば，調和級数 $\sum_{n=1}^{\infty} \frac{1}{n} = 1 + \frac{1}{2} + \frac{1}{3} + \frac{1}{4} + \cdots + \frac{1}{n} + \cdots$ は，正の無限大に発散する．

例題 1-6　初項 $a_1 = 1$，公比 $r = 2$ の無限等比級数の部分和を，同様の方法を用いて求め，グラフに表しなさい．

図 1-5 のように，a_n の増加とともに，等比数列の和が急激に増加し，発散する．

例題 1-7　初項 $a_1 = 1$，公比 $r = -\frac{1}{2}$ の無限等比級数の部分和を，同様の方法を用いて求め，グラフに表しなさい．

図 1-6 のように，$\sum_{n=1}^{\infty} a_1 r^{n-1} = \frac{a}{1-r} = \frac{1}{1+\frac{1}{2}} = \frac{2}{3}$ に収束する様子が見てとれる．

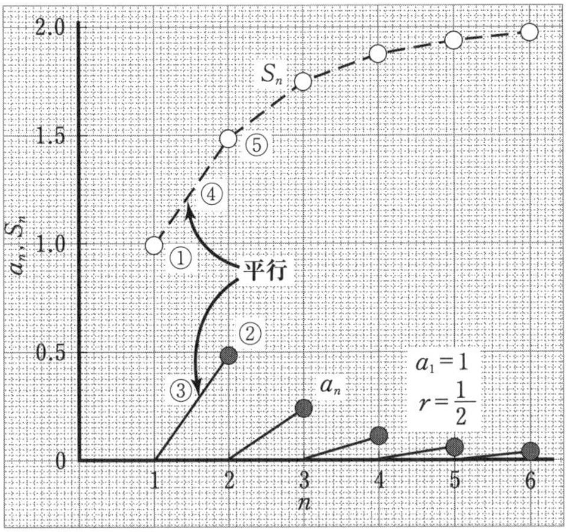

n	a_n	S_n
1	1	1
2	0.5	1+0.5=1.5
3	0.25	1.5+0.25=1.75
4	0.125	1.75+0.125=1.875
5	0.0625	1.875+0.063=1.938
6	0.03125	1.938+0.031=1.969

図 1-4

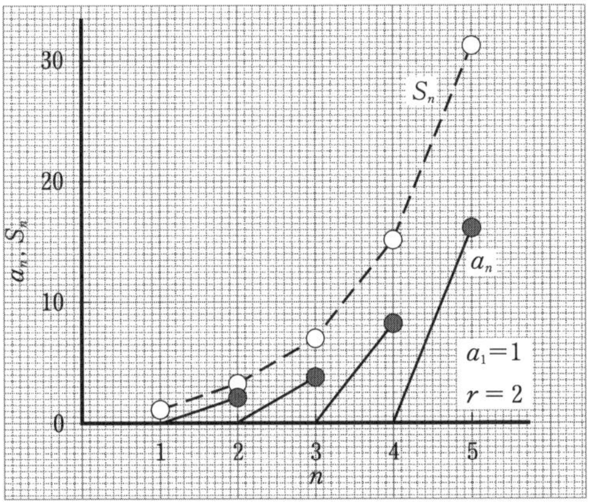

n	a_n	S_n
1	1	1
2	2	3
3	4	7
4	8	15
5	16	31

図 1-5

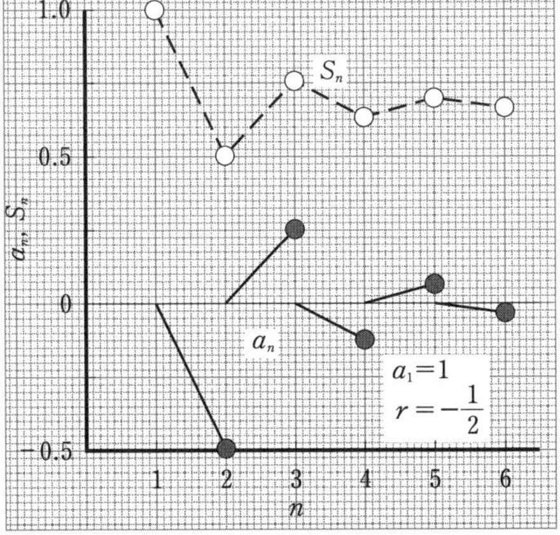

n	a_n	S_n
1	1	1
2	−0.5	1−0.5=0.5
3	0.25	0.5+0.25=0.75
4	−0.125	0.75−0.125=0.625
5	0.0625	0.625+0.0625=0.6875
6	−0.0313	0.6875−0.0313=0.6562

図 1-6

【関数とグラフ】

例題 1-8　2 次関数 $y = -2x^2 - 4x - 1$ のグラフを描き，定義域と値域を求めよ．

$y = -2x^2 - 4x - 1$

$\quad = -2(x+1)^2 + 1$

この関数は，$y = x^2$ を y 方向に -2 倍し，x 方向に -1 および y 方向に $+1$ 平行移動した曲線で表される．

まず，**図 1-7** のように，座標系に代表的な点をプロットし，$y = x^2$ のグラフを描く（①）．

次に $y = x^2$ を y 方向に 2 倍し，続いて y 方向に -1 倍する．y 方向に 2 倍とは，① の曲線上のすべての点が，y 方向に 2 倍の位置に移動する．x 軸から 10mm であれば，20mm の位置に移動する．容易に $y = 2x^2$ の曲線（②）を描くことができる．y 方向に -1 倍するには，x 軸に対して曲線を反転させればよい（③）．

最後に，$y = -2x^2$ の曲線（③）を y 方向に 10mm，x 方向に -10mm 移動させる（④）．

$y = -2x^2 - 4x - 1$ の定義域は，x の実数全体，値域は $y \leqq 1$ である．

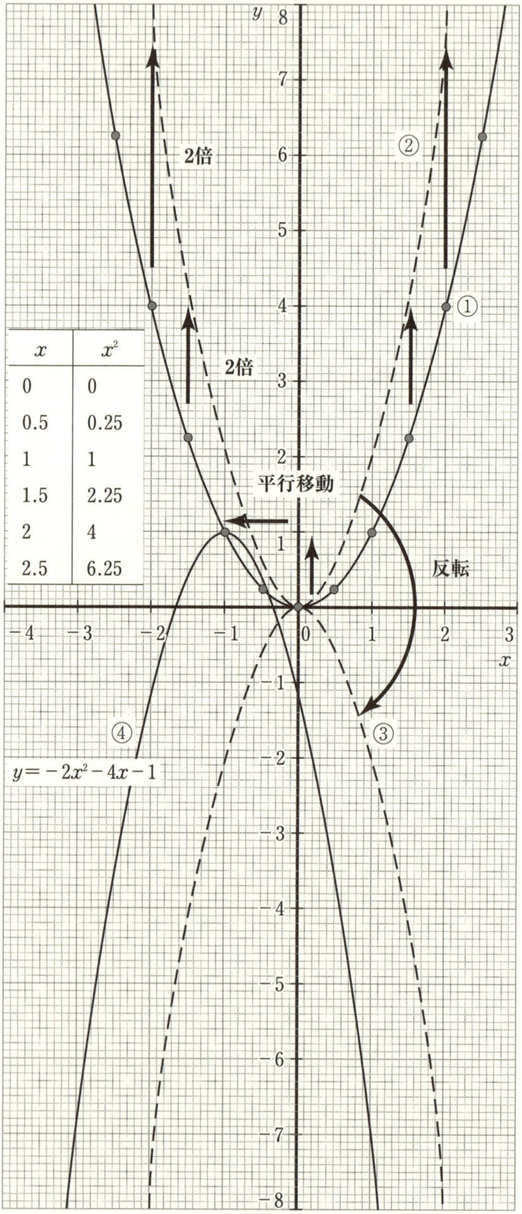

x	x^2
0	0
0.5	0.25
1	1
1.5	2.25
2	4
2.5	6.25

図 1-7

例題 1-9 分数関数 $y=\dfrac{2x}{x-1}$ のグラフを描き，定義域と値域を求めよ．

x の分数式で表される関数を x の分数関数という．

この分数関数は，$y=\dfrac{2x}{x-1}=\dfrac{2x-2+2}{x-1}=2+\dfrac{2}{x-1}$ と表すことができる．この関数は，$y=\dfrac{1}{x}$ を y 方向に 2 倍し，x 方向に $+1$ および y 方向に $+2$ 平行移動した曲線で表される．

まずは，**図 1-8** のように破線で表された座標系にプロットし，$y=\dfrac{1}{x}$ のグラフを描く（①）．$y=\dfrac{1}{x}$ のグラフは原点に対し対称であり，座標軸を漸近線に持つ．続いて $y=\dfrac{1}{x}$ を y 方向に 2 倍すると曲線②を描くことができる．ここでは，曲線を平行移動させるのではなく，座標軸を動かし，平行移動を実現する．曲線を x 方向に $+1$ および y 方向に $+2$ 平行移動するには，y 軸を x 方向に -1 および x 軸を y 方向に -2 平行移動（③）する．

$y=\dfrac{2x}{x-1}$ の定義域は，$x=1$ を除く実数全体，値域は $y=2$ を除く実数全体である．

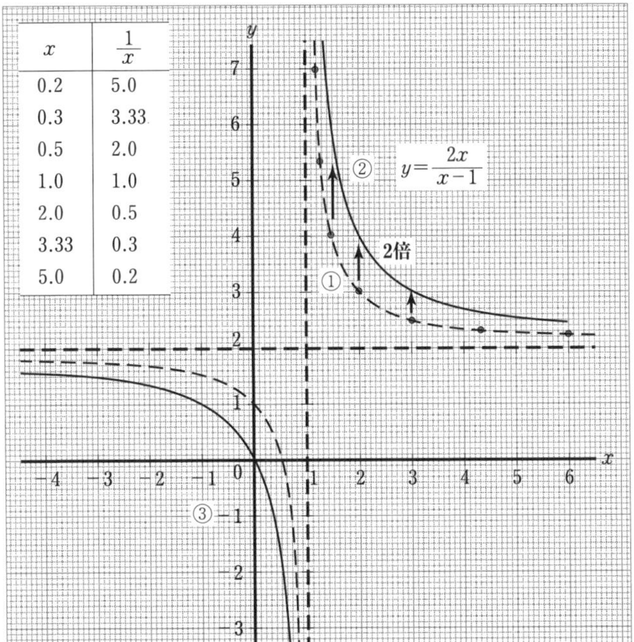

x	$\dfrac{1}{x}$
0.2	5.0
0.3	3.33
0.5	2.0
1.0	1.0
2.0	0.5
3.33	0.3
5.0	0.2

図 1-8

【逆関数と無理関数】

例題 1-10　$y=2x-4$ の逆関数を求めよ．また，関数 $y=2x-4$ とその逆関数をグラフに表しなさい．

$y=2x-4$ を x について解くと，$x=\dfrac{y}{2}+2$ となり，x と y を入れ替えると $y=\dfrac{x}{2}+2$ となる．これが求める逆関数である．グラフを**図 1-9** に示す．

関数 $y=f(x)$ のグラフを，直線 $y=x$ で対称移動させると逆関数 $y=f^{-1}(x)$ のグラフとなる．

例題 1-11　$y=\sqrt{x}$ のグラフを $y=x^2$（定義域 $x\geqq 0$）の逆関数としてグラフに描きなさい．

グラフを**図 1-10** に示す．$y=\sqrt{x}$ の値域は $y\geqq 0$ である．両辺を 2 乗して x について解くと $x=y^2$ であり，x と y を入れ替えると，$y=\sqrt{x}$ の逆関数 $y=x^2$（定義域 $x\geqq 0$，値域 $y\geqq 0$）が求まる．$y=\sqrt{x}$ の逆関数は，放物線 $y=x^2$ の $x\geqq 0$ を満たす部分である（$y=\sqrt{x}$ の値域が，逆関数 $y=x^2$ の定義域となることに注意）．

例題 1-12　無理関数 $y=\sqrt{8-4x}$ のグラフを描き，定義域と値域を求めよ．また逆関数を求めよ．

この無理関数を，$y=\sqrt{8-4x}=2\sqrt{-(x-2)}$ と表す．**図 1-11** にグラフを示す．$y=2\sqrt{-(x-2)}$ は，$y=\sqrt{-x}$（曲線①）を y 方向に 2 倍（②），x 方向に $+2$ 平行移動した曲線（③）で表される．$y=\sqrt{8-4x}$ の定義域は $x\leqq 2$，値域は $y\geqq 0$ である．

$y=\sqrt{8-4x}$ の逆関数は，両辺を 2 乗し，x について解くと，$x=-\dfrac{y^2}{4}+2$，さらに x と y を入れ替え，$y=-\dfrac{1}{4}x^2+2$（$x\geqq 0$）である．

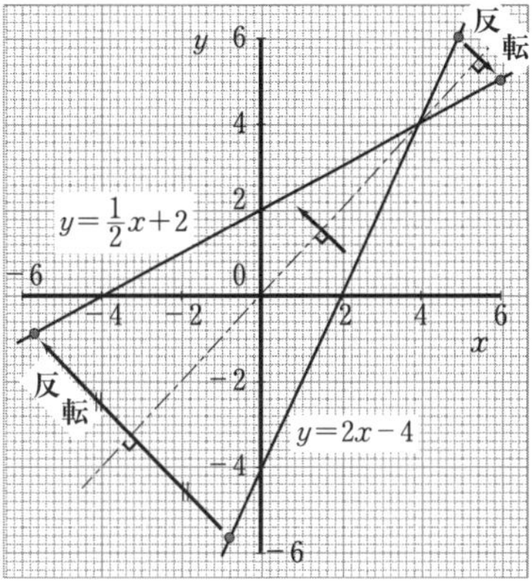

図 1-9

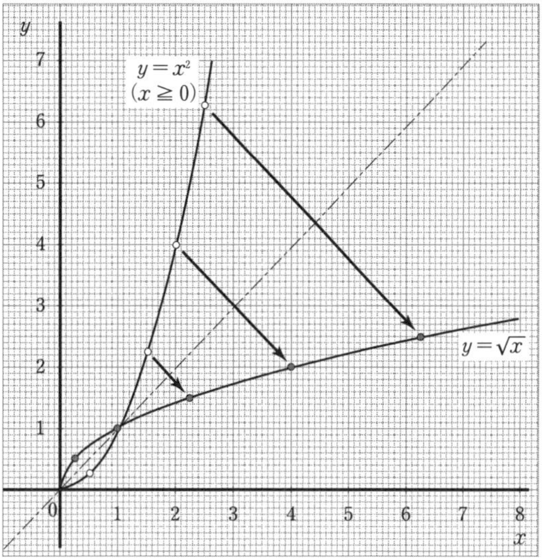

図 1-10

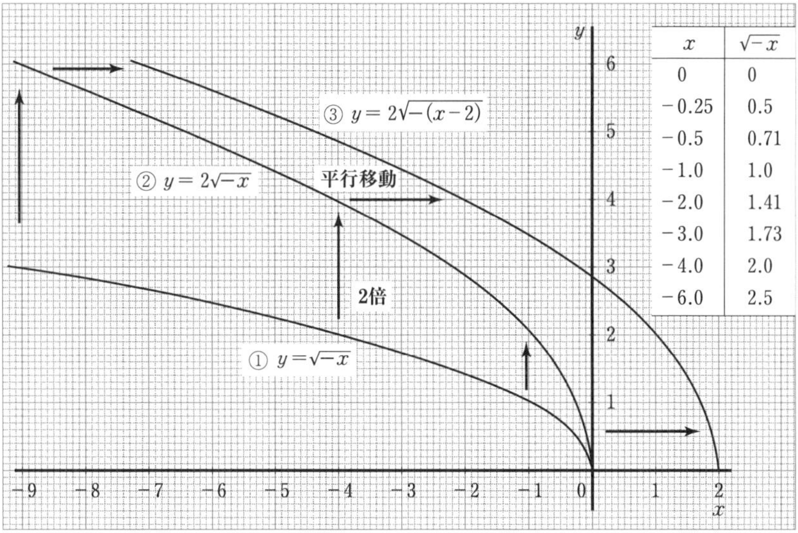

x	$\sqrt{-x}$
0	0
−0.25	0.5
−0.5	0.71
−1.0	1.0
−2.0	1.41
−3.0	1.73
−4.0	2.0
−6.0	2.5

図 1-11

【関数の極限】

例題 1-13　次の極限値を求めよ．

(1) $\lim_{x\to1}\frac{x^2+x+1}{x^2-3x+1}$　　(2) $\lim_{x\to3}\frac{\sqrt{2x+3}-3}{x-3}$

(1) $$\lim_{x\to1}\frac{x^2+x+1}{x^2-3x+1}=\lim_{x\to1}\frac{1+\frac{1}{x}+\frac{1}{x^2}}{1-\frac{3}{x}+\frac{1}{x^2}}=\frac{3}{-1}=-3$$

(2) $$\lim_{x\to3}\frac{\sqrt{2x+3}-3}{x-3}=\lim_{x\to3}\frac{(\sqrt{2x+3}-3)(\sqrt{2x+3}+3)}{(x-3)(\sqrt{2x+3}+3)}$$
$$=\lim_{x\to3}\frac{2x+3-9}{(x-3)(\sqrt{2x+3}+3)}=\lim_{x\to3}\frac{2}{\sqrt{2x+3}+3}=\frac{2}{6}=\frac{1}{3}$$

例題 1-14　$\lim_{x\to\infty}(\sqrt{x^2+1}-x)$ を求めよ．

$$\lim_{x\to\infty}(\sqrt{x^2+1}-x)=\lim_{x\to\infty}\frac{(\sqrt{x^2+1}-x)(\sqrt{x^2+1}+x)}{(\sqrt{x^2+1}+x)}=\lim_{x\to\infty}\frac{x^2+1-x^2}{\sqrt{x^2+1}+x}$$
$$=\lim_{x\to\infty}\frac{1}{\sqrt{x^2+1}+x}=0$$

$\lim_{x\to\infty}(\sqrt{x^2+1}-x)$ の極限値が 0 であるということは，$y=\sqrt{x^2+1}$ は，$y=x$ に漸近することを意味する．**図 1-12** に $y=\sqrt{x^2+1}$ のグラフを示す．x の増加にともない $\sqrt{x^2+1}$ の値は x に近づく．関数 $y=\sqrt{x^2+1}$ は y 軸に対して対称であり，$y=\sqrt{x^2+1}$ の漸近線は，$y=x$ と $y=-x$ である．

例題 1-15　$y=\sqrt{x^2+4x}$ の定義域を求めよ．また，極限値 $\lim_{x\to\infty}(\sqrt{x^2+4x}-x)$ を求め，$x\geqq0$ について $y=\sqrt{x^2+4x}$ のグラフを描きなさい．

$$\lim_{x\to\infty}(\sqrt{x^2+4x}-x)=\lim_{x\to\infty}\frac{x^2+4x-x^2}{\sqrt{x^2+4x}+x}=\lim_{x\to\infty}\frac{4}{\sqrt{1+\frac{4}{x}}+1}=2$$

$\lim_{x\to\infty}(\sqrt{x^2+4x}-x)$ の極限値が 2 であるということは，$y=\sqrt{x^2+4x}$ の漸近線は $y=x+2$ である．**図 1-13** に $y=\sqrt{x^2+4x}$ と $y=x$ のグラフを示す．x の増大にともない $y=\sqrt{x^2+4x}$ と $y=x$ のグラフが平行になる．

$y = \sqrt{x^2 + 4x}$ は $x^2 + 4x \geqq 0$ で定義される．よって定義域は $x \geqq 0$ および $x \leqq -4$ である．値域は $y \geqq 0$ である．

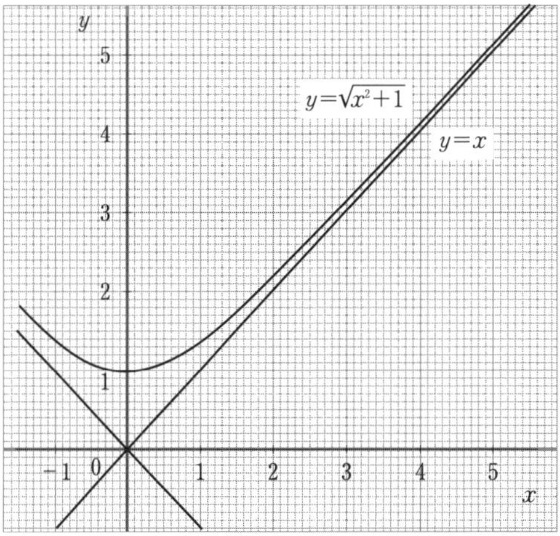

x	x^2+1	$\sqrt{x^2+1}$
0.0	1.0	1.0
0.5	1.25	1.12
1.0	2.0	1.41
1.5	3.25	1.80
2.0	5.0	2.23
2.5	7.25	2.69
3.0	10.0	3.16
4.0	17.0	4.12
5.0	26.0	5.10
10.0	101.0	10.05

図 1-12

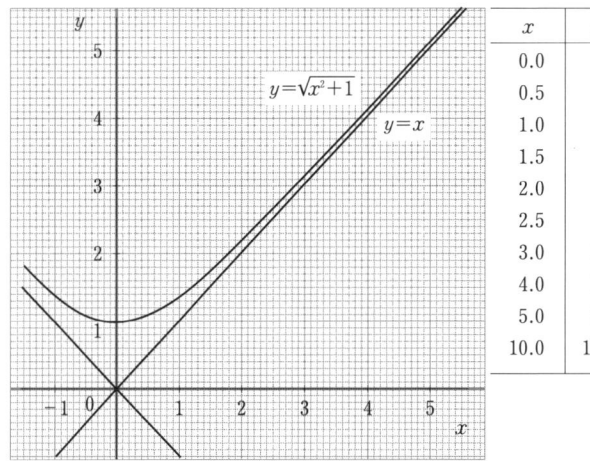

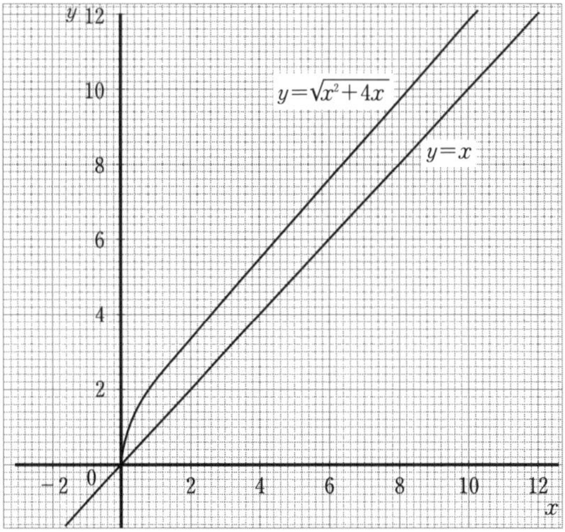

x	$\sqrt{x^2+4x}$
0.0	0.0
0.2	0.92
0.5	1.50
1.0	2.23
2.0	3.46
4.0	5.66
6.0	7.75
10.0	11.83
100.0	101.98
1000.0	1001.99

図 1-13

【関数の連続性】

関数 $f(x)$ が $x = a$ で連続であるとは，次の3つの条件をみたすことをいう．

(1) $f(a)$ が定義されている．

(2) 極限値 $\lim_{x \to a} f(x)$ が存在する．

(3) $\lim_{x \to a} f(x) = f(a)$ である．

例題 1-16　関数 $f(x) = |x|$ の $x = 0$ での連続性を調べよ．

関数 $f(x) = |x|$ において，(1) $f(0) = |0| = 0$ であり，$f(0)$ が定義されている．

(2) $\lim_{x \to 0} |x| = 0$，(3) $\lim_{x \to 0} f(x) = f(0)$ である．

よって，関数 $f(x) = |x|$ は $x = 0$ で連続である．

例題 1-17　$y = \dfrac{1}{x^2 - 4x + 3}$ はどのような区間で連続か，調べよ．

関数 $y = \dfrac{1}{x^2 - 4x + 3}$ が定義される条件は，$x^2 - 4x + 3 \neq 0$ である．

よって，$x^2 - 4x + 3 = (x - 3)(x - 1) \neq 0$ となる x の区間は，$x < 1$，$1 < x < 3$，$x > 3$ である．

例題 1-18　次の x の関数の $x = 0$ における連続性を調べよ．

$$f(x) = x^2\left(1 + \frac{1}{1+x^2} + \frac{1}{(1+x^2)^2} + \frac{1}{(1+x^2)^3} + \cdots + \frac{1}{(1+x^2)^n} + \cdots\right) = \sum_{n=1}^{\infty} \frac{x^2}{(1+x^2)^{n-1}}$$

$f(x)$ は，初項 x^2，公比 $\dfrac{1}{1+x^2}$ の無限等比級数の和である．一見，複雑な関数に見えるが，x に具体的な値を代入して無限等比級数を計算してみよう．

$x = 0$ のとき，$f(0) = 0(1 + 1 + 1 + \cdots + 1 + \cdots) = 0$

$x = 1$ のとき，$f(1) = 1\left(1 + \dfrac{1}{2} + \dfrac{1}{2^2} + \dfrac{1}{2^3} + \cdots + \dfrac{1}{2^{n-1}} + \cdots\right) = \displaystyle\sum_{n=1}^{\infty} \frac{1}{2^{n-1}} = \frac{1}{1 - \frac{1}{2}} = 2$

$x = 2$ のとき，$f(2) = 4\left(1 + \dfrac{1}{5} + \dfrac{1}{5^2} + \dfrac{1}{5^3} + \cdots + \dfrac{1}{5^{n-1}} + \cdots\right) = \displaystyle\sum_{n=1}^{\infty} \frac{4}{5^{n-1}} = \frac{4}{1 - \frac{1}{5}} = 5$

このように，$f(x)$ は，x が与えられれば値がただ一つ定まる x の関数となっている．

よって，関数の値は，初項 x^2，公比 $\dfrac{1}{1+x^2}$ の無限等比級数の極限値として与えられる．よって，$x \neq 0$ においては，

$$f(x)=x^2\left(1+\frac{1}{1+x^2}+\frac{1}{(1+x^2)^2}+\cdots+\frac{1}{(1+x^2)^n}+\cdots\right)=\sum_{n=1}^{\infty}\frac{x^2}{(1+x^2)^{n-1}}$$

$$=\frac{x^2}{1-\dfrac{1}{1+x^2}}=1+x^2 \quad (x\neq 0)$$

しかし，連続性の条件の(3)，$\lim_{x\to 0}f(x)=\lim_{x\to 0}(1+x^2)\neq 0$ より，この関数は $x=0$ において連続ではない．**図 1-14** にこの関数のグラフを示す．

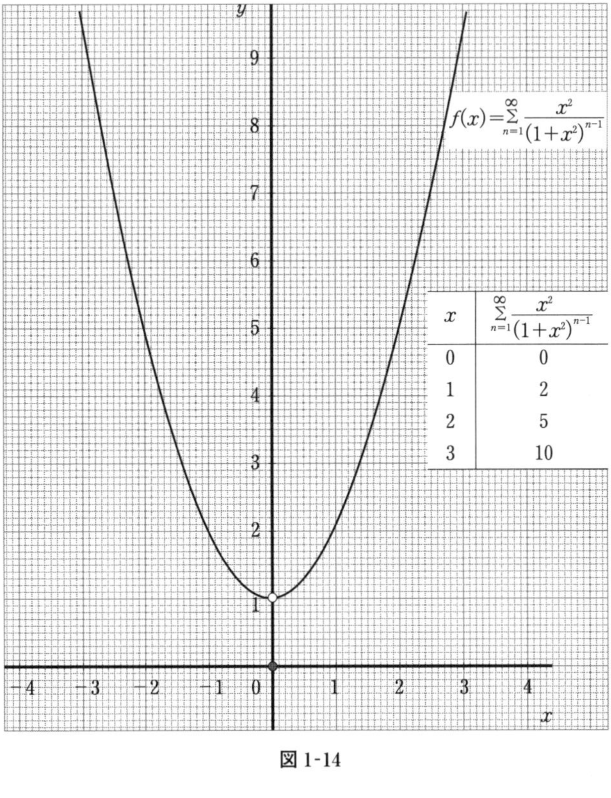

図 1-14

1-2　導関数

【接線の傾きと微分係数】

例題 1-19　**図 1-15** に示す $y = f(x)$ の点Aでの接線の傾きを求めて，$a = 0.5$ での微分係数 $f'(a)$ を求めよ．

接線とは曲線に1点で接する直線である．**図 1-15** の直線①は，点Aと点Bの2点で接しているため接線ではない．曲線に沿って点Bを点Aに近づけていき（直線②），点Bが点Aに重なるまでの『極限』をとると，その直線は点Aの1点でのみ接し，接線となる（直線③）．

つまり，2点ABを通る状態に定規を置き，定規が点Aを常に通過する状態で点Bを点Aに『極限』にまで近づければ，それが接線となる．

一方，微分係数は，

$$f'(a) = \lim_{\Delta x \to 0} \frac{f(a + \Delta x) - f(a)}{\Delta x}$$

で表される．$f(a)$ は点Aでの，$f(a + \Delta x)$ は点Bでの関数の値とすれば，2点ABの x の差 Δx で割った $\dfrac{f(a + \Delta x) - f(a)}{\Delta x}$ は，直線①の傾きを表す．さらに，$\lim_{\Delta x \to 0}$ という Δx を0に極限にまで近づけることは，点Bが点Aに近づくことを意味し，直線③の接線の傾きを求める作業に対応する．

傾きとは，x 方向に1進んだ場合，y 方向にいくら変化するのかという割合である．③の直線の傾きは，x の値がA点から1進めば（20mm進めば），y 方向に18mm減少することから，18mm／20mm $= 0.9$ だけ値が小さくなる．つまり点Aの傾きである微分係数 $f'(a) = -0.90$ となる．

さらに正確に傾きを図から求めたいのであれば，直線を長く描けばよい．x の値がA点から5進めば（100mm進めば），y 方向に88mm低下し，微分係数は $f'(a) = -0.88$ となる．

微分係数 $f'(a)$ は，関数 $y = f(x)$ のグラフ上の点 $(a, f(a))$ での接線の傾きを表す．微分係数はある点における接線の傾きであり，ある一つの値（今回の例題では $a = 0.5$ での微分係数は $f'(a) = -0.88$）が与えられる．

例題 1-20　**図 1-15** の点C（$a = 4$）における接線の傾きを求めよ（解答は**図 1-15** に記載）．

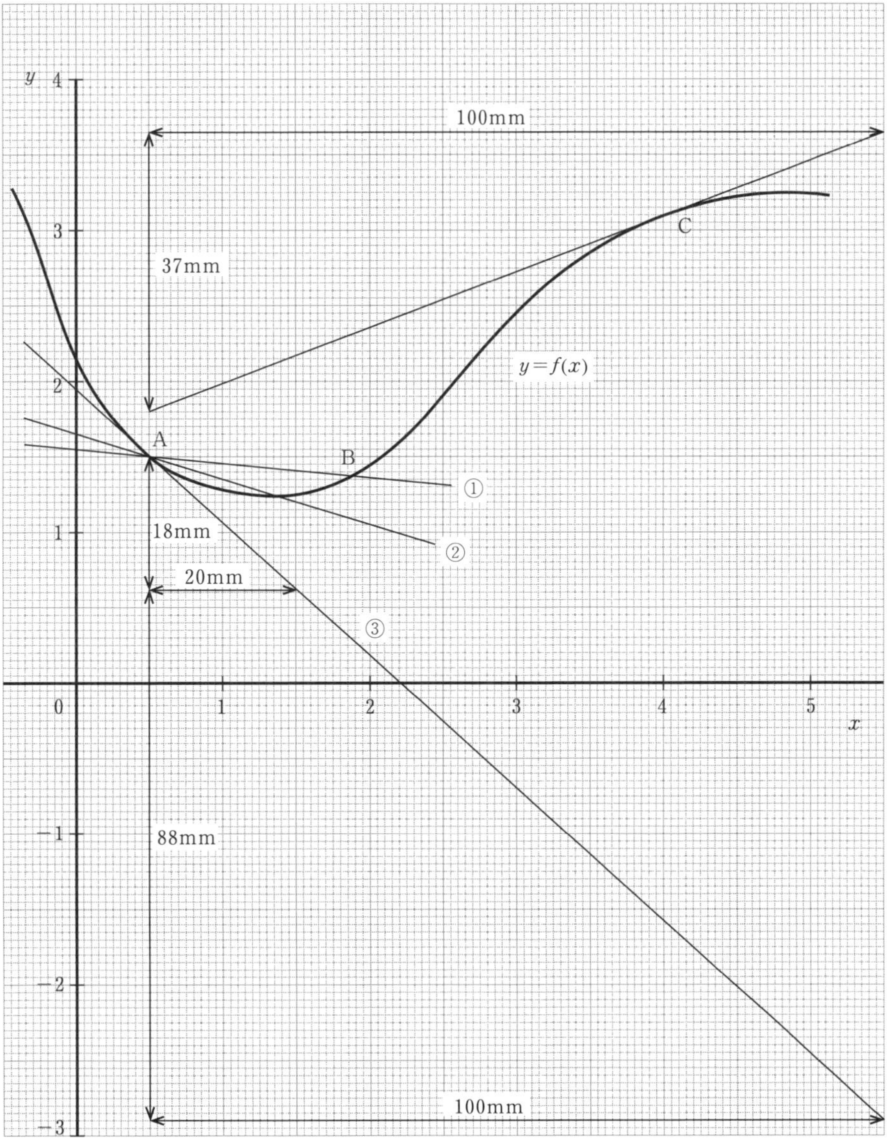
y
4
3
2
1
0
−1
−2
−3
1
2
3
4
5
x
100mm
37mm
18mm
20mm
88mm
100mm
A
B
C
y=f(x)
①
②
③

図 1-15

【微分係数と導関数】

例題 1-21　**図 1-16 上**に示す $y=f(x)$ の導関数を，$y=f(x)$ の 6 点の接線の傾きを調べて，グラフに描きなさい．

導関数と微分係数の違いを考えよう．ポイントは『係数と関数の違い』である．

導関数は次式のように定義される．

$$f'(x)=\lim_{\Delta x\to 0}\frac{f(x+\Delta x)-f(x)}{\Delta x}$$

微分係数 $f'(a)$ のように $x=a$ の点での接線の傾きだけを求めるのではなく，定義域のすべてに対して微分係数が求められ，導関数 $f'(x)$ は x の関数となる．

関数 $f(x)$ に対してその導関数 $f'(x)$ を求めることを，$f(x)$ を微分するという．

$x=0$ から $x=5$ まで，1 ごとの接線の傾きを表に記し，**図 1-16 下**のグラフにプロットする．プロット間を滑らかにつなぐことにより導関数が求まる．

$y=f(x)$ の関数が極大値，極小値を示すときには，接線は x 軸に平行となり，傾きは 0，つまり導関数の値は 0 となる．

例題 1-22　冪（べき）関数の導関数 $(x^{\alpha})'=\alpha x^{\alpha-1}$（$\alpha$ は実数）を求めよ．

(1)　$y=2x^3+x$　　(2)　$y=\sqrt{2x}$　　(3)　$y=\sqrt[3]{2x^2}$

(1)　$y'=6x^2+1$

(2)　$y=\sqrt{2x}=\sqrt{2}\,x^{\frac{1}{2}}$ より，$y'=\dfrac{\sqrt{2}}{2}x^{-\frac{1}{2}}=\dfrac{\sqrt{2}}{2\sqrt{x}}=\dfrac{1}{\sqrt{2x}}$

(3)　$y=\sqrt[3]{2x^2}=2^{\frac{1}{3}}x^{\frac{2}{3}}$ より，$y'=\dfrac{2}{3}2^{\frac{1}{3}}x^{\frac{2}{3}-1}=\dfrac{2}{3}2^{\frac{1}{3}}x^{-\frac{1}{3}}=\dfrac{2}{3}\sqrt[3]{\dfrac{2}{x}}$

「冪（べき）」は，累乗ともいう．$a^n=\underbrace{a\times a\times a\times\cdots\times a}_{n\text{ 回掛け合わす}}$ のように同じ数を掛け合わした積を指す．x を n 回掛け合わした関数 $y=x^n$ を冪関数という．

例題 1-22に示した冪関数の導関数の公式 $(x^{\alpha})'=\alpha x^{\alpha-1}$ において，α が整数でも，有理数でも，無理数の場合でも $(x^{\alpha})'=\alpha x^{\alpha-1}$ は成り立つ．

$\alpha=-3$ のとき，$(x^{-3})'=-3x^{-4}$

$\alpha=\dfrac{3}{4}$ のとき，$(x^{\frac{3}{4}})'=\dfrac{3}{4}x^{-\frac{1}{4}}=\dfrac{3}{4\sqrt[4]{x}}$

$\alpha=\sqrt{2}$ のとき，$(x^{\sqrt{2}})'=\sqrt{2}\,x^{\sqrt{2}-1}$

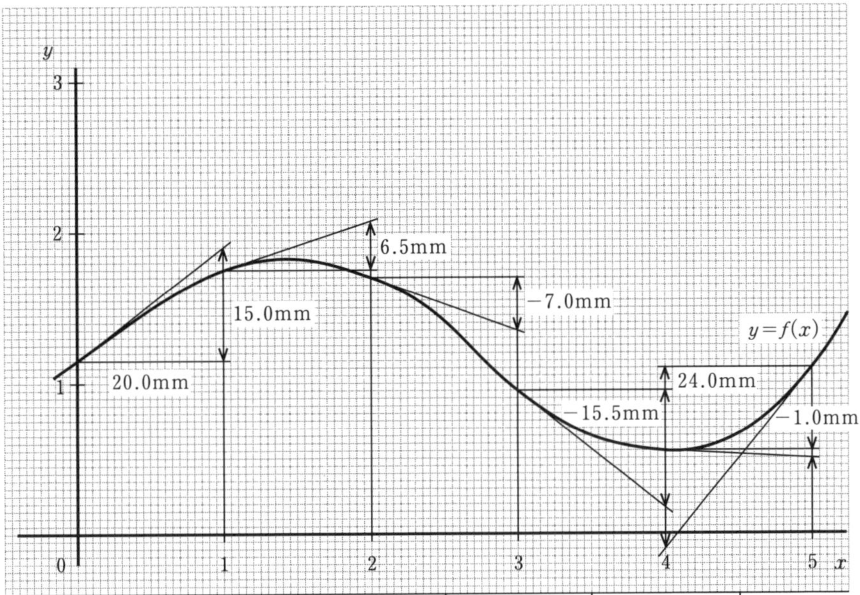

x	0	1	2	3	4	5
Δx	20.0mm					
Δy	15.0mm	6.5mm	−7.0mm	−15.5mm	−1.0mm	24.0mm
$f'(x)$	0.75	0.33	−0.35	−0.78	−0.05	1.20

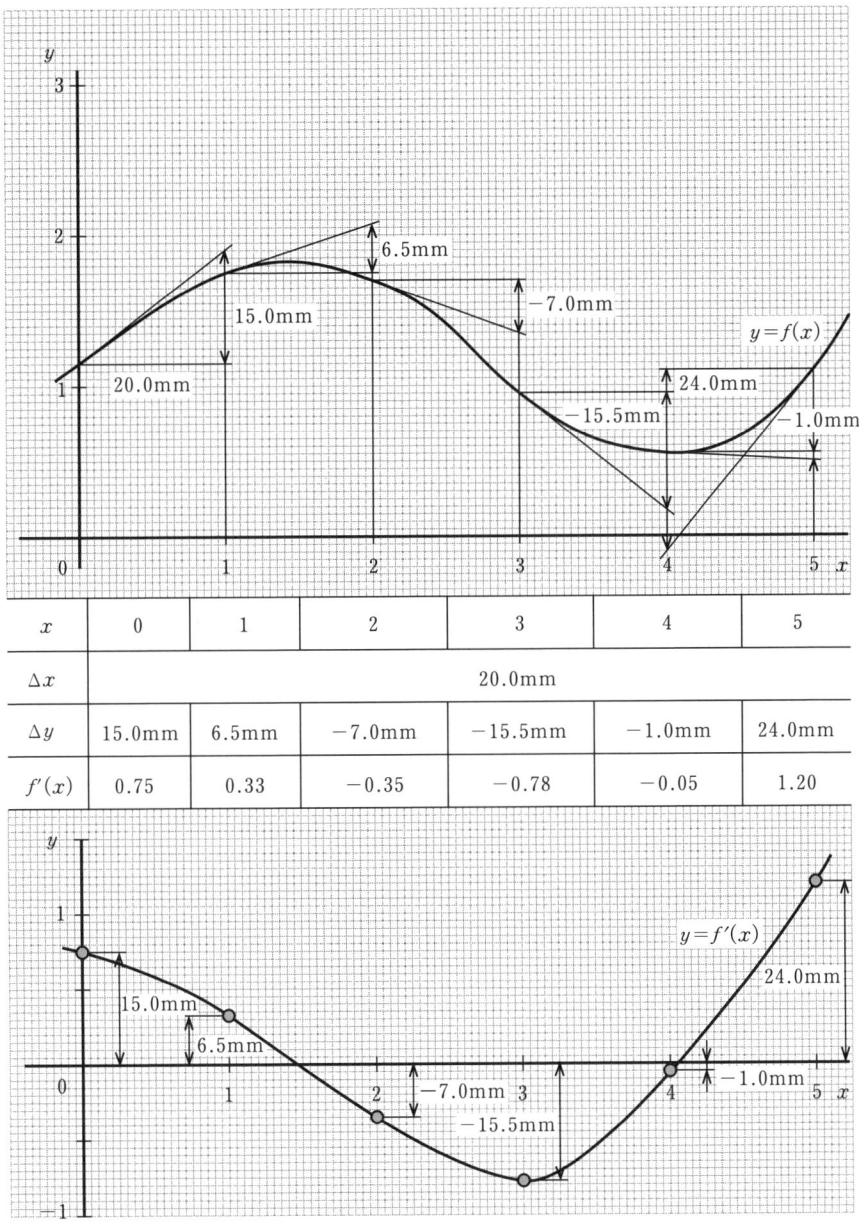

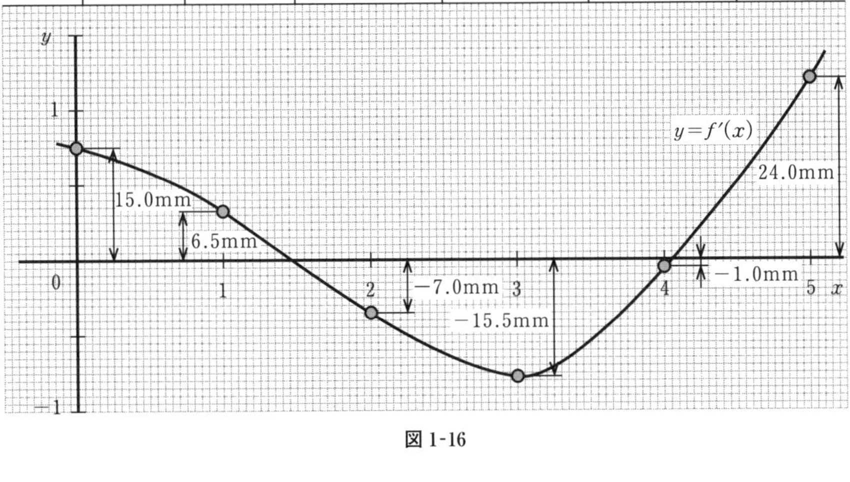

図 1-16

【微分】

導関数 $f'(x)$ は，次の記号でも表される．

$$y',\ \frac{dy}{dx},\ \frac{d}{dx}f(x),\ Df(x)$$

3つ目の表現方法は，関数 $f(x)$ に掛かる演算子 $\frac{d}{dx}$ と考えることができ，4つ目の表現方法は微分演算子を D として表したものである．このように $\frac{dy}{dx}$ という表現は，普通の分数と同じではない．しかしながら，次の微分の表記により，$\frac{dy}{dx}$ をあたかも分数のように取り扱うことが可能である．微分は，置換積分や偏微分などの理解に必要である．

関数 $y = f(x)$ の微分とは，$dy = f'(x)dx$ と表され，$f(x)$ の x における瞬間的な変化の状態がそのまま持続したと考えたときの，dx に対する y の変化量を表す．**図 1-17** に示すように，微小変化量 dx に対する関数 $f(x)$ の真の増分 Δy ではなく，$f(x)$ の x における接線の傾きから求まる微小変化量 dy であり，これらには差がある．ただし，dx が限りなく0に近づくと，微分 dy は，関数の増分 Δy に近づく．よって，

x の微小な変化に対する y の変化量は，$dy = f'(x)dx$ である．

と表す．

(注)　このように微小変化のことを「微分」といい，また導関数を求めることも「微分」という．

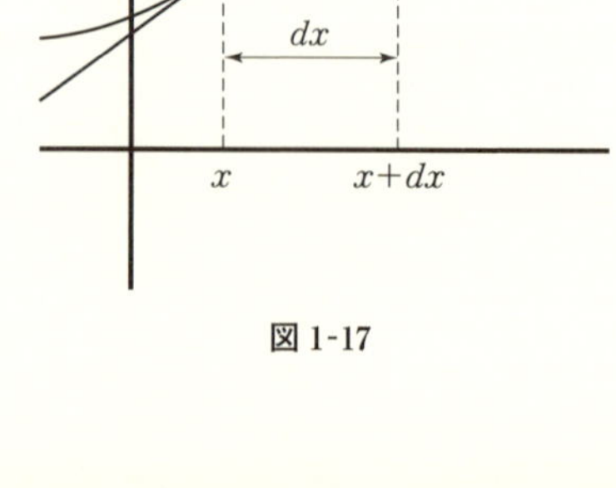

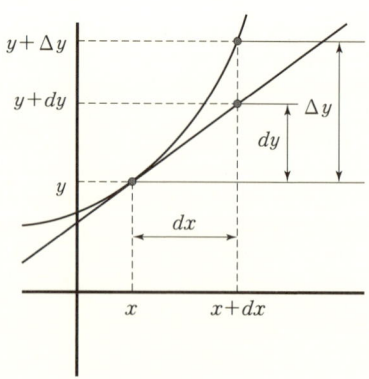

図 1-17

例題 1-23　y が以下の関数であるとき，微分 dy を求めよ．

(1)　$y = x^3$　　(2)　$y = x$

(1)　$y' = 3x^2$ より，$dy = 3x^2dx$　　(2)　$y' = 1$ より，$dy = dx$

例題 1-24　前の例題と同じ問題であるが，問題の表現を変えてみよう．以下の x の関数について，微小変化 dx に対する微分を求めよ．

(1)　x^3　　(2)　x

(1)　$3x^2dx$　　(2)　dx

例題 1-25　以下の y の関数について，微小変化 dy に対する微分を求めよ．

(1)　y^3　　(2)　y

(1)　$3y^2dy$　　(2)　dy

例題 1-26　微分を用いて，以下の関数の $\dfrac{dy}{dx}$ を求めよ．

(1)　$y^2 = x^2$

(2)　$x + y = 1$

(3)　$x^2 + y^3 = 6xy$

(1)　$2ydy = 2xdx$，よって $\dfrac{dy}{dx} = \dfrac{2x}{2y} = \dfrac{x}{y}$

例題 1-24 と例題 1-25 より，左辺 y^2 の微分は $2ydy$，右辺 x^2 の微分は $2xdx$ となる．$y^2 = x^2$ より 2 つの関数の微分（微小量変化）も等号で結ばれることとなる．このような演算を，「両辺を微分する」という．

(2)　両辺を微分すると，$dx + dy = 0$，よって $\dfrac{dy}{dx} = -1$

$x + y = 1$ は，x と y の和が 1 であることを意味する．両辺微分した際にも x と y の和が 1 であることを保つには，$dx + dy = 0$ でなければならない．

(3)　両辺を微分すると $2xdx + 3y^2dy = 6ydx + 6xdy$，

よって $dy(-6x + 3y^2) = dx(6y - 2x)$ より，$\dfrac{dy}{dx} = \dfrac{6y - 2x}{3y^2 - 6x}$

【合成関数の微分】

$y=f(u)$，$u=g(x)$ がそれぞれ u，x の微分可能な関数であるとき，合成関数 $y=f(g(x))$ の微分は，次の式が成り立つ．$\dfrac{dy}{dx}=\dfrac{dy}{du}\cdot\dfrac{du}{dx}$

例題 1-27　$y=(2x+1)^2$ を，$u=2x+1$，$y=u^2$ の合成関数として考え，導関数 $\dfrac{dy}{dx}$ を求めよ．

$\dfrac{du}{dx}=2$，$\dfrac{dy}{du}=2u$ より，$\dfrac{dy}{dx}=\dfrac{dy}{du}\cdot\dfrac{du}{dx}=2\cdot 2u=4(2x+1)$

微分を用いて，例題 1-27の合成関数の意味を考えてみよう．

$y=u^2$ の微分は $dy=2udu$ で表され，$u=2x+1$ の微分は $du=2dx$ で表される．

つまり，x の微小変化 dx により $2dx$ の du の微小変化をもたらし，その du の微小変化は $2udu$ の変化を y に及ぼす．それぞれを代入すると，微小変化 dy と dx の関係が求まる．

$$dy=2udu=2(2x+1)2dx$$

この関係をグラフに描いてみよう．$u=2x+1$ のグラフを**図 1-18 下**に，$y=u^2$ のグラフを**図 1-18 上**に描く．なお $u=2x+1$ のグラフは，90° 時計回りに回転している．下の $u=2x+1$ のグラフにより，x の変化 Δx が Δu の変化をもたらし，さらに上の $y=u^2$ のグラフにより，その Δu の変化が Δy の変化を及ぼす．よって，Δx の変化による Δy の変化が求まる．

$$\frac{\Delta y}{\Delta x}=\frac{\Delta y}{\Delta u}\cdot\frac{\Delta u}{\Delta x}$$

$\Delta x\to 0$ のとき $\Delta u\to 0$ であるから，

$$\lim_{\Delta x\to 0}\frac{\Delta y}{\Delta x}=\lim_{\Delta x\to 0}\left(\frac{\Delta y}{\Delta u}\cdot\frac{\Delta u}{\Delta x}\right)=\lim_{\Delta x\to 0}\frac{\Delta y}{\Delta u}\cdot\lim_{\Delta x\to 0}\frac{\Delta u}{\Delta x}=\lim_{\Delta u\to 0}\frac{\Delta y}{\Delta u}\cdot\lim_{\Delta x\to 0}\frac{\Delta u}{\Delta x}=\frac{dy}{du}\cdot\frac{du}{dx}$$

（例題 1-27 では $\Delta u\neq 0$ であるため，$\dfrac{\Delta y}{\Delta u}$ が成り立つ．$\Delta u=0$ となる関数の場合には，$\Delta x\to 0$ のとき，$\dfrac{\Delta y}{\Delta x}\to 0$ の証明が必要である．）

例題 1-28　以下の基本的な合成関数の微分を求めよ．

(1)　$y=(x^2-3x+1)^3$　　(2)　$y=\sqrt{1+x^2}$　　(3)　$y=\dfrac{1}{\sqrt[3]{(1+x)^2}}$

(1)　$y' = 3(x^2 - 3x + 1)^2(2x - 3)$

(2)　$y = \sqrt{1 + x^2} = (1 + x^2)^{\frac{1}{2}},\ \ y' = \dfrac{1}{2}(1 + x^2)^{\frac{1}{2}-1} \cdot 2x = x(1 + x^2)^{-\frac{1}{2}} = \dfrac{x}{\sqrt{1 + x^2}}$

(3)　$y = \dfrac{1}{\sqrt[3]{(1 + x)^2}} = (1 + x)^{-\frac{2}{3}},\ \ y' = -\dfrac{2}{3}(1 + x)^{-\frac{5}{3}} = -\dfrac{2}{3\sqrt[3]{(1 + x)^5}}$

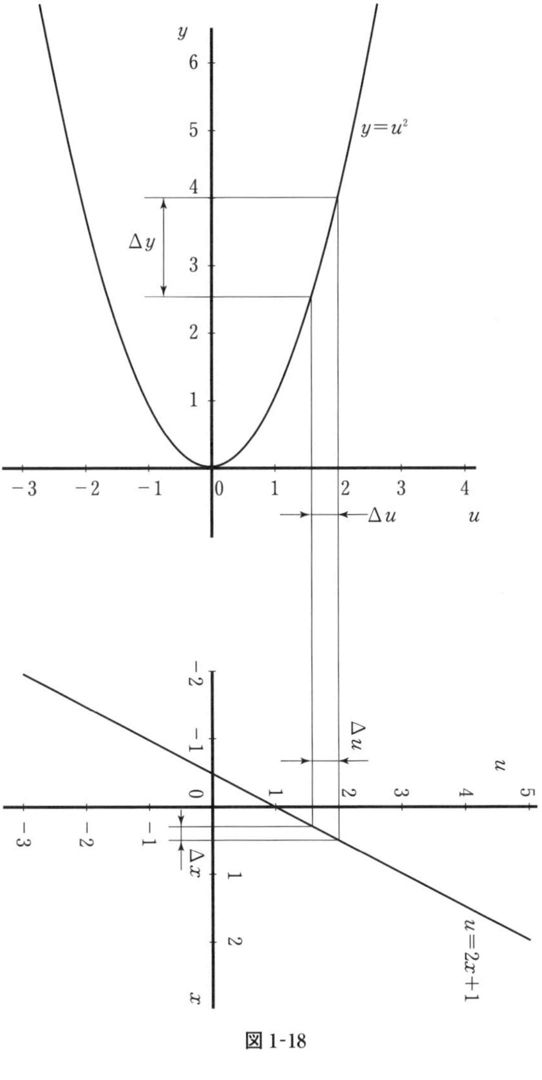

図 1-18

1-3　基本的な関数の微分

【逆関数の微分】

例題 1-29　$y = 2x + 1$ の逆関数を求めよ．その逆関数の導関数を求めよ．

例題 1-10 より，$y = 2x + 1$ の逆関数は $y = \dfrac{x}{2} - \dfrac{1}{2}$ である．その導関数は $\dfrac{dy}{dx} = \dfrac{1}{2}$ である．

グラフを**図 1-19** に示す．$y = 2x + 1$ の直線の傾き 2 が，直線 $y = x$ で対称反転させることより，傾き $\dfrac{1}{2}$ となる．

逆関数の導関数を求める．逆関数 $y = f^{-1}(x)$ を $x = f(y)$ と書き直し，両辺を微分する．

$$dx = \frac{d}{dy}f(y) \cdot dy = \frac{dx}{dy} \cdot dy$$

$$\frac{dy}{dx} = \frac{1}{\dfrac{dx}{dy}} \qquad \left(\text{ただし，} \frac{dy}{dx} \neq 0 \text{ とする．}\right)$$

逆関数 $y = f^{-1}(x)$ の導関数 $\dfrac{dy}{dx}$ は，「もともとの関数形」である $x = f(y)$ の導関数 $\dfrac{dx}{dy}$ の逆数となる．

例題 1-30　逆関数の微分法を用いて，$y = \sqrt{x}$ の導関数を求めよ．

$y = \sqrt{x}$ は，$x=y^2$ と表すことができる．

$$\frac{dx}{dy} = 2y, \text{ よって，} \frac{dy}{dx} = \frac{1}{\dfrac{dx}{dy}} = \frac{1}{2y} = \frac{1}{2\sqrt{x}} = \frac{1}{2}x^{-\frac{1}{2}}$$

図 1-20 にグラフを示す．$\dfrac{dx}{dy} = 2y$ に $y = \sqrt{x}$ を代入し，x の関数に戻すことを忘れずに．

例題 1-31　逆関数の微分法を用いて，$y = \sqrt{1 - \dfrac{x}{2}}$ の導関数を求めよ．

$y = \sqrt{1 - \dfrac{x}{2}}$ は，$x = 2 - 2y^2$ と表すことができる．$\dfrac{dx}{dy} = -4y$，よって

$$\frac{dy}{dx} = \frac{1}{\dfrac{dx}{dy}} = \frac{1}{-4y} = -\frac{1}{4\sqrt{1 - \dfrac{x}{2}}}$$

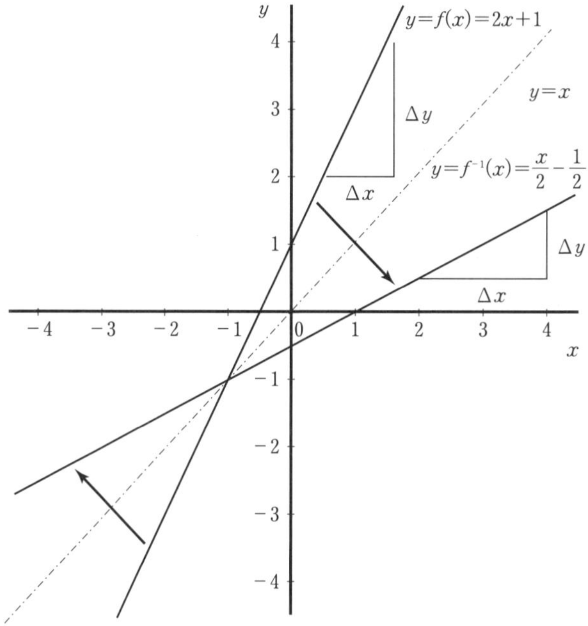

y
y=f(x)=2x+1
y=x
Δy
Δx
y=f⁻¹(x)=x/2−1/2
Δy
Δx
4
3
2
1
−1
−2
−3
−4
−4 −3 −2 −1 0 1 2 3 4
x

図 1-19

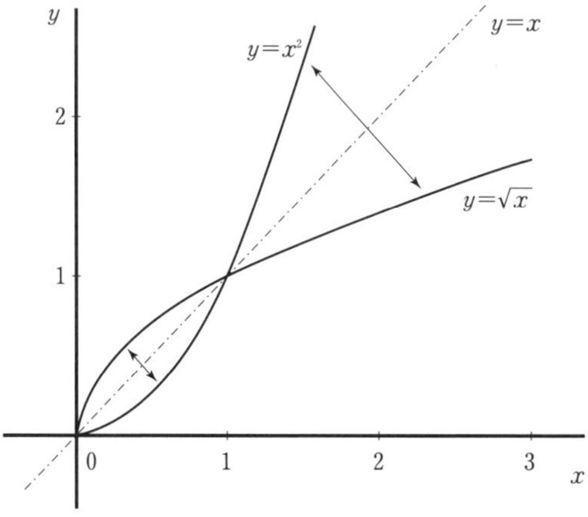

y
y=x²
y=x
y=√x
2
1
0 1 2 3
x

図 1-20

【指数関数と対数関数の微分】

ネイピア数 e を底とする指数関数 $y = e^x$ の導関数は，その関数の形を変えない．

$$\frac{de^x}{dx} = e^x$$

図 1-21 中の表に示した各 x における e^x の値を，●プロットでグラフに記す．さらに，各点での接線を描いてみよう．例えば，$x = 0$ での接線は $y = 1$ を通過し，傾きが 1 の直線である．つまり，x 軸上の $x = -1$ の点と，$x = 0$ での e^x の値の●プロットを結んだ直線①が $x = 0$ での接線となる．各プロットで接線を描くと，$y = e^x$ が浮かび上がって見えるであろう．指数関数 $y = e^x$ の接線の傾きは，指数関数の値 e^x と等しくなる．

例題 1-32　ネイピア数 e を底とする対数関数 $y = \log_e x$ は，指数関数 $y = e^x$ の逆関数である．この対数関数のグラフを描きなさい．また逆関数の微分法を用いて，対数関数の導関数を求めよ．なお，e を底とする対数関数 $y = \log_e x$ は，e を省略して単に $y = \log x$ と書く．

図 1-21 のように，$y = x$ に対して，e^x の●プロットと対称に○をプロットする．上記の $y = e^x$ の場合と同様に各点での接線を描く（破線）．ただし逆関数であるので，x と y が入れ替わっていることから，y 軸上の各点と○プロットとを結ぶ．$y = \log x$ が浮かび上がって見えるであろう．

$y = \log x$ は，$x = e^y$ と表すことができる．$\dfrac{dx}{dy} = e^y$ であり，$\dfrac{dy}{dx} = \dfrac{1}{\dfrac{dx}{dy}} = \dfrac{1}{e^y} = \dfrac{1}{x}$

同図より，破線の接線の傾きは x 方向に e^y 進めば y 方向に 1 増加する．よって，その傾きは $\dfrac{1}{e^y}$ であり，$\dfrac{1}{x}$ である．

例題 1-33　(1)　$y = \log e^x$，(2)　$y = e^{\log x}$ を整理せよ．

(1)　$y = \log e^x = x \log e = x$

(2)　両辺対数をとると左辺は $\log y$，右辺は $\log e^{\log x} = \log x \cdot \log e = \log x$

よって，$y = e^{\log x} = x$

(1)は $u = e^x$ と $y = \log u$ の合成関数であり，(2)は $u = \log x$ と $y = e^u$ の合成関数である．逆関数との合成関数であるため，x に戻る．

例題 1-34　次の関数の導関数を求めよ.

(1)　$y = e^x \log x$　　　　(2)　$y = \log x^3$

(1)　$y' = e^x \log x + e^x \cdot \dfrac{1}{x} = e^x\left(\log x + \dfrac{1}{x}\right)$　　　　(2)　$y' = \dfrac{1}{x^3} 3x^2 = \dfrac{3}{x}$

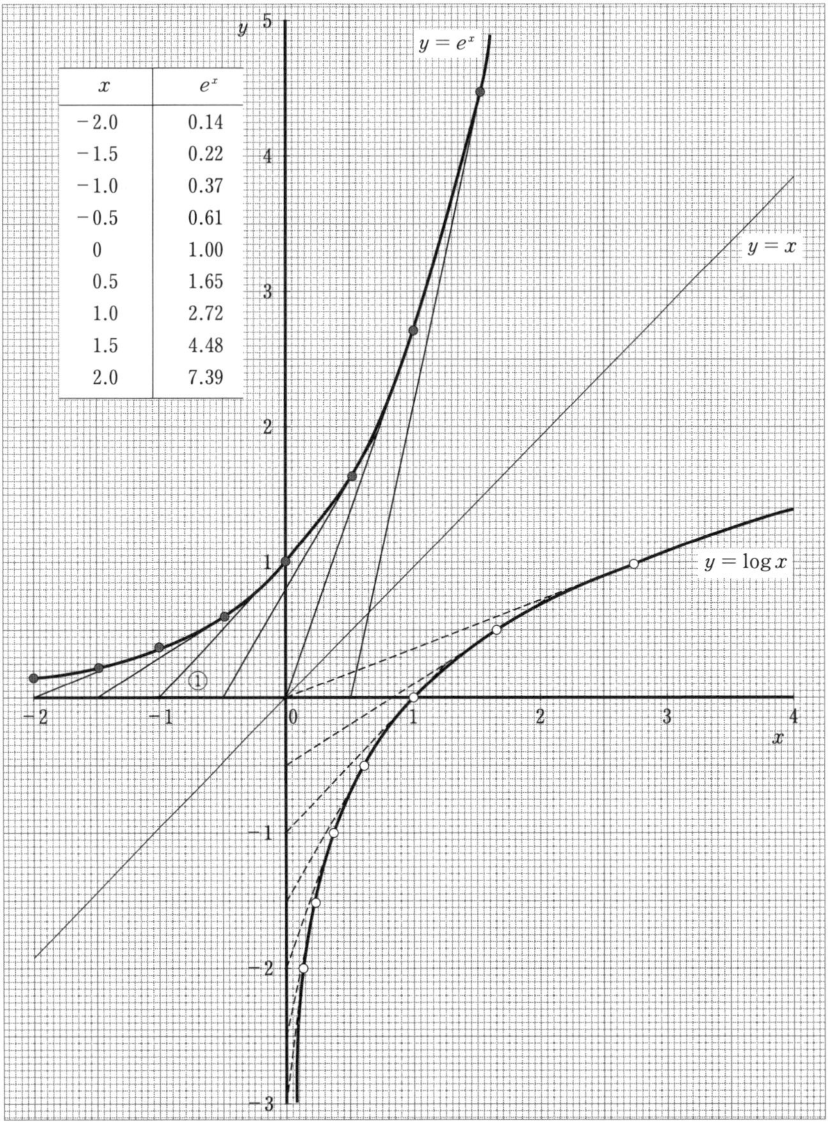

x	e^x
−2.0	0.14
−1.5	0.22
−1.0	0.37
−0.5	0.61
0	1.00
0.5	1.65
1.0	2.72
1.5	4.48
2.0	7.39

図 1-21

【三角関数の微分】

$y=\sin x$ の導関数は $\dfrac{dy}{dx}=\cos x$，$y=\cos x$ の導関数は $\dfrac{dy}{dx}=-\sin x$ である．

指数関数と同様に，関数の各点をプロットし，その点の接線を描くことにより $y=\sin x$ のグラフを描こう．**図 1-22 上**に示すように，半径が 1 の円の中心から横軸に対して角度 x rad の直線を引き，円との交点の y 座標が $\sin x$ の値である．rad は，360° を半径 1 の円の周の長さ 2π に対応させた角度の単位である．つまり，円弧の長さが x に対応する（**表 1-1** 参照）．

$y=\sin x$ の各点での接線を描くため，$y=\cos x$ も**図 1-22 下**に示す．$\cos x$ の値は，縦軸に対して角度 x rad の直線と円との交点の y 座標に対応する．$\cos x$ のプロットと各 x から 1 小さい x 軸上の点を結ぶと，傾きが $\dfrac{\cos x}{1}$ の直線となり，$y=\sin x$ の各点での傾きとなる．$y=\sin x$ の各点に接線をあわせて描く．

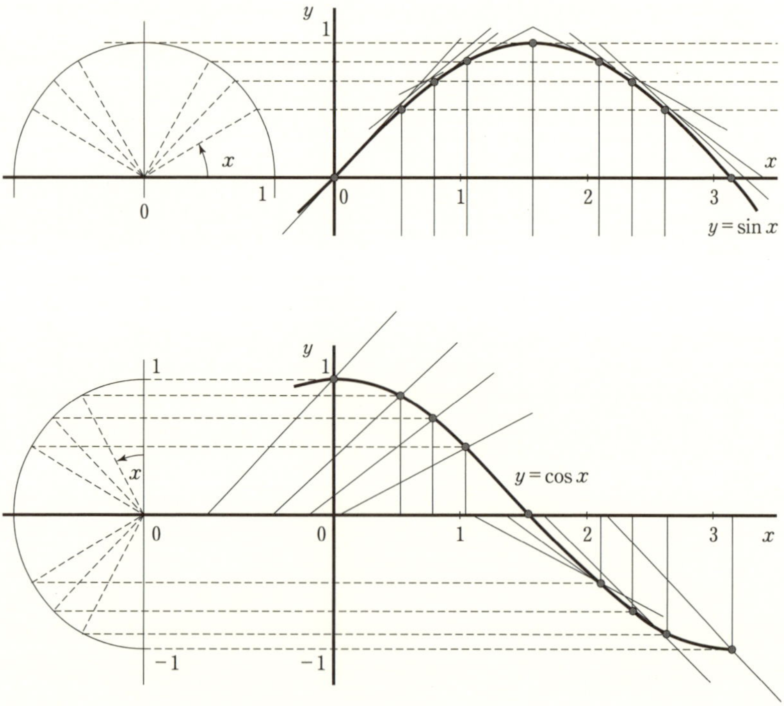

図 1-22

表 1-1

x			sin x	cos x
deg.	rad.			
0°	0	0	0	1.00
30°	$\pi/6$	0.52	$\frac{1}{2}=0.50$	$\frac{\sqrt{3}}{2}=0.87$
45°	$\pi/4$	0.79	$\frac{1}{\sqrt{2}}=0.71$	$\frac{1}{\sqrt{2}}=0.71$
60°	$\pi/3$	1.05	$\frac{\sqrt{3}}{2}=0.87$	$\frac{1}{2}=0.50$
90°	$\pi/2$	1.57	$1=1.00$	0
120°	$2\pi/3$	2.09	$\frac{\sqrt{3}}{2}=0.87$	$-\frac{1}{2}=-0.50$
135°	$3\pi/4$	2.36	$\frac{1}{\sqrt{2}}=0.71$	$-\frac{1}{\sqrt{2}}=-0.71$
150°	$5\pi/6$	2.62	$\frac{1}{2}=0.50$	$-\frac{\sqrt{3}}{2}=-0.87$
180°	π	3.14	0	-1.00

例題 1-35　媒介変数表示の三角関数，$x = \cos\theta$，$y = \sin\theta$（$0 < \theta < \pi$）の導関数 $\dfrac{dy}{dx}$ を求めよ．

θ はパラメータ（媒介変数）であり，この関数は $x - y$ 座標系に半径 1 の半円を表している．

$$\frac{dy}{dx}=\frac{dy}{d\theta}\cdot\frac{d\theta}{dx}=\frac{dy}{d\theta}\cdot\frac{1}{\dfrac{dx}{d\theta}}=\cos\theta\cdot\frac{1}{-\sin\theta}=-\frac{1}{\tan\theta}$$

$x = \cos\theta$ の微分は $dx = -\sin\theta\cdot d\theta$，$y = \sin\theta$ の微分は $dy = \cos\theta\cdot d\theta$ である．

角度の微小変化 $d\theta$ による x と y の微分は，**図 1-23** に示すように，それぞれの座標の微小変化量を表すこととなる．

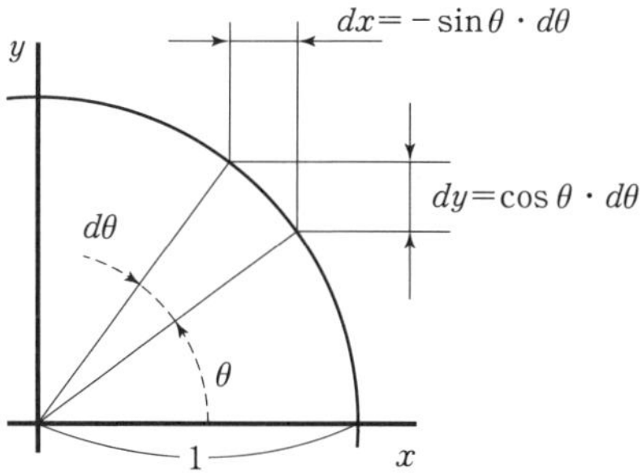

図 1-23

例題 1-36　次の関数の導関数を求めよ．

(1)　$y = \sin(2 - 3x)$　　(2)　$y = \tan\left(\dfrac{\pi - x}{2}\right)$

(1)　$y' = -3\cos(2 - 3x)$　　(2)　$y' = \dfrac{-1}{2\cos^2\left(\dfrac{\pi - x}{2}\right)}$

【三角関数の逆関数の微分】

例題 1-37　$y=\sin x$ の逆関数を $y=\sin^{-1}x$ と表す．$y=\sin^{-1}x$ のグラフを描きなさい．また，逆関数の微分法を用いて，$y=\sin^{-1}x$ の導関数を求めよ．

図 1-24 に $y=\sin x$ を $y=x$ に対称に移動し，$y=\sin^{-1}x$ を描く．$y=\sin^{-1}x$ の定義域は $-1 \leqq x \leqq 1$ であり，値域は $-\dfrac{\pi}{2} \leqq y \leqq \dfrac{\pi}{2}$ である．

$y=\sin^{-1}x$ は $x=\sin y$ と表すことができる．$\dfrac{dx}{dy}=\cos y$，よって

$$\frac{dy}{dx}=\frac{1}{\dfrac{dx}{dy}}=\frac{1}{\cos y}=\frac{1}{\sqrt{1-\sin^2 y}}=\frac{1}{\sqrt{1-x^2}}$$

$y=\sin x$ と $y=\sin^{-1}x$ の $x=0$ における微分係数は 1 であり，$x=0$ では共通の接線を持つ．

例題 1-38　$y=\dfrac{1}{\sqrt{1-x^2}}$ のグラフを描きなさい．

図 1-25 のように，$y=\sqrt{1-x^2}$ は，半径 1 の半円を表す．定義域は $-1 \leqq x \leqq 1$ である．$y=\dfrac{1}{\sqrt{1-x^2}}$ は $y=\sqrt{1-x^2}$ の逆数である．$\dfrac{1}{\sqrt{1-x^2}}$ は $x=0$ のときに最小値 $y=1$ を示し，値域は $y \geqq 1$ である．よって，$y=\sin^{-1}x$ は $x=0$ のときに最小の傾き 1 を持つ増加関数である．

例題 1-39　次の導関数を求めよ．また逆関数を求めよ．

(1)　$y=\sin^{-1}\dfrac{x}{2}$　　　　(2)　$y=\cos^{-1}(x-1)$

(1)　$y=\sin^{-1}\dfrac{x}{2}$ は，$y=\sin^{-1}u$ と $u=\dfrac{x}{2}$ の合成関数である．

$$\frac{dy}{dx}=\frac{dy}{du}\frac{du}{dx}=\frac{1}{\sqrt{1-u^2}}\cdot\frac{1}{2}=\frac{1}{\sqrt{4-x^2}}$$

$y=\sin^{-1}\dfrac{x}{2}$ は $\dfrac{x}{2}=\sin y$ と表すことができる．x と y を入れ替えて整理すると，

$y=2\sin x$

(2)　$$\frac{dy}{dx}=-\frac{1}{\sqrt{1-(x-1)^2}}=-\frac{1}{\sqrt{2x-x^2}}$$

$y=\cos^{-1}(x-1)$ は $(x-1)=\cos y$ と表すことができる．x と y を入れ替えて整理すると，$y=\cos x+1$

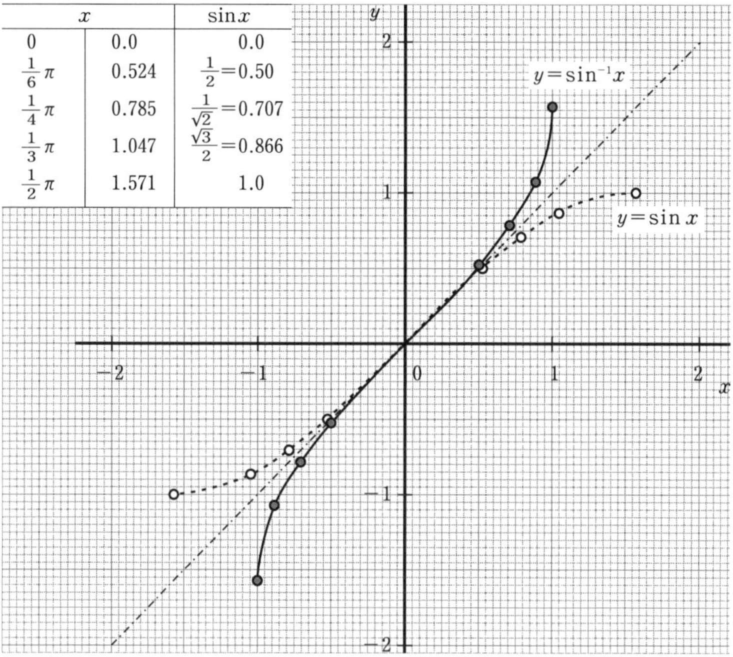

x		$\sin x$
0	0.0	0.0
$\frac{1}{6}\pi$	0.524	$\frac{1}{2}=0.50$
$\frac{1}{4}\pi$	0.785	$\frac{1}{\sqrt{2}}=0.707$
$\frac{1}{3}\pi$	1.047	$\frac{\sqrt{3}}{2}=0.866$
$\frac{1}{2}\pi$	1.571	1.0

図 1-24

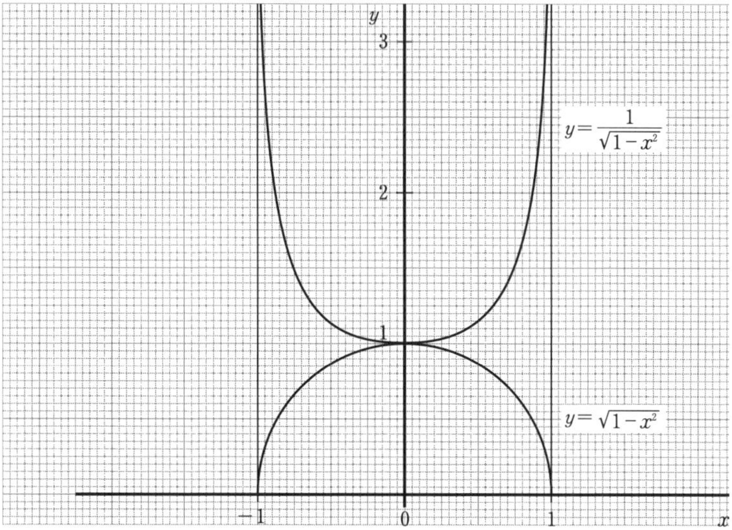

図 1-25

【対数微分法】

指数関数（指数に独立変数 x を含む関数）は，対数をとることにより関数が単純になる場合がある．対数をとると関数がどのように変化するか確認し，対数微分法を練習しよう．

例題 1-40　関数 $y = 2^x$ を両辺対数をとり，縦軸を $\log y$，横軸を x としたグラフを描きなさい．さらに対数微分法により，導関数を求めよ．

両辺対数をとると，

$$\log y = \log 2^x = x \log 2$$

$\log y$ は x に対して傾き $\log 2$ の直線となる（**図 1-26**）．

両辺微分を行うと，$\dfrac{1}{y}dy = \log 2 \cdot dx$

よって，導関数は，$\dfrac{dy}{dx} = y \log 2 = 2^x \log 2$

例題 1-41　次の関数を，対数微分法により導関数を求めよ．

(1)　$y = a^{x^2}$　　(2)　$y = x^x$　　(3)　$y = x^{\log x}$

(1)　$\log y = \log a^{x^2} = x^2 \log a$

両辺微分を行うと，$\dfrac{1}{y}dy = 2x \log a \cdot dx$

よって，導関数は，$\dfrac{dy}{dx} = 2yx \log a = 2xa^{x^2} \log a$

(2)　$\log y = \log x^x = x \log x$

両辺微分を行うと，$\dfrac{1}{y}dy = \left(\log x + x\dfrac{1}{x}\right)dx$

よって，導関数は，$\dfrac{dy}{dx} = y(\log x + 1) = x^x(\log x + 1)$

(3)　$\log y = \log x^{\log x} = \log x \cdot \log x = (\log x)^2$

両辺微分を行うと，$\dfrac{1}{y}dy = 2\log x \cdot \dfrac{1}{x}dx$

よって，導関数は，$\dfrac{dy}{dx} = \dfrac{2y\log x}{x} = \dfrac{2x^{\log x} \log x}{x}$

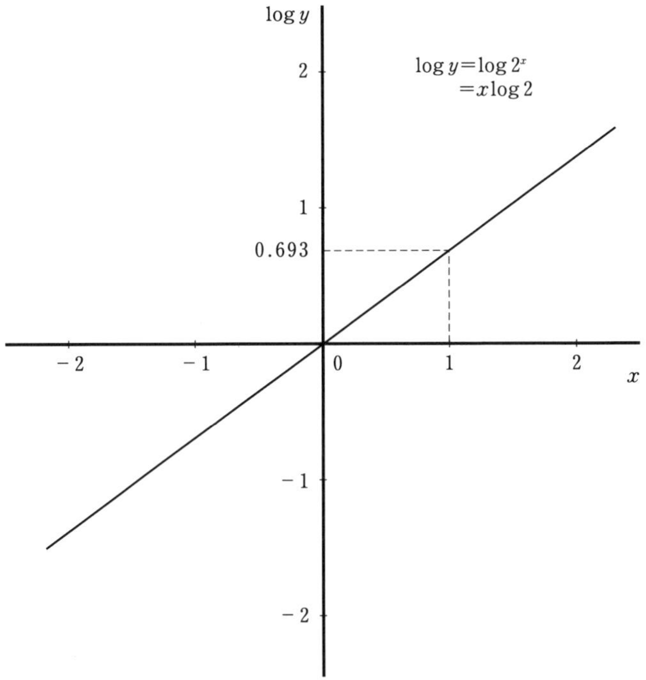

図 1-26

◇1章　演習問題◇

STEP 1

1．第 n 項が以下の式で表される数列の極限を求めよ．

(1) $\dfrac{n^2-2n+3}{n^2+n-2}$　(2) $\sqrt{n+2}-\sqrt{n}$　(3) $\dfrac{1^2+2^2+\cdots+n^2}{n^3}$

(4) $\dfrac{1}{1\cdot 2}+\dfrac{1}{2\cdot 3}+\cdots+\dfrac{1}{n\cdot(n+1)}$

2．次の無限級数の収束発散を調べ，収束するならばその和を求めよ．

(1) $\displaystyle\sum_{n=1}^{\infty}\left(-\frac{1}{2}\right)^{n-1}$　(2) $\displaystyle\sum_{n=1}^{\infty}r^n$ （r：定数）　(3) $\displaystyle\sum_{n=1}^{\infty}\frac{1}{n}$

3．次に示す関数のグラフを描きなさい．

(1) $y=e^{-x+1}+1$　(2) $y=\dfrac{e^x+e^{-x}}{2}$　(3) $y=\dfrac{e^x-e^{-x}}{2}$

(4) $y=\log(x-1)+1$　(5) $y=\log(x-1)^2-1$

(6) $y=\sqrt{x+1}+1$　(7) $y=\dfrac{-x+2}{x-1}$

4．次に示す三角関数のグラフを同じ xy 座標面上に描きなさい．

(1) $y=\sin x$　(2) $y=-2\sin 2x$　(3) $y=\sin\left(x-\dfrac{\pi}{3}\right)$

(4) $y=2\sin\left(2x-\dfrac{\pi}{3}\right)$

5．次の極限の有無を調べ，極限があればその値を求めよ．

(1) $\displaystyle\lim_{x\to 0}\frac{\sin x}{x}$　(2) $\displaystyle\lim_{x\to 0}\sin\frac{1}{x}$　(3) $\displaystyle\lim_{x\to 0}\left(x\sin\frac{1}{x}\right)$

(4) $\displaystyle\lim_{x\to 0}\frac{\sin^{-1}x}{x}$

6．次の極限を求めよ．

(1) $\displaystyle\lim_{x\to\infty}(\sqrt{x^2+2x}-\sqrt{x^2-2x})$　(2) $\displaystyle\lim_{x\to\infty}\left(1+\frac{a}{x}\right)^x$ （a：定数）

(3) $\displaystyle\lim_{x\to 0}\frac{\tan^{-1}x}{x}$

7．次の関数の連続性と微分可能性について調べよ．

(1) $f(x) = |x|$　　(2) $f(x) = |x^3|$

(3) $f(x) = \begin{cases} \sin\dfrac{1}{x} & (x \neq 0) \\ 0 & (x = 0) \end{cases}$　　(4) $f(x) = \begin{cases} x\sin\dfrac{1}{x} & (x \neq 0) \\ 0 & (x = 0) \end{cases}$

(5) $f(x) = \begin{cases} \dfrac{e^{-\frac{1}{x}}}{e^{\frac{1}{x}} - e^{-\frac{1}{x}}} & (x \neq 0) \\ 0 & (x = 0) \end{cases}$

8．次の関数を微分せよ．

(1) $y = \dfrac{e^x + e^{-x}}{2}$　　(2) $y = \dfrac{e^x - e^{-x}}{2}$　　(3) $y = \dfrac{1}{a}\tan^{-1}\dfrac{x}{a}$　$(a \neq 0)$

(4) $y = \dfrac{1}{a}\cot^{-1}\dfrac{x}{a}$　$(a \neq 0)$　　(5) $y = \log|x + \sqrt{x^2 + a}|$　$(a \neq 0)$

(6) $y = \dfrac{1}{2}(x\sqrt{x^2 + a} + a\log|x + \sqrt{x^2 + a}|)$　$(a \neq 0)$

＊ここで，(1)，(2)を含む関数は特に双曲線関数と呼ばれ，三角関数に対応して次のように定義される．

$\cosh x = \dfrac{e^x + e^{-x}}{2}$，$\sinh x = \dfrac{e^x - e^{-x}}{2}$，$\tanh x = \dfrac{e^x - e^{-x}}{e^x + e^{-x}}$，

$\mathrm{sech}\, x = \dfrac{2}{e^x + e^{-x}}$，$\mathrm{cosech}\, x = \dfrac{2}{e^x - e^{-x}}$，$\coth x = \dfrac{e^x + e^{-x}}{e^x - e^{-x}}$

また，次の関係式が成り立つ．$\cosh^2 x - \sinh^2 x = 1$

9．(1)合成関数の微分法，および(2)逆関数の微分法について，微分の定義式を用いて証明せよ．

STEP 2

10．数列 a_n の漸化式が $a_1=3$，$a_{n+1} = 2\sqrt{a_n}$ で与えられるとき，$\lim_{n\to\infty} a_n$ を求めよ．

11．n を自然数とするとき，以下の式が成り立つことを示せ．

(1) $\lim_{n\to\infty}\dfrac{a^n}{n!} = 0$　(a：正の定数)　　(2) $\lim_{n\to\infty} nr^n = 0$　(r：1 未満の正の定数)

12. 次の無限級数が収束するならば，その和を求めよ．

$$\sum_{n=1}^{\infty} nar^{n-1} \quad (a：正の定数，|r|<1)$$

13. ある無限等比数列和が以下のように与えられるとき，各等比数列の初項と公比を求めよ．ただし，r は（　）の範囲を取る定数とする．

(1) $\dfrac{3}{1-2r} \left(|r|<\dfrac{1}{2}\right)$　　(2) $\dfrac{3}{2+3r} \left(|r|<\dfrac{2}{3}\right)$　　(3) $\dfrac{1}{2-r}$ $(|r|>2)$

14. 次に示す関数のグラフを描きなさい．

(1) $y = e^{-|x|+1} + 1$　　(2) $y = \log|x-1| + 1$　　(3) $|y| = \log|x-1|$

(4) $y = |x^2 - 2x| - 1$　　(5) $y = x^2 - |2x-1|$　　(6) $y = \left|\dfrac{-x+2}{x-1}\right|$

15. 次の極限を求めよ．

(1) $\displaystyle\lim_{x\to 0} \frac{a^x - 1}{x}$　$(a > 0)$　　(2) $\displaystyle\lim_{x\to a} \frac{\sin x - \sin a}{x - a}$

16. 次の関数の連続性と微分可能性について調べよ．

(1) $f(x) = \begin{cases} x^2 \sin \dfrac{1}{x} & (x \neq 0) \\ 0 & (x = 0) \end{cases}$　　(2) $f(x) = \begin{cases} \dfrac{x}{1 + e^{\frac{1}{x}}} & (x \neq 0) \\ 0 & (x = 0) \end{cases}$

17. 次の関数を微分せよ．

(1) $y = \sinh^{-1} \dfrac{x}{a}$　$(a > 0)$　　(2) $y = \cosh^{-1} \dfrac{x}{a}$　$(a > 0,\ y \geqq 0)$

(3) $y = \dfrac{1}{2}\left(x\sqrt{a^2 - x^2} + a^2 \sin^{-1} \dfrac{x}{a}\right)$　$(a > 0)$

(4) $y = \dfrac{1}{2}\left(x\sqrt{x^2 + a^2} + a^2 \sinh^{-1} \dfrac{x}{a}\right)$　$(a > 0)$

(5) $y = \dfrac{1}{2}\left(x\sqrt{x^2 - a^2} - a^2 \cosh^{-1} \dfrac{x}{a}\right)$　$(a > 0)$

18. 次の設問に答えよ.

(1) $y = f(x)$, $x = \varphi(t)$ とするとき, $\dfrac{d^2y}{dt^2}$ を $f(x)$, $\varphi(t)$ を用いて表せ.

(2) $y = f(x)$ の逆関数を $x = g(y)$ とするとき $g''(y)$ を $f(x)$ で表せ. ただし, $f(x)$ は 2 回微分可能で $f'(x) \neq 0$ とする.

◇1章　演習問題解答◇

STEP 1

1．

(1)　$\dfrac{n^2-2n+3}{n^2+n-2}=\dfrac{1-\dfrac{2}{n}+\dfrac{3}{n^2}}{1+\dfrac{1}{n}-\dfrac{2}{n^2}}\xrightarrow{n\to\infty}1$

(2)　$\sqrt{n+2}-\sqrt{n}=\dfrac{(n+2)-n}{\sqrt{n+2}+\sqrt{n}}\xrightarrow{n\to\infty}0$

(3)　$\dfrac{1^2+2^2+\cdots+n^2}{n^3}=\dfrac{\dfrac{1}{6}n(n+1)(2n+1)}{n^3}=\dfrac{1}{6}\left(1+\dfrac{1}{n}\right)\left(2+\dfrac{1}{n}\right)\xrightarrow{n\to\infty}\dfrac{1}{3}$

(4)　$\dfrac{1}{1\cdot2}+\dfrac{1}{2\cdot3}+\cdots+\dfrac{1}{n\cdot(n+1)}$

$=\left(\dfrac{1}{1}-\dfrac{1}{2}\right)+\left(\dfrac{1}{2}-\dfrac{1}{3}\right)+\cdots+\left(\dfrac{1}{n}-\dfrac{1}{n+1}\right)=1-\dfrac{1}{n+1}\xrightarrow{n\to\infty}1$

2．

(1)　$\left|-\dfrac{1}{2}\right|<1$ より収束する．ゆえに，$\displaystyle\sum_{n=1}^{\infty}\left(-\frac{1}{2}\right)^{n-1}=\frac{1}{1-\left(-\frac{1}{2}\right)}=\frac{2}{3}$

(2)　$|r|\geqq1$ のとき発散し，$|r|<1$ のとき収束する．ゆえに，$\displaystyle\sum_{n=1}^{\infty}r^n=\frac{1}{1-r}$

(3)　$\displaystyle\sum_{n=1}^{\infty}\frac{1}{n}=1+\frac{1}{2}+\left(\frac{1}{3}+\frac{1}{4}\right)+\left(\frac{1}{5}\cdots+\frac{1}{8}\right)+\cdots>1+\frac{1}{2}+\left(\frac{1}{4}+\frac{1}{4}\right)+\left(\frac{1}{8}+\cdots+\frac{1}{8}\right)+\cdots$

$=1+1+1+\cdots$ より，発散する．

3．

(1)

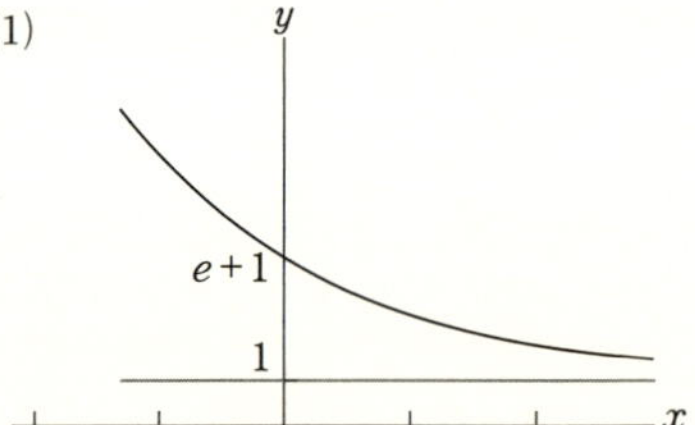

(2)

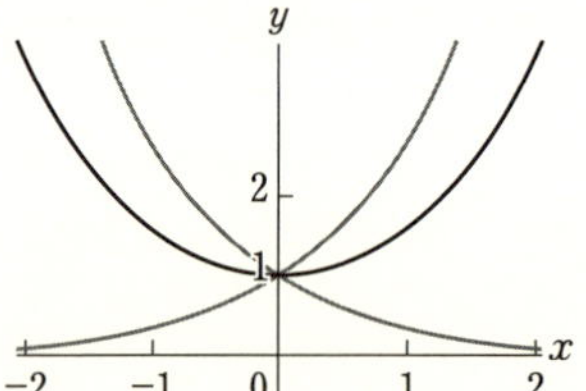

(3)

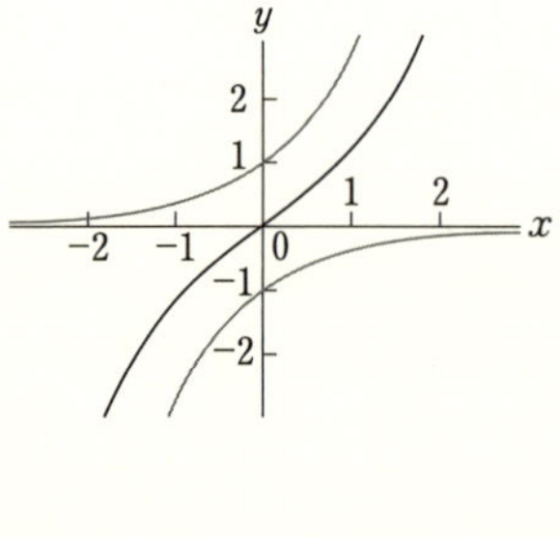

(4)

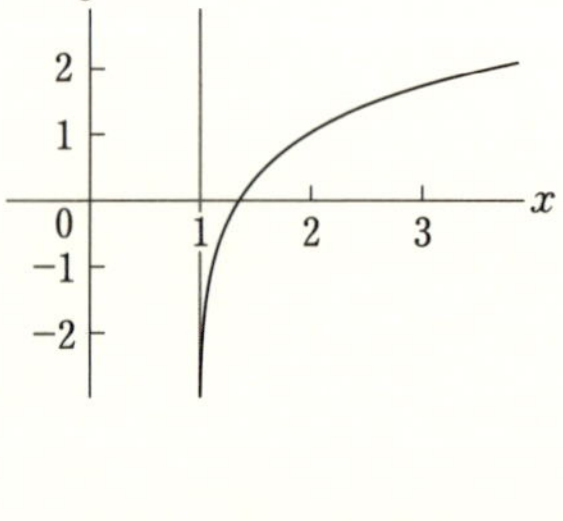

(5)

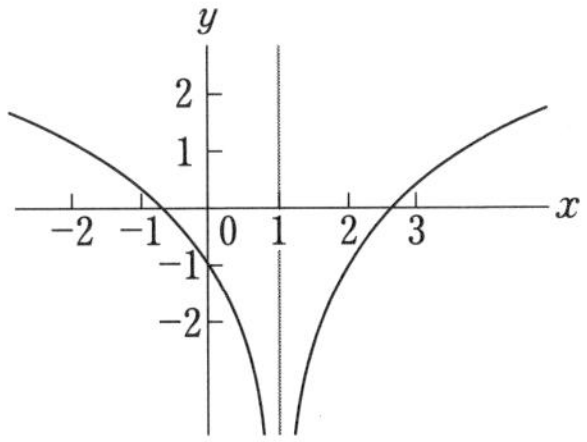

(6)

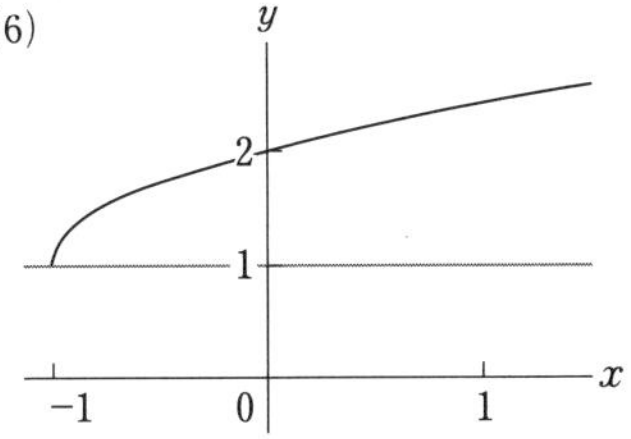

(7)

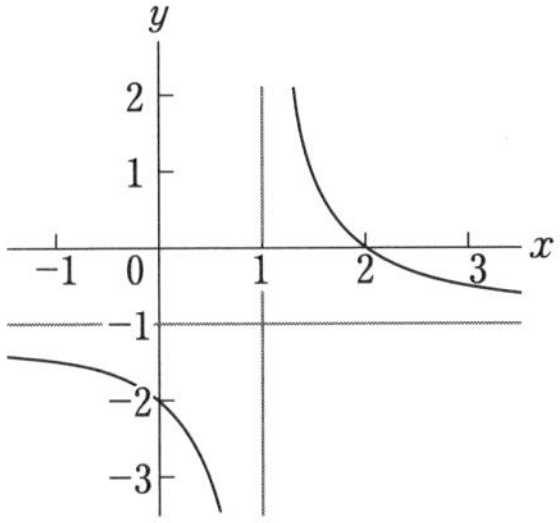

4．

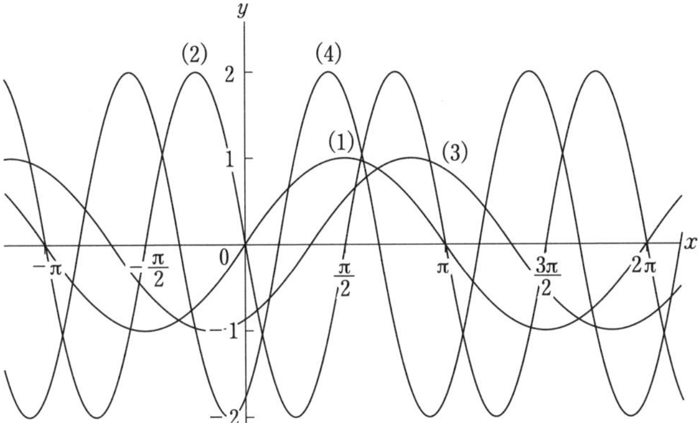

5．

(1)　$f(x)=\sin x$ とすると，$\displaystyle\lim_{x\to0}\frac{\sin x}{x}=\lim_{x\to0}\frac{f(x)-f(0)}{x-0}=f'(0)=\cos 0=1$

(2)　例えば，$x_n=\dfrac{1}{n\pi}$ のとき $\sin\dfrac{1}{x}\xrightarrow{n\to\infty}0.$

一方，$x_n=\dfrac{2}{(4n+1)\pi}$ のとき，$\sin\dfrac{1}{x}\xrightarrow{n\to\infty}1.$

したがって，$\displaystyle\lim_{x\to0}\sin\frac{1}{x}$ は存在しない．

(3)　$\left|x\sin\dfrac{1}{x}\right|<|x|\xrightarrow{x\to0}0.$　ゆえに，$\displaystyle\lim_{x\to0}\left(x\sin\frac{1}{x}\right)=0$

(4)　$y = \sin^{-1} x$ とすると，$\displaystyle\lim_{x\to 0}\frac{\sin^{-1} x}{x} = \lim_{y\to 0}\frac{y}{\sin y} = 1$

6．

(1)　$\displaystyle\lim_{x\to\infty}(\sqrt{x^2+2x}-\sqrt{x^2-2x}) = \lim_{x\to\infty}\frac{(\sqrt{x^2+2x}-\sqrt{x^2-2x})(\sqrt{x^2+2x}+\sqrt{x^2-2x})}{\sqrt{x^2+2x}+\sqrt{x^2-2x}}$

$\displaystyle = \lim_{x\to\infty}\frac{4x}{\sqrt{x^2+2x}+\sqrt{x^2-2x}} = \lim_{x\to\infty}\frac{4}{\sqrt{1+\frac{2}{x}}+\sqrt{1-\frac{2}{x}}} = 2$

(2)　$\displaystyle\lim_{x\to\infty}\left(1+\frac{a}{x}\right)^x = \lim_{x\to\infty}\left\{\left(1+\frac{a}{x}\right)^{\frac{x}{a}}\right\}^a = e^a$

(3)　$y = \tan^{-1} x$ とすると，$\displaystyle\lim_{x\to 0}\frac{\tan^{-1} x}{x} = \lim_{y\to 0}\frac{y}{\tan y} = \lim_{y\to 0}\left(\frac{y}{\sin y}\cdot\cos y\right) = 1$

7．

(1)　$x<0$ のとき，$f(x) = -x$ なので連続であり $f'(x) = -1$．一方，$x>0$ のとき，$f(x) = x$ で連続であり $f'(x) = 1$．例題1-16より，$x=0$ において連続．したがって，実数全域にわたり $f(x)$ は連続であるが，$x=0$ において微分可能ではない．

(2)　$x<0$ のとき，$f(x) = -x^3$ なので連続であり $f'(x) = -3x^2$．一方，$x>0$ のとき，$f(x) = x^3$ で連続であり $f'(x) = 3x^2$．したがって，実数全域にわたり $f(x)$ は連続であり，$x=0$ においても $f'(x) = 0$ であるので実数全域で微分可能である．

(3)　$x \neq 0$ において連続であり，$f'(x) = -\dfrac{1}{x^2}\cos\dfrac{1}{x}$ なので微分可能であるが，$x=0$ において定義されないので不連続である．

(4)　5(3)より実数全域で $f(x)$ は連続である．一方，$f'(x) = \sin\dfrac{1}{x} - \dfrac{1}{x}\cos\dfrac{1}{x}$ となり，$x \neq 0$ において微分可能であるが，$x=0$ においては，$f'(x) = \displaystyle\lim_{x\to 0}\frac{f(x)-f(0)}{x} = \lim_{x\to 0}\sin\frac{1}{x}$ となり，5(2)より極限をもたないので微分不可能である．

(5)　$x \neq 0$ において連続であり微分可能であることは明らか．しかし，$x=0$ のとき，右側極限 $\displaystyle\lim_{x\to+0}\frac{e^{-\frac{1}{x}}}{e^{\frac{1}{x}}-e^{-\frac{1}{x}}} = 0$ と左側極限 $\displaystyle\lim_{x\to-0}\frac{e^{-\frac{1}{x}}}{e^{\frac{1}{x}}-e^{-\frac{1}{x}}} = -1$ が一致しないので，$x=0$ において不連続である．

8．

(1)　$y' = (\cosh x)' = \dfrac{e^x - e^{-x}}{2} = \sinh x$　　　(2)　$y' = (\sinh x)' = \dfrac{e^x + e^{-x}}{2} = \cosh x$

＊この2式の導関数の関係式はしばしば用いられる．

(3)　$y' = \dfrac{1}{a}\cdot\dfrac{\frac{1}{a}}{1+\frac{x^2}{a^2}} = \dfrac{1}{a^2+x^2}$

(4)　$\dfrac{x}{a} = \cot ay \Rightarrow \dfrac{1}{a} = \dfrac{-a}{\sin^2 ay} \cdot y'$ ゆえに，$y' = -\dfrac{\sin^2 ay}{a^2} = \dfrac{-1}{a^2} \cdot \dfrac{1}{1 + \cot^2 ay} = -\dfrac{1}{a^2 + x^2}$

(5)　$y' = \dfrac{1 + \dfrac{x}{\sqrt{x^2 + a}}}{x + \sqrt{x^2 + a}} = \dfrac{1}{\sqrt{x^2 + a}}$

(6)　$y' = \dfrac{1}{2}\left(\sqrt{x^2 + a} + \dfrac{x^2}{\sqrt{x^2 + a}} + \dfrac{a}{\sqrt{x^2 + a}}\right) = \sqrt{x^2 + a}$

9．

(1)　(証明)

$u = f(x)$，$\Delta u = f(x + \Delta x) - f(x)$，$\Delta x \to 0 \Rightarrow \Delta u \to 0$ とすると，

$$\begin{aligned}\frac{d}{dx} g(f(x)) &= \lim_{\Delta x \to 0} \frac{g(f(x + \Delta x)) - g(f(x))}{\Delta x} = \lim_{\substack{\Delta x \to 0 \\ \Delta u \to 0}} \frac{g(u + \Delta u) - g(u)}{\Delta u} \cdot \frac{\Delta u}{\Delta x} \\ &= \lim_{\substack{\Delta x \to 0 \\ \Delta u \to 0}} \frac{g(u + \Delta u) - g(u)}{\Delta u} \cdot \frac{f(x + \Delta x) - f(x)}{\Delta x} \\ &= g'(u) f'(x) = g'(f(x)) f'(x)\end{aligned}$$

(2)　(証明)

$\Delta y = f^{-1}(x + \Delta x) - f^{-1}(x)$，$\Delta x = f(y + \Delta y) - f(y)$，$\Delta x \to 0 \Rightarrow \Delta y \to 0$

とすると，

$$\begin{aligned}\frac{d}{dx} f^{-1}(x) &= \lim_{\Delta x \to 0} \frac{f^{-1}(x + \Delta x) - f^{-1}(x)}{\Delta x} \\ &= \lim_{\Delta y \to 0} \frac{\Delta y}{f(y + \Delta y) - f(y)} = \lim_{\Delta y \to 0} \frac{1}{\dfrac{f(y + \Delta y) - f(y)}{\Delta y}} = \frac{1}{f'(y)}\end{aligned}$$

STEP 2 ◯◯

10．a_n が極限 α をもつとすると，十分大きな n において $a_{n+1} = a_n = \alpha$ と見なせるから，$\alpha = 2\sqrt{\alpha}$ より $\alpha = 4$．一方，a_n は，$a_1 = 3 < a_2 = 3.46 < a_3 = a_4 = 3.86\cdots$ と単調増加しながら 4 に近づくように見える．そこで，a_n の極限値が 4 であることを示すために，すべての n に対して a_n が 4 未満の正数であり，単調増加数列であることを数学的帰納法にて証明する．

(証)　(Ⅰ)　$n = 1$ のとき

$a_1 = 3$，$a_2 = 2\sqrt{3} > a_1$ より成り立つ．

(Ⅱ)　$n = k$ のとき成り立つとして $n = k + 1$ のとき

$a_{k+1} = 2\sqrt{a_k} < 2 \cdot 2 = 4$，$a_{k+1} - a_k = \sqrt{a_k}(2 - \sqrt{a_k}) > 0$ より成り立つ．

∴題意は証明された．(証明終)

したがって，a_n は極限 4 をもつ．

11.

(1)　$\dfrac{a}{n} \leqq 1$ となる最小の n を M とおくと，$n > M$ である n において，

$$0 < \frac{a^n}{n!} = \frac{a}{1}\cdot\frac{a}{2}\cdot\frac{a}{3}\cdot\cdots\cdot\frac{a}{M-1}\cdot\frac{a}{M}\cdot\frac{a}{M+1}\cdot\cdots\cdot\frac{a}{n-1}\cdot\frac{a}{n} < \frac{a}{1}\cdot\frac{a}{2}\cdot\frac{a}{3}\cdot\cdots\cdot\frac{a}{M-1}\cdot 1\cdot 1\cdot$$

$$\cdots\cdot 1\cdot\frac{a}{n} = \frac{a^M}{n(M-1)!}$$

$\dfrac{a^M}{(M-1)!}$ は有限な数なので，$\displaystyle\lim_{n\to\infty}\frac{a^M}{n(M-1)!} = 0$　$\displaystyle\therefore\lim_{n\to\infty}\frac{a^n}{n!} = 0$

(2)　$a_n = nr^n$ とおくと，$a_{n+1} = \dfrac{n+1}{n} r a_n$. $\dfrac{n+1}{n}$ は n の増加にともない 2 から単調減少し 1 に近づく．$0 < r < 1$ なので $\dfrac{n+1}{n} r < 1$ となる n が存在するから，その最小値を m とおき $\dfrac{m+1}{m} r = p$ とすると，$n > m$ である n において，$a_n = \dfrac{n}{n-1} r a_{n-1}$ $< p a_{n-1} < p^2 a_{n-2} < \cdots < p^{n-m} a_m$.　$p^{-m} a_m$ は有限な数なので，$\displaystyle\lim_{n\to\infty} p^{n-m} a_m = 0$.

$\displaystyle\therefore \lim_{n\to\infty} a_n = \lim_{n\to\infty} nr^n = 0$

12.　$\displaystyle S_n = \sum_{k=1}^{n} kar^{k-1}$ とすると，

$$S_n = a + 2ar + 3ar^2 + \cdots + (n-1)ar^{n-2} + nar^{n-1}$$

$$rS_n = \qquad ar + 2ar^2 + 3ar^3 + \cdots\cdots\cdots\cdots + (n-1)ar^{n-1} + nar^n$$　より，

$$(1-r)S_n = a + ar + ar^2 + \cdots + ar^{n-2} + ar^{n-1} - nar^n = \frac{a(1-r^n)}{1-r} - nar^n$$

$$S_n = \frac{a(1-r^n)}{(1-r)^2} - \frac{nar^n}{1-r}$$

$$\therefore \sum_{n=1}^{\infty} nar^{n-1} = \lim_{n\to\infty} S_n = \lim_{n\to\infty}\left\{\frac{a(1-r^n)}{(1-r)^2} - \frac{nar^n}{1-r}\right\} = \frac{a}{(1-r)^2}$$　（∵ 2 (2)）

13.　初項 a，公比 r $(|r| < 1)$ の無限等比級数和は $\dfrac{a}{(1-r)}$ で与えられるから，この式の形に変形し比較すればよい．

(1)　初項：3，公比：$2r$

(2)　$\dfrac{3}{2+3r} = \dfrac{\dfrac{3}{2}}{1-\left(-\dfrac{3}{2}r\right)}$ より，初項：$\dfrac{3}{2}$，公比：$-\dfrac{3}{2}r$

(3)　$\dfrac{1}{2-r} = \dfrac{-\dfrac{1}{r}}{1-\dfrac{2}{r}}$ より，初項：$-\dfrac{1}{r}$，公比：$\dfrac{2}{r}$

14.

(1)
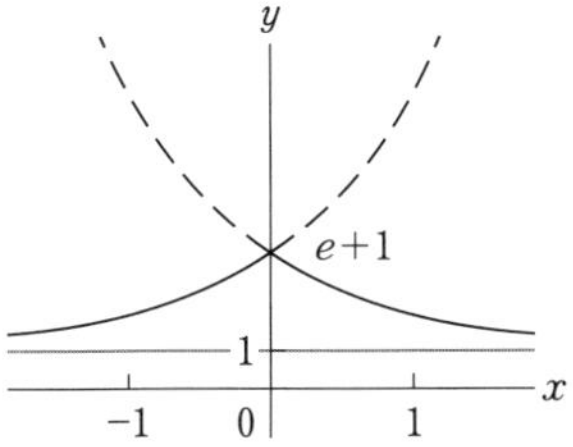

(2)
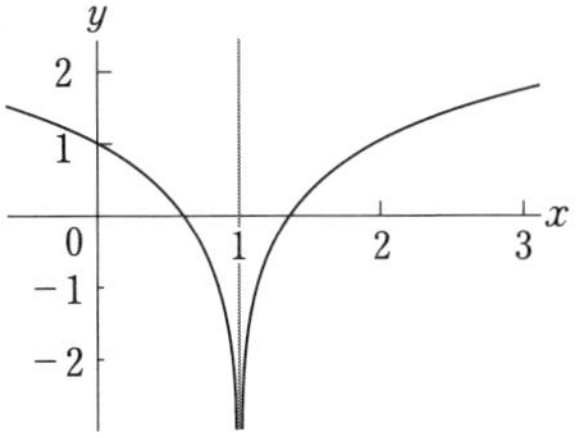

(3)
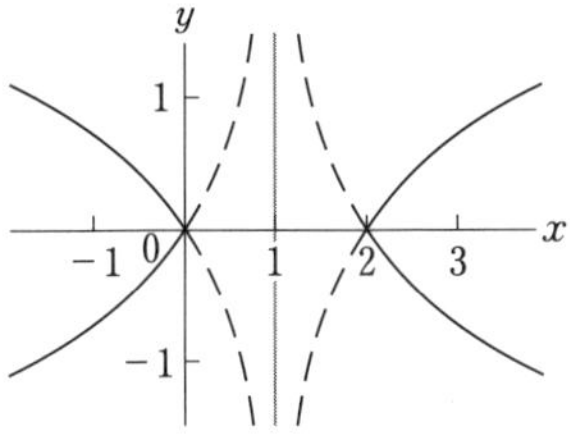

(4)
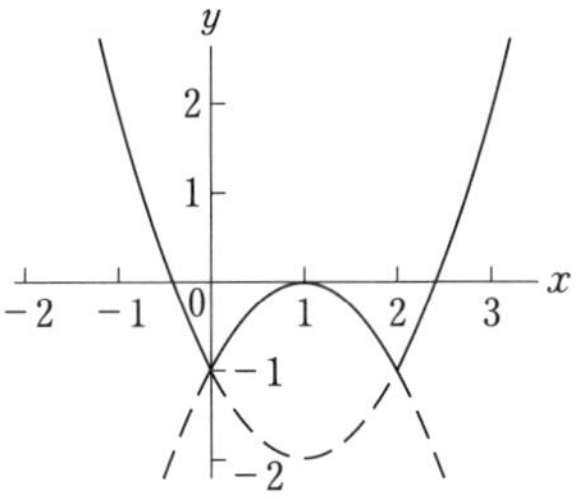

(5)
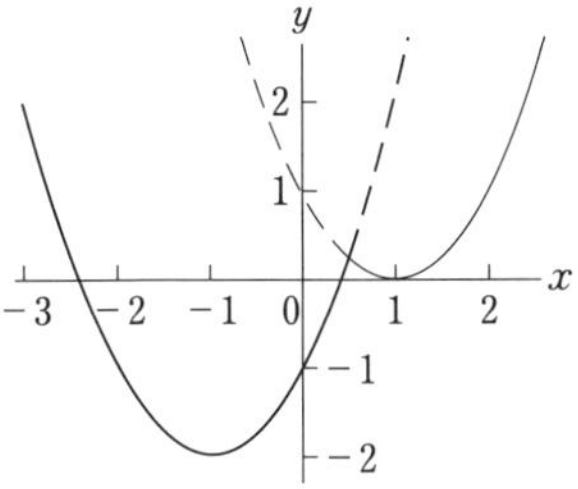

(6)
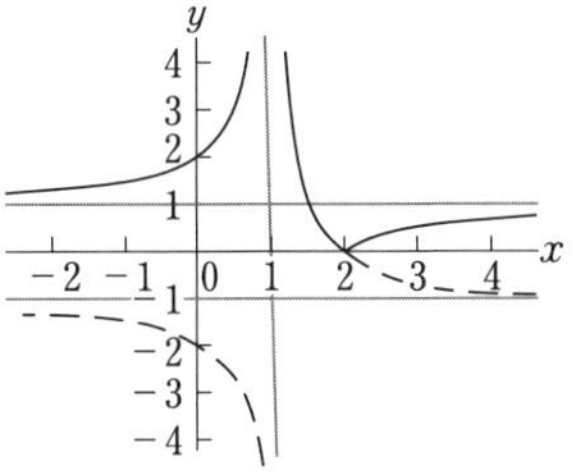

15.

(1)　$f(x)=a^x$ とすると，$\displaystyle\lim_{x\to 0}\frac{a^x-1}{x}=\lim_{x\to 0}\frac{f(x)-f(0)}{x}=f'(0)=a^0\log a=\log a$

(2)　$f(x)=\sin x$ とすると，$\displaystyle\lim_{x\to a}\frac{\sin x-\sin a}{x-a}=\lim_{x\to a}\frac{f(x)-f(a)}{x-a}=f'(a)=\cos a$

（別解）

$$\lim_{x\to a}\frac{\sin x-\sin a}{x-a}=\lim_{x\to a}\frac{2\cos\dfrac{x+a}{2}\sin\dfrac{x-a}{2}}{x-a}$$

$$=\lim_{x\to a}\cos\frac{x+a}{2}\cdot\frac{\sin\dfrac{x-a}{2}}{\dfrac{x-a}{2}}=\cos a$$

16.

(1)　$x\neq 0$ において連続であり微分可能であることは明らか．$x=0$ のとき，$\displaystyle\lim_{x\to 0}f(x)$ $\displaystyle=\lim_{x\to 0}x^2\sin\frac{1}{x}=0$ なので連続．また，$\displaystyle f'(0)=\lim_{x\to 0}\frac{f(x)-f(0)}{x}=\lim_{x\to 0}x\sin\frac{1}{x}=0$ だか

ら微分可能である．ただし，$x \neq 0$ において $f'(x) = 2x\sin\dfrac{1}{x} - \cos\dfrac{1}{x}$ なので，$x = 0$ において微分は連続しない．

(2)　$x \neq 0$ において連続であり微分可能であることは明らか．$x = 0$ のとき，$\displaystyle\lim_{x\to+0} f(x) = \lim_{x\to-0} f(x) = 0$ なので連続．一方，微分は $f'(0) = \displaystyle\lim_{x\to0}\frac{f(x)-f(0)}{x} = \lim_{x\to0}\frac{1}{1+e^{\frac{1}{x}}}$

ここで，$\displaystyle\lim_{x\to+0}\frac{1}{1+e^{\frac{1}{x}}} = 0$，$\displaystyle\lim_{x\to-0}\frac{1}{1+e^{\frac{1}{x}}} = 1$ であり，片側極限値が異なるので微分は不可能である．

17.

(1)　$\dfrac{x}{a} = \sinh y \Rightarrow \dfrac{1}{a} = y'\cosh y \Rightarrow y' = \dfrac{1}{a\cosh y}$

$\cosh^2 y - \sinh^2 y = 1$ より，

$$y' = \frac{1}{a\cosh y} = \frac{1}{a\sqrt{1+\sinh^2 y}} = \frac{1}{a\sqrt{1+\dfrac{x^2}{a^2}}} = \frac{1}{\sqrt{a^2+x^2}}$$

(2)　$\dfrac{x}{a} = \cosh y \Rightarrow \dfrac{1}{a} = y'\sinh y \Rightarrow y' = \dfrac{1}{a\sinh y}$

$\cosh^2 y - \sinh^2 y = 1$ より，

$$y' = \frac{1}{a\sinh y} = \frac{1}{a\sqrt{\cosh^2 y - 1}} = \frac{1}{a\sqrt{\dfrac{x^2}{a^2}-1}} = \frac{1}{\sqrt{x^2-a^2}}$$

(3)　$y' = \dfrac{1}{2}\left(\sqrt{a^2-x^2} - \dfrac{x^2}{\sqrt{a^2-x^2}} + \dfrac{a^2}{\sqrt{a^2-x^2}}\right) = \sqrt{a^2-x^2}$

(4)　$y' = \dfrac{1}{2}\left(\sqrt{x^2+a^2} + \dfrac{x^2}{\sqrt{x^2+a^2}} + \dfrac{a^2}{\sqrt{x^2+a^2}}\right) = \sqrt{x^2+a^2}$

(5)　$y' = \dfrac{1}{2}\left(\sqrt{x^2-a^2} + \dfrac{x^2}{\sqrt{x^2-a^2}} - \dfrac{a^2}{\sqrt{x^2-a^2}}\right) = \sqrt{x^2-a^2}$

18.

(1)　$\dfrac{dy}{dt} = f'(x)\varphi'(t)$ だから，

$$\begin{aligned}\frac{d^2y}{dt^2} &= \frac{d}{dt}\{f'(x)\varphi'(t)\} = \frac{d}{dt}f'(x)\cdot\varphi'(t) + f'(x)\cdot\frac{d}{dt}\varphi'(t)\\ &= \frac{d}{dx}f'(x)\cdot\frac{dx}{dt}\cdot\varphi'(t) + f'(x)\cdot\frac{d}{dt}\varphi'(t)\\ &= f''(x)\cdot\varphi'(t)\cdot\varphi'(t) + f'(x)\varphi''(t) = f''(x)\varphi'(t)^2 + f'(x)\varphi''(t)\end{aligned}$$

(2)　$g''(y) = \dfrac{d}{dy}g'(y) = \dfrac{d}{dy}\dfrac{1}{f'(x)} = \dfrac{d}{dx}\dfrac{1}{f'(x)}\cdot\dfrac{dx}{dy} = -\dfrac{f''(x)}{f'(x)^2}\cdot\dfrac{1}{f'(x)} = -\dfrac{f''(x)}{f'(x)^3}$

2. 微分の応用

2-1　n 次微分法／ライプニッツ（Leibniz）の定理

【n 次導関数】

例題 2-1　$y=-\dfrac{1}{3}x^3+x$ を順次微分し，高次導関数を求めよ．

$y'=-x^2+1$，$y''=-2x$，$y'''=-2$，$y^{(4)}=0$

図 2-1 にそれぞれの導関数のグラフを示す．各々の導関数の値は，元の関数の接線の傾きを表している．

$y=-\dfrac{1}{3}x^3+x$ が極値をもつ $x=-1$ と 1 では，その傾きが 0 であることより $y'=-x^2+1$ の値は 0 となる．

例題 2-2　$y=\sin x$ を 4 回微分することにより，関数が元にもどることを確認せよ．

$y=\sin x$，$y'=\cos x$，$y''=-\sin x$，$y'''=-\cos x$，$y^{(4)}=\sin x$

図 2-2 にグラフを示す．**図 1-23** と同様に半径 1 の円を描き，横軸に対して角度 x の破線を円の中心から引くと，円との交点の y 座標が $\sin x$ の値となる．$\cos x$ は，円の縦軸に対して角度 x の破線を引けばよい．つまり，$\cos x=\sin\left(x+\dfrac{\pi}{2}\right)$ が成り立つ．

同様に $-\sin x=\cos\left(x+\dfrac{\pi}{2}\right)$，$-\cos x=-\sin\left(x+\dfrac{\pi}{2}\right)$ であることが，図 2-2 より理解できるであろう．三角関数は，微分を 1 度行うと x 方向に $-\dfrac{\pi}{2}$ 平行移動する．よって，以下の式が成り立つ．

$$(\sin x)^{(n)}=\sin\left(x+\frac{n\pi}{2}\right)$$

例題 2-3　$y=\log(1+x)$ の n 次導関数を求めよ．

$y'=\dfrac{1}{1+x}=(1+x)^{-1}$，$y''=-(1+x)^{-2}$，$y'''=2(1+x)^{-3}$，

$y^{(4)}=-6(1+x)^{-4}$，…

よって，$y^{(n)}=\dfrac{(-1)^{n-1}(n-1)!}{(1+x)^n}$

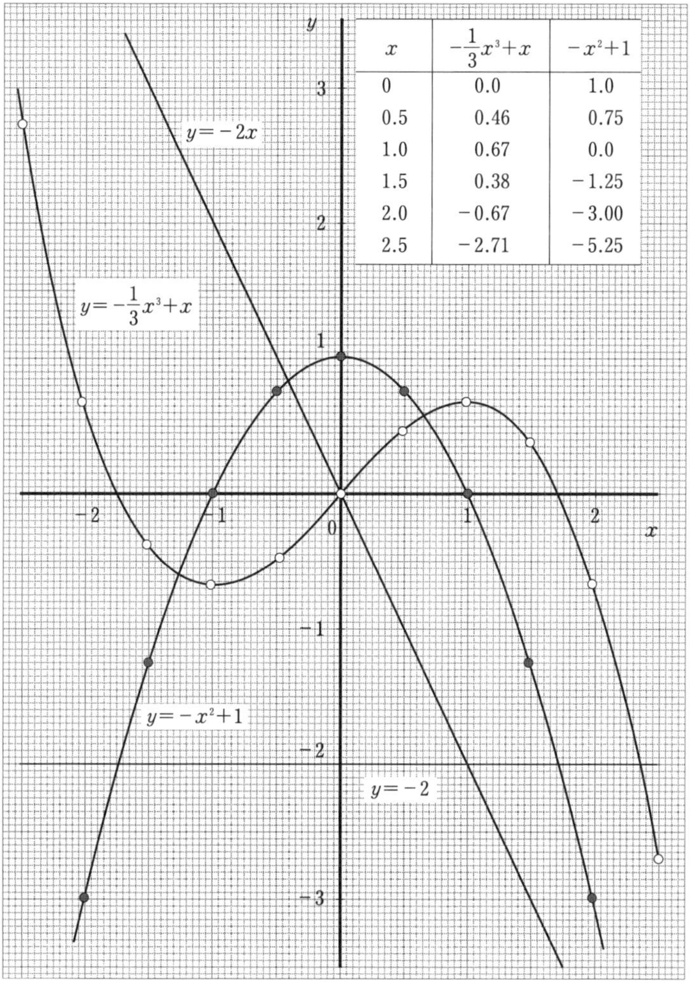

x	$-\frac{1}{3}x^3+x$	$-x^2+1$
0	0.0	1.0
0.5	0.46	0.75
1.0	0.67	0.0
1.5	0.38	−1.25
2.0	−0.67	−3.00
2.5	−2.71	−5.25

図 2-1

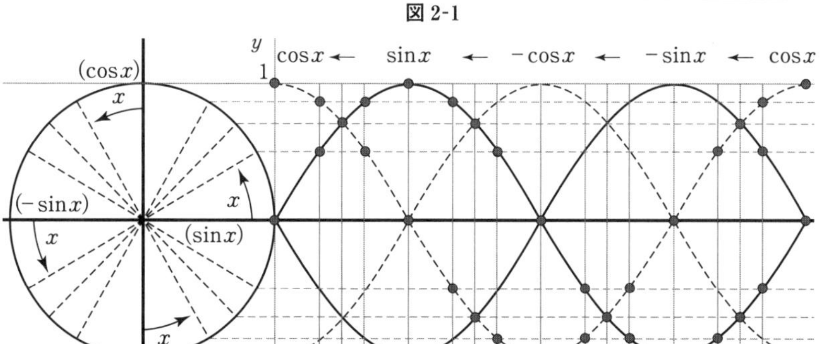

図 2-2

【ライプニッツの定理】

$f=f(x)$ と $g=g(x)$ の2つの関数が n 回微分可能ならば，f と g の積で表される関数の n 次導関数はライプニッツの定理により求めることができる．

$$(fg)^{(n)} = {}_nC_0 f^{(n)}g + {}_nC_1 f^{(n-1)}g' + {}_nC_2 f^{(n-2)}g'' + \cdots + {}_nC_{n-1}f'g^{(n-1)} + {}_nC_n fg^{(n)}$$

例題 2-4　$y=e^{-x}\sin x$ について $y^{(4)}$ をライプニッツの定理により求めよ．

組み合わせ ${}_nC_r$ は，パスカルの三角形と呼ばれる**図 2-3** により求めることもできる．組み合わせ ${}_nC_r$ との対応を**図 2-4** に示す．

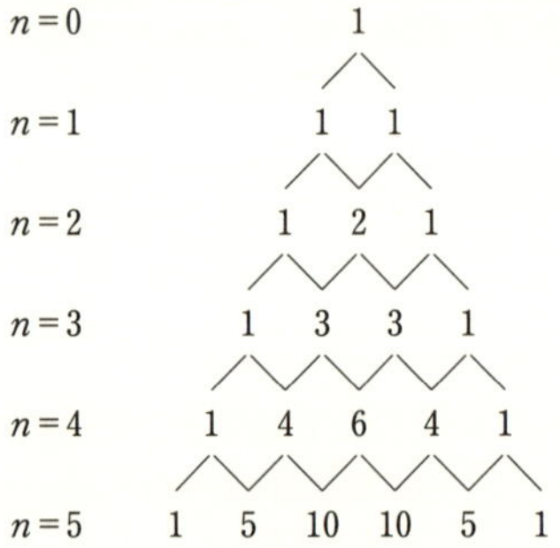

図 2-3

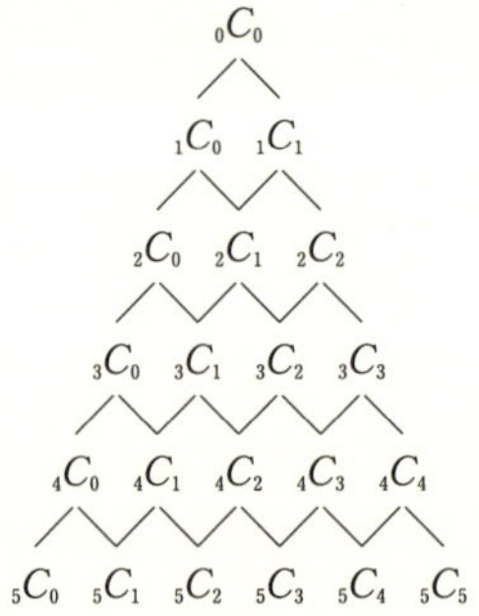

図 2-4

$f(x)=e^{-x}$，$g(x)=\sin x$ とおくと，

$f(x)=e^{-x}$　　$g(x)=\sin x$

$f'(x)=-e^{-x}$　　$g'(x)=\cos x$

$f''(x)=e^{-x}$　　$g''(x)=-\sin x$

$f'''(x)=-e^{-x}$　　$g'''(x)=-\cos x$

$f^{(4)}(x)=e^{-x}$　　$g^{(4)}(x)=\sin x$

である．定理より，

$$\begin{aligned}(fg)^{(4)} &= {}_4C_0 f^{(4)}g + {}_4C_1 f'''g' + {}_4C_2 f''g'' + {}_4C_3 f'g''' + {}_4C_4 fg^{(4)}\\ &= e^{-x}\sin x + 4(-e^{-x})\cos x + 6e^{-x}(-\sin x) + 4(-e^{-x})(-\cos x) + e^{-x}\sin x\\ &= -4e^{-x}\sin x\end{aligned}$$

2-2　平均値の定理／ロピタル（l'Hôpital）の定理

【平均値の定理とロール（Rolle）の定理】

平均値の定理：

> 関数 $f(x)$ が閉区間 $[a,\ b]$ で連続，開区間 $(a,\ b)$ で微分可能ならば，
>
> $\dfrac{f(b)-f(a)}{b-a}=f'(c)\quad(a<c<b)$ を満たす c が少なくとも1つ存在する．

定理の左辺は，曲線 $f(x)$ の2点 $P(a,\ f(a))$，$Q(b,\ f(b))$ を結ぶ直線の傾きであり，P と Q の間において PQ と平行な接線が存在することを意味する（**図2-5**）．

例題2-5　$f(x)=\sqrt{x}$ の区間（0, 4）において，平均値の定理を満たす c を求めよ．

左辺：$\dfrac{f(b)-f(a)}{b-a}=\dfrac{\sqrt{4}-0}{4-0}=\dfrac{1}{2}$　右辺：$f'(c)=\dfrac{1}{2\sqrt{c}}$ より，$c=1$　（**図2-6**）

例題2-6　**図2-7(a)** に示すように，関数 $f(x)$ と2点 $P(a,\ f(a))$，$Q(b,\ f(b))$ を結ぶ直線との差で定義される関数 $g(x)$ を考えよう．関数 $f(x)$ が閉区間 $[a,\ b]$ で連続，開区間 $(a,\ b)$ で微分可能ならば，$g'(c)=0\quad(a<c<b)$ を満たす c が少なくとも1つ存在することを示せ．

直線 PQ は点 $P(a,\ f(a))$ を通り，傾き $\dfrac{f(b)-f(a)}{b-a}$ である．関数 $g(x)$ は，

$$g(x)=f(x)-\left(\frac{f(b)-f(a)}{b-a}(x-a)+f(a)\right)=f(x)-f(a)-\frac{f(b)-f(a)}{b-a}(x-a)$$

$$g'(x)=f'(x)-\frac{f(b)-f(a)}{b-a}$$

平均値の定理より $\dfrac{f(b)-f(a)}{b-a}=f'(c)$ を満たす c が少なくとも1つ存在する．

よって，$x=c$ のとき $g'(c)=0$ となる．

図2-7(b) に $y=g(x)$ のグラフを示す．$g(a)=g(b)=0$ より，必ず $g'(c)=0$ を満たす c が存在する．

ロールの定理：

> 関数 $g(x)$ が閉区間 $[a, b]$ で連続，開区間 (a, b) で微分可能であって，
>
> $g(a)=g(b)=0$ ならば，$g'(c)=0\quad(a<c<b)$ を満たす c が少なくとも1つ存在する．

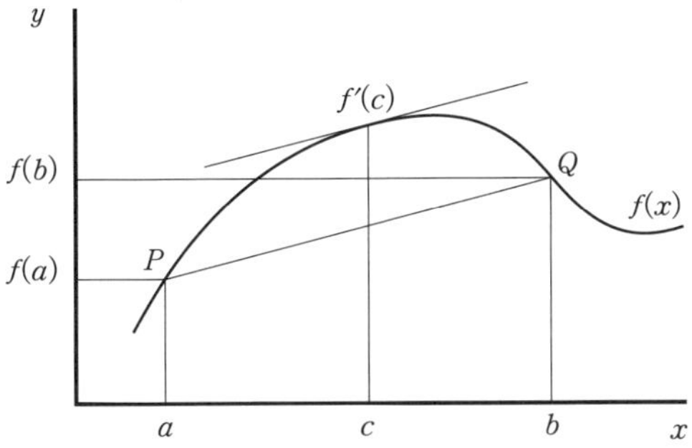

図 2-5

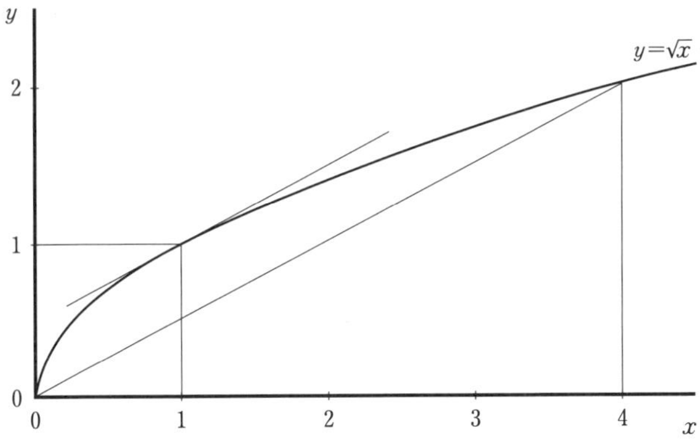

図 2-6

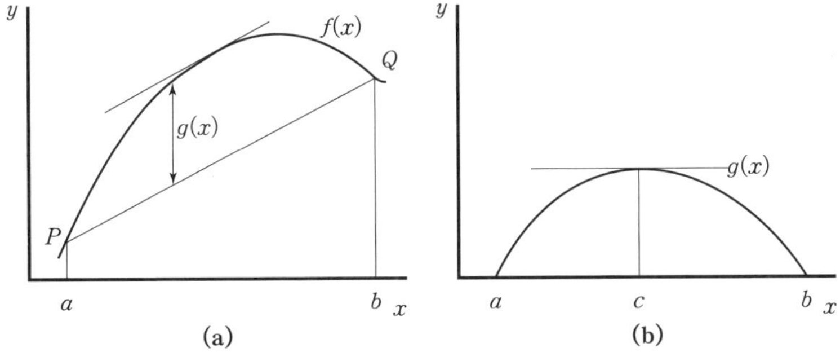

図 2-7

【ロピタルの定理】

ロピタルの定理：

> $f(x)$，$g(x)$ は $x = a$ を含む区間で連続，$x = a$ 以外では微分可能であり，さらに $f(a) = g(a) = 0$，$g'(x) \neq 0$ とする．
> このとき極限値 $\lim_{x \to a} \frac{f'(x)}{g'(x)}$ が存在すれば，$\lim_{x \to a} \frac{f(x)}{g(x)} = \lim_{x \to a} \frac{f'(x)}{g'(x)}$ となる．

例題 2-7　$\lim_{x \to 0} \frac{\sin x}{x}$ を求めよ．

$\frac{\sin x}{x}$ は $x = 0$ において，0/0 の不定形となる．$\lim_{x \to 0} \frac{(\sin x)'}{(x)'} = \lim_{x \to 0} \frac{\cos x}{1} = 1$

ロピタルの定理によって $\lim_{x \to 0} \frac{\sin x}{x} = \lim_{x \to 0} \frac{\cos x}{1} = 1$

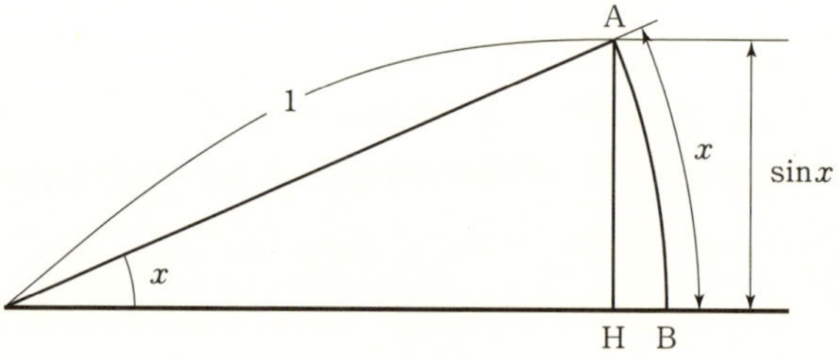

図 2-8

図 2-8 に示すように，単位円の弧の長さ $\widehat{AB}$ が x を表し，三角形の高さ AH が $\sin x$ を表す．角度が小さい場合には $\widehat{AB}$ と AH は等しくなり，$\lim_{x \to 0} \frac{\sin x}{x} = 1$ となる．$\frac{\sin x}{x}$ のグラフを**図 2-9** に示す．

例題 2-8　$\lim_{x \to +0} x \log x$ を求めよ．

$x \log x$ は $x = 0$ において，$0 \cdot (-\infty)$ の不定形となる．

$x \log x = \frac{\log x}{1/x}$，$\lim_{x \to +0} \frac{(\log x)'}{(1/x)'} = \lim_{x \to +0} \frac{1/x}{-1/x^2} = \lim_{x \to +0} (-x) = 0$

ロピタルの定理によって $\lim_{x \to +0} \frac{\log x}{1/x} = \lim_{x \to +0} \frac{1/x}{-1/x^2} = 0$

$x \log x$ のグラフを**図 2-10** に示す．

例題 2-9　$\lim_{x\to\infty} xe^{-x}$ を求めよ．

xe^{-x} は $x\to\infty$ で $\infty\cdot 0$ の不定形となる．$xe^{-x}=\dfrac{x}{e^x}$，$\lim_{x\to\infty}\dfrac{(x)'}{(e^x)'}=\lim_{x\to\infty}\dfrac{1}{e^x}=0$

ロピタルの定理によって $\lim_{x\to\infty}\dfrac{x}{e^x}=\lim_{x\to\infty}\dfrac{1}{e^x}=0$

x	$\sin x$	$\dfrac{\sin x}{x}$
1.0	0.8415	0.8415
0.5	0.4794	0.9589
0.1	0.0998	0.9983
0.01	0.0100	1.0000

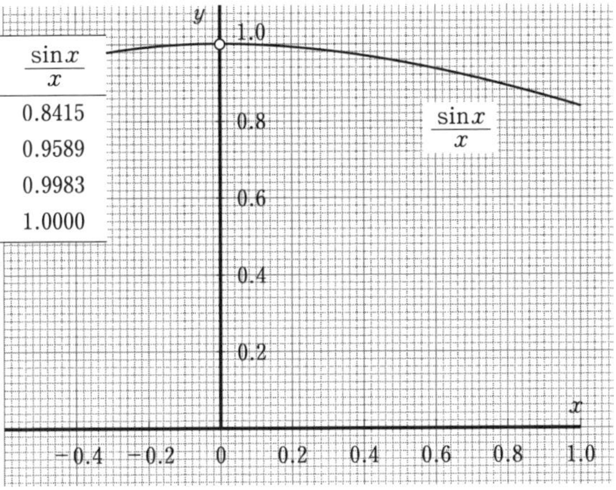

図 2-9

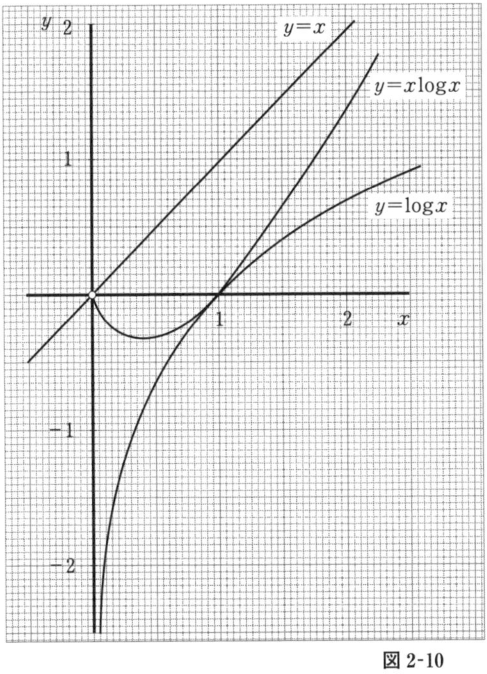

x	$\log x$	$x\log x$
0.1	−2.30	−0.230
0.2	−1.61	−0.322
0.3	−1.20	−0.361
0.5	−0.69	−0.347
0.8	−0.22	−0.179
1.0	0	0.0
1.5	0.41	0.608
2.0	0.69	1.386

図 2-10

2-3　テイラー（Taylor）展開[*1]

【無限等比数列の和とテイラー展開】

例題 2-10　関数 $f(x)=\dfrac{1}{1-x}$ は，x の冪の多項式

$f(x)=a_0+a_1x+a_2x^2+a_3x^3+\cdots+a_nx^n+\cdots$

と表すことが可能である．x の冪の多項式として表すことができる x の範囲と，係数 a_0，a_1，$a_2\cdots$ を求めよ．

初項 a，公比 r の無限等比級数 $\sum_{n=1}^{\infty} ar^{n-1}$ の第 n 項までの部分和は，$S_n=\dfrac{a(1-r^n)}{1-r}$ で表され，$|r|<1$ のとき，$\lim_{n\to\infty} S_n=\dfrac{a}{1-r}$ である．したがって，初項 1，公比 x とした無限等比級数は，$1+x+x^2+x^3+\cdots+x^n+\cdots=\dfrac{1}{1-x}$ で表される．

よって $|x|<1$ のとき，$f(x)=\dfrac{1}{1-x}$ は $f(x)=a_0+a_1x+a_2x^2+a_3x^3+\cdots+a_nx^n+\cdots$ と表すことができ，係数 $a_0=a_1=a_2=\cdots=a_n=\cdots=1$ である．

例題 2-11　$1+x+x^2+x^3+\cdots+x^n+\cdots$ の $n=4$ までの和と $\dfrac{1}{1-x}$ の値を，$x=-0.5$，0，0.5 について求めよ．

表 2-1 に $1+x+x^2+x^3+x^4$ と $\dfrac{1}{1-x}$ の値を示す．ほぼ同じ値を示す．

図 2-11 に $y=\dfrac{1}{1-x}$，ならびに $n=4$ までの x の冪の多項式のグラフを示す．x の冪の多項式の項が増すごとに $y=\dfrac{1}{1-x}$ に近づいており，$y=\dfrac{1}{1-x}$ が x の冪の多項式で近似されていることが理解できるであろう．

＊1　本節は，吉田武著『新装版 オイラーの贈物 —人類の至宝 $e^{i\pi}=-1$ を学ぶ—』（東海大学出版会）を参考に例題を構成した．ぜひ一読いただきたい．

表 2-1

x	1	x	x^2	x^3	x^4	$1+x+x^2+x^3+x^4$	$\dfrac{1}{1-x}$
-0.5	1	-0.500	0.250	-0.125	0.063	0.688	0.666
0	1	0	0.0	0.0	0.0	1.0	1.0
0.5	1	0.500	0.250	0.125	0.063	1.938	2.0

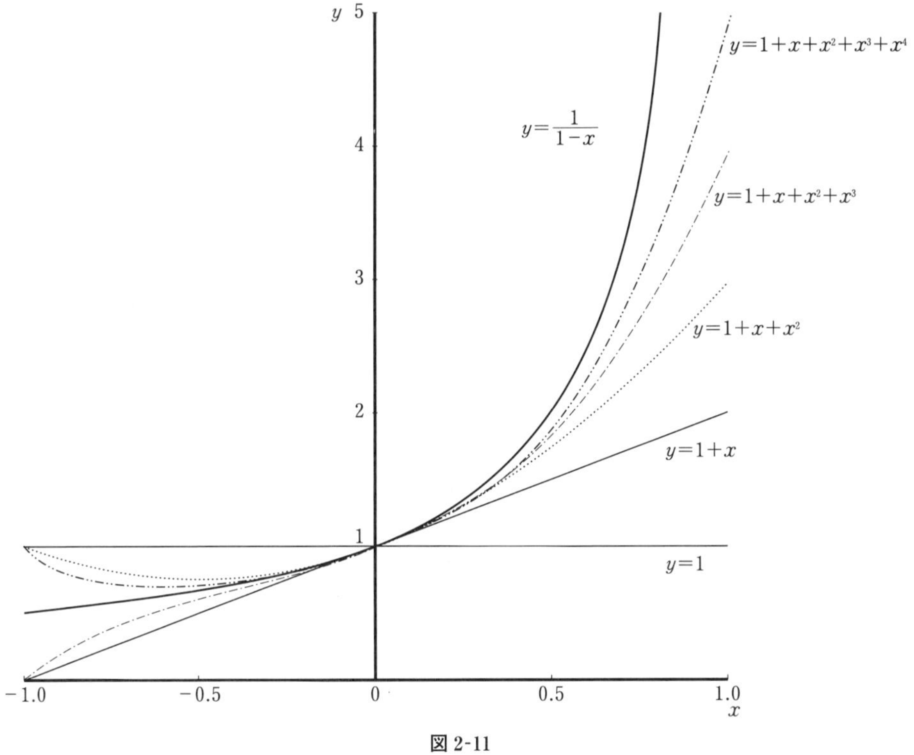

図 2-11

【テイラー多項式】

例題 2-12　与えられた n 次の関数 $f(x)$ を，x の冪の多項式に書き換えると

$$f(x) = \sum_{k=0}^{n} a_k x^k = a_0 + a_1 x + a_2 x^2 + a_3 x^3 + \cdots + a_n x^n$$

となる．定係数 a_k を求めよ．

$f(x)$ の高次導関数を求める．

$$\begin{aligned}
f(x) &= a_0 + a_1 x + a_2 x^2 + a_3 x^3 + a_4 x^4 + \cdots + a_n x^n \\
f^{(1)}(x) &= a_1 + 2a_2 x + 3a_3 x^2 + 4a_4 x^3 + \cdots + n a_n x^{n-1} \\
f^{(2)}(x) &= 2a_2 + 2\cdot 3a_3 x + 3\cdot 4a_4 x^2 + \cdots + n\cdot(n-1)a_n x^{n-2} \\
f^{(3)}(x) &= 2\cdot 3a_3 + 2\cdot 3\cdot 4a_4 x + \cdots + n\cdot(n-1)\cdot(n-2)a_n x^{n-3} \\
&\vdots \\
f^{(n)}(x) &= n\cdot(n-1)\cdots 3\cdot 2\cdot 1\cdot a_n = n!a_n \\
f^{(n+1)}(x) &= 0
\end{aligned}$$

$x = 0$ を代入すると

$$\begin{aligned}
f(0) &= a_0 \\
f^{(1)}(0) &= a_1 \\
f^{(2)}(0) &= 2a_2 = 2!a_2 \\
f^{(3)}(0) &= 2\cdot 3a_3 = 3!a_3 \\
&\vdots \\
f^{(n)}(0) &= n\cdot(n-1)\cdots 3\cdot 2\cdot 1\cdot a_n = n!a_n
\end{aligned}$$

よって，

$$\begin{aligned}
a_0 &= f^{(0)}(0) \\
a_1 &= f^{(1)}(0) \\
a_2 &= \frac{1}{2!} f^{(2)}(0) \\
a_3 &= \frac{1}{3!} f^{(3)}(0) \\
&\vdots \\
a_n &= \frac{1}{n!} f^{(n)}(0)
\end{aligned}$$

$$\begin{aligned}
f(x) &= a_0 + a_1 x + a_2 x^2 + a_3 x^3 + \cdots + a_n x^n \\
&= f^{(0)}(0) + f^{(1)}(0)x + \frac{1}{2!} f^{(2)}(0)x^2 + \frac{1}{3!} f^{(3)}(0)x^3 + \cdots + \frac{1}{n!} f^{(n)}(0)x^n \\
&= \sum_{k=0}^{n} \frac{1}{k!} f^{(k)}(0)x^k
\end{aligned}$$

この式をテイラーの多項式という．

例題 2-13 $f(x) = (x+1)^4$ をテイラーの多項式に展開せよ.

高次導関数を求める.

$$f(x) = (x+1)^4$$
$$f'(x) = 4(x+1)^3$$
$$f''(x) = 12(x+1)^2$$
$$f'''(x) = 24(x+1)$$
$$f^{(4)}(x) = 24$$

$x = 0$ を代入する.

$$f(0) = 1$$
$$f'(0) = 4$$
$$f''(0) = 12$$
$$f'''(0) = 24$$
$$f^{(4)}(0) = 24$$

テイラーの多項式 $f(x) = \sum_{k=0}^{n} \frac{1}{k!} f^{(k)}(0) x^k$ に代入する.

$$\begin{aligned} f(x) &= f(0) + f'(0)x + \frac{1}{2!}f''(0)x^2 + \frac{1}{3!}f'''(0)x^3 + \frac{1}{4!}f^{(4)}(0)x^4 \\ &= 1 + 4x + \frac{12}{2!}x^2 + \frac{24}{3!}x^3 + \frac{24}{4!}x^4 \\ &= 1 + 4x + 6x^2 + 4x^3 + x^4 \end{aligned}$$

【テイラー展開】

テイラーの多項式の項数を $n\to\infty$ とおくと，マクローリン（Maclaurin）展開が得られる．

$$f(x)=f^{(0)}(0)+f^{(1)}(0)x+\frac{1}{2!}f^{(2)}(0)x^2+\cdots+\frac{1}{n!}f^{(n)}(0)x^n+\cdots$$
$$=\sum_{k=0}^{\infty}\frac{1}{k!}f^{(k)}(0)x^k$$

$x\to(x-a)$ に平行移動すると，テイラー展開が得られる．

$$f(x)=f^{(0)}(a)+f^{(1)}(a)(x-a)+\frac{1}{2!}f^{(2)}(a)(x-a)^2+\cdots$$
$$+\frac{1}{n!}f^{(n)}(a)(x-a)^n+\cdots$$
$$=\sum_{k=0}^{\infty}\frac{1}{k!}f^{(k)}(a)(x-a)^k$$

例題 2-15　$f(x)=\dfrac{1}{1-x}$ のマクローリン展開を x^4 の項まで求めよ．

$$f(x)=\frac{1}{1-x}=(1-x)^{-1}\qquad f(0)=1$$
$$f'(x)=(1-x)^{-2}\qquad f'(0)=1$$
$$f''(x)=2(1-x)^{-3}\qquad f''(0)=2$$
$$f'''(x)=6(1-x)^{-4}\qquad f'''(0)=6$$
$$f^{(4)}(x)=24(1-x)^{-5}\qquad f^{(4)}(0)=24$$

$f(x)\simeq f(0)+f'(0)x+\dfrac{1}{2!}f''(0)x^2+\dfrac{1}{3!}f'''(0)x^3+\dfrac{1}{4!}f^{(4)}(0)x^4$ に代入する．

$$\frac{1}{1-x}\simeq 1+x+\frac{1}{2!}2x^2+\frac{1}{3!}6x^3+\frac{1}{4!}24x^4=1+x+x^2+x^3+x^4$$

例題 2-16　$f(x)=e^x$ のマクローリン展開を x^4 の項まで求めよ．

$$f(x)=e^x\qquad f(0)=1$$
$$f'(x)=e^x\qquad f'(0)=1$$
$$f''(x)=e^x\qquad f''(0)=1$$
$$f'''(x)=e^x\qquad f'''(0)=1$$
$$f^{(4)}(x)=e^x\qquad f^{(4)}(0)=1$$

$f(x)\simeq f(0)+f'(0)x+\dfrac{1}{2!}f''(0)x^2+\dfrac{1}{3!}f'''(0)x^3+\dfrac{1}{4!}f^{(4)}(0)x^4$ に代入する．

$$e^x\simeq 1+x+\frac{1}{2!}x^2+\frac{1}{3!}x^3+\frac{1}{4!}x^4=1+x+\frac{x^2}{2}+\frac{x^3}{6}+\frac{x^4}{24}$$

図 2-12 に $f(x) = e^x$ の x^4 の項までのマクローリン展開を示す.

例題 2-17　$f(x) = e^x$ の $x = 1$ におけるテイラー展開を x^4 の項まで求めよ.

$$
\begin{aligned}
f(x) &= e^x & f(1) &= e \\
f'(x) &= e^x & f'(1) &= e \\
f''(x) &= e^x & f''(1) &= e \\
f'''(x) &= e^x & f'''(1) &= e \\
f^{(4)}(x) &= e^x & f^{(4)}(1) &= e
\end{aligned}
$$

$$
f(x) \simeq f(a) + f'(a)(x-a) + \frac{1}{2!}f''(a)(x-a)^2 + \frac{1}{3!}f'''(a)(x-a)^3 + \frac{1}{4!}f^{(4)}(a)(x-a)^4
$$

に代入する.

$$
\begin{aligned}
e^x &\simeq e + e(x-1) + \frac{1}{2!}e(x-1)^2 + \frac{1}{3!}e(x-1)^3 + \frac{1}{4!}e(x-1)^4 \\
&= e\left\{1 + (x-1) + \frac{1}{2}(x-1)^2 + \frac{1}{6}(x-1)^3 + \frac{1}{24}(x-1)^4\right\}
\end{aligned}
$$

図 2-13 に $f(x) = e^x$ のx^4の項までの $x = 1$ におけるテイラー展開を示す.

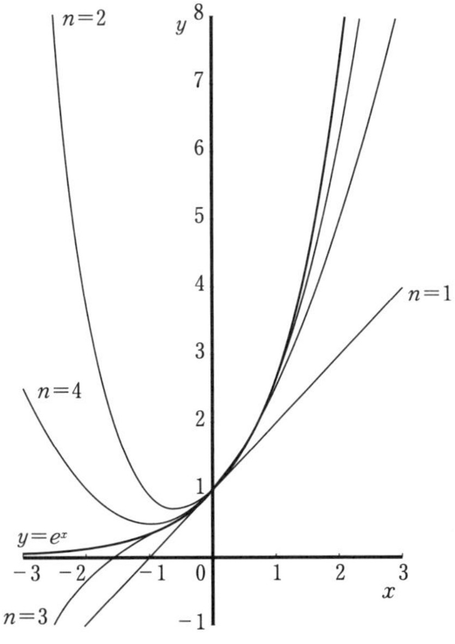

図 2-12

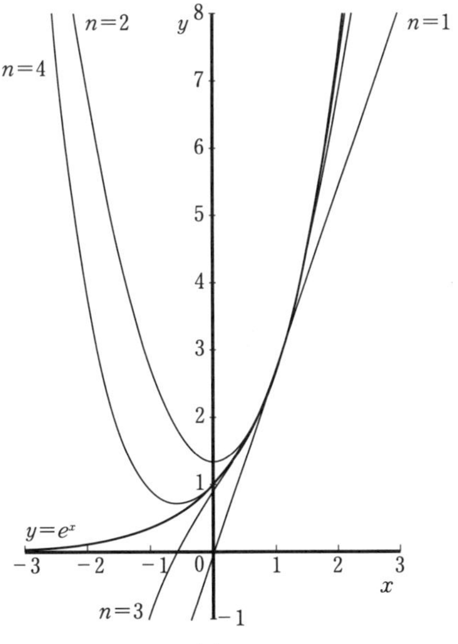

図 2-13

例題 2-18　$f(x) = \sin x$ のマクローリン展開を x^7 の項まで求めよ．

$$
\begin{aligned}
f(x) &= \sin x & f(0) &= 0\\
f'(x) &= \cos x & f'(0) &= 1\\
f''(x) &= -\sin x & f''(0) &= 0\\
f'''(x) &= -\cos x & f'''(0) &= -1\\
f^{(4)}(x) &= \sin x & f^{(4)}(0) &= 0\\
f^{(5)}(x) &= \cos x & f^{(5)}(0) &= 1\\
f^{(6)}(x) &= -\sin x & f^{(6)}(0) &= 0\\
f^{(7)}(x) &= -\cos x & f^{(7)}(0) &= -1
\end{aligned}
$$

$f(x) \simeq f(0) + f'(0)x + \dfrac{1}{2!}f''(0)x^2 + \cdots + \dfrac{1}{7!}f^{(7)}(0)x^7$ に代入する．

$\sin x \simeq x - \dfrac{1}{3!}x^3 + \dfrac{1}{5!}x^5 - \dfrac{1}{7!}x^7$

図 2-14 に $f(x) = \sin x$ の $n = 7$ までのマクローリン展開を示す．

例題 2-19　$f(x) = \cos x$ のマクローリン展開を x^6 の項まで求めよ．

$$
\begin{aligned}
f(x) &= \cos x & f(0) &= 1\\
f'(x) &= -\sin x & f'(0) &= 0\\
f''(x) &= -\cos x & f''(0) &= -1\\
f'''(x) &= \sin x & f'''(0) &= 0\\
f^{(4)}(x) &= \cos x & f^{(4)}(0) &= 1\\
f^{(5)}(x) &= -\sin x & f^{(5)}(0) &= 0\\
f^{(6)}(x) &= -\cos x & f^{(6)}(0) &= -1
\end{aligned}
$$

$f(x) \simeq f(0) + f'(0)x + \dfrac{1}{2!}f''(0)x^2 + \cdots + \dfrac{1}{6!}f^{(6)}(0)x^6$ に代入する．

$\cos x \simeq 1 - \dfrac{1}{2!}x^2 + \dfrac{1}{4!}x^4 - \dfrac{1}{6!}x^6$

図 2-15 に $f(x) = \cos x$ の $n = 8$ までのマクローリン展開を示す．

例題 2-20　$f(x) = \sqrt{1 + x}$ のマクローリン展開を x^3 の項まで求めよ．

$$
\begin{aligned}
f(x) &= \sqrt{1+x} = (1+x)^{\frac{1}{2}} & f(0) &= 1\\
f'(x) &= \frac{1}{2}(1+x)^{-\frac{1}{2}} & f'(0) &= \frac{1}{2}\\
f''(x) &= -\frac{1}{4}(1+x)^{-\frac{3}{2}} & f''(0) &= -\frac{1}{4}\\
f'''(x) &= \frac{3}{8}(1+x)^{-\frac{3}{2}-1} = \frac{3}{8}(1+x)^{-\frac{5}{2}} & f'''(0) &= \frac{3}{8}
\end{aligned}
$$

$f(x) \simeq f(0) + f'(0)x + \dfrac{1}{2!}f''(0)x^2 + \dfrac{1}{3!}f'''(0)x^3$ に代入する．

$$\sqrt{1+x} \simeq 1+\frac{1}{2}x-\frac{1}{2!}\cdot\frac{1}{4}x^2+\frac{1}{3!}\cdot\frac{3}{8}x^3=1+\frac{1}{2}x-\frac{1}{8}x^2+\frac{1}{16}x^3$$

この級数展開は $-1<x<1$ の範囲で成り立つ．

図 2-16 に $f(x)=\sqrt{1+x}$ の $n=3$ までのマクローリン展開を示す．

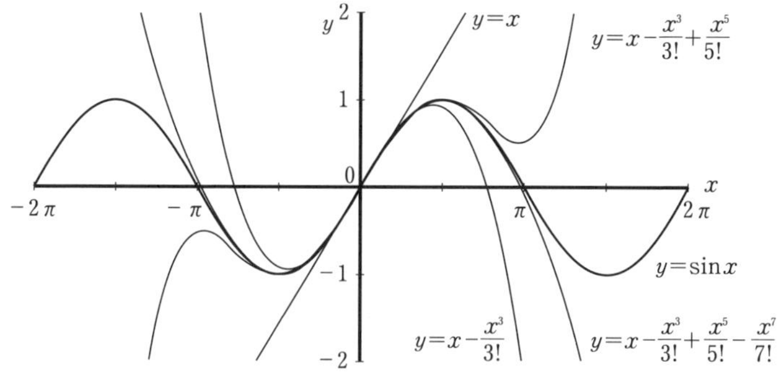

図 2-14

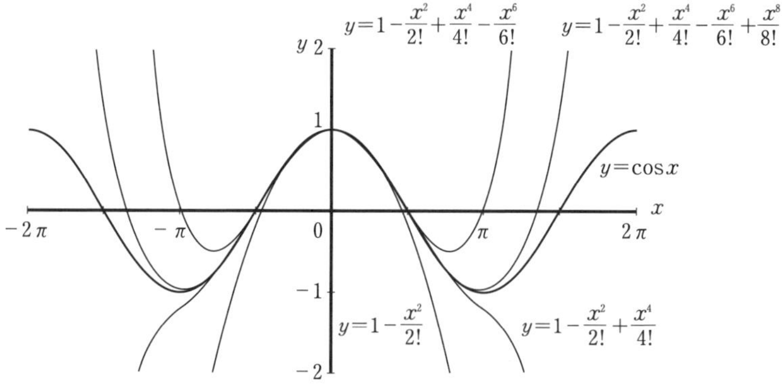

図 2-15

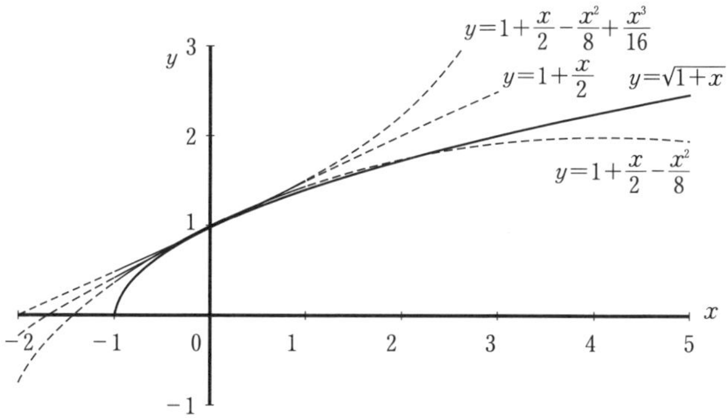

図 2-16

例題 2-21　e^x のマクローリン展開を微分してみよう．

$$e^x = 1 + x + \frac{1}{2!}x^2 + \frac{1}{3!}x^3 + \frac{1}{4!}x^4 + \cdots \text{ より，}$$

$$\begin{aligned}\frac{d}{dx}(e^x) &= \frac{d}{dx}\left(1 + x + \frac{1}{2!}x^2 + \frac{1}{3!}x^3 + \frac{1}{4!}x^4 + \cdots\right)\\ &= 0 + 1 + \frac{2}{2!}x + \frac{3}{3!}x^2 + \frac{4}{4!}x^3 + \frac{5}{5!}x^4 + \cdots\\ &= \quad 1 + \quad x + \frac{1}{2!}x^2 + \frac{1}{3!}x^3 + \frac{1}{4!}x^4 + \cdots\end{aligned}$$

一つずつ項がずれて，元の関数にもどることが確認できるであろう．

例題 2-22　$\sin x$，$\cos x$ のマクローリン展開を微分してみよう．

$$\sin x = x - \frac{1}{3!}x^3 + \frac{1}{5!}x^5 - \frac{1}{7!}x^7 + \frac{1}{9!}x^9 - \cdots \text{ より，}$$

$$\begin{aligned}\frac{d}{dx}(\sin x) &= \frac{d}{dx}\left(x - \frac{1}{3!}x^3 + \frac{1}{5!}x^5 - \frac{1}{7!}x^7 + \frac{1}{9!}x^9 - \cdots\right)\\ &= 1 - \frac{3}{3!}x^2 + \frac{5}{5!}x^4 - \frac{7}{7!}x^6 + \frac{9}{9!}x^8 - \cdots\\ &= 1 - \frac{1}{2!}x^2 + \frac{1}{4!}x^4 - \frac{1}{6!}x^6 + \frac{1}{8!}x^8 - \cdots = \cos x\end{aligned}$$

$$\cos x = 1 - \frac{1}{2!}x^2 + \frac{1}{4!}x^4 - \frac{1}{6!}x^6 + \frac{1}{8!}x^8 - \cdots \text{ より，}$$

$$\begin{aligned}\frac{d}{dx}(\cos x) &= \frac{d}{dx}\left(1 - \frac{1}{2!}x^2 + \frac{1}{4!}x^4 - \frac{1}{6!}x^6 + \frac{1}{8!}x^8 - \cdots\right)\\ &= 0 - \frac{2}{2!}x + \frac{4}{4!}x^3 - \frac{6}{6!}x^5 + \frac{8}{8!}x^7 - \cdots\\ &= -x + \frac{1}{3!}x^3 - \frac{1}{5!}x^5 + \frac{1}{7!}x^7 - \cdots = -\sin x\end{aligned}$$

例題 2-23　本書では複素数については取り扱わないが，例外として e^{ix} のマクローリン展開を求めてみよう．i は虚数単位であり，$i^2 = -1$ という特性をもつ．x は実数である．

$$\begin{aligned}e^{ix} &= 1 + ix + \frac{1}{2!}(ix)^2 + \frac{1}{3!}(ix)^3 + \frac{1}{4!}(ix)^4 + \frac{1}{5!}(ix)^5 + \frac{1}{6!}(ix)^6 + \frac{1}{7!}(ix)^7 + \cdots\\ &= 1 + ix + i^2\frac{1}{2!}x^2 + i^2 i\frac{1}{3!}x^3 + i^2 i^2\frac{1}{4!}x^4 + i^2 i^2 i\frac{1}{5!}x^5 + i^2 i^2 i^2\frac{1}{6!}x^6\\ &\quad + i^2 i^2 i^2 i\frac{1}{7!}x^7 + \cdots\end{aligned}$$

$$= 1 + ix - \frac{1}{2!}x^2 - i\frac{1}{3!}x^3 + \frac{1}{4!}x^4 + i\frac{1}{5!}x^5 - \frac{1}{6!}x^6 - i\frac{1}{7!}x^7 \cdots$$

$$= \left(1 - \frac{1}{2!}x^2 + \frac{1}{4!}x^4 - \frac{1}{6!}x^6 + \cdots\right) + i\left(x - \frac{1}{3!}x^3 + \frac{1}{5!}x^5 - \frac{1}{7!}x^7 + \cdots\right)$$

$$= \cos x + i \sin x$$

$e^{ix} = \cos x + i \sin x$ はオイラー（Euler）の公式と呼ばれる．$x = \pi$ の場合には，$e^{i\pi} = -1$ となる[*2]．

*2 物理学者リチャード・ファインマンは，$e^{i\pi} + 1 = 0$ を「宝物」と呼んだ．

【テイラーの定理】

与えられた関数をテイラー展開の第 n 項まで展開し，$n+1$ 以上の余りを剰余項 R_{n+1} で表すと，テイラーの定理が得られる．

$$f(x)=f^{(0)}(a)+f^{(1)}(a)(x-a)+\frac{1}{2!}f^{(2)}(a)(x-a)^2+\cdots$$
$$+\frac{1}{n!}f^{(n)}(a)(x-a)^n+R_{n+1}$$
$$=\sum_{k=0}^{n}\frac{1}{k!}f^{(k)}(a)(x-a)^k+R_{n+1}$$

ただし　$R_{n+1}=\dfrac{1}{(n+1)!}f^{(n+1)}(c)(x-a)^{n+1}\quad(a<c<x)$

$x=0$ を代入すると，マクローリンの定理が得られる．

$$f(x)=f^{(0)}(0)+f^{(1)}(0)x+\frac{1}{2!}f^{(2)}(0)x^2+\frac{1}{3!}f^{(3)}(0)x^3+\cdots+\frac{1}{n!}f^{(n)}(0)x^n+R_{n+1}$$
$$=\sum_{k=0}^{n}\frac{1}{k!}f^{(k)}(0)x^k+R_{n+1}$$

ただし　$R_{n+1}=\dfrac{1}{(n+1)!}f^{(n+1)}(c)x^{n+1}\quad(0<c<x)$

例題 2-24　$f(x)=e^x$ をマクローリンの定理に当てはめよ．

$$f(x)=e^x \qquad f(0)=1$$
$$f'(x)=e^x \qquad f'(0)=1$$
$$f''(x)=e^x \qquad f''(0)=1$$
$$f'''(x)=e^x \qquad f'''(0)=1$$

$$f(x)=f(0)+f'(0)x+\frac{1}{2!}f''(0)x^2+\frac{1}{3!}f'''(0)x^3+\cdots+\frac{1}{n!}f^{(n)}(0)x^n$$
$$+\frac{1}{(n+1)!}f^{(n+1)}(c)x^{n+1}$$

$0<c<x$ より，

$$e^x=1+x+\frac{1}{2!}x^2+\frac{1}{3!}x^3+\cdots+\frac{1}{n!}x^n+\frac{1}{(n+1)!}e^cx^{n+1}$$
$$=1+x+\frac{1}{2!}x^2+\frac{1}{3!}x^3+\cdots+\frac{1}{n!}x^n+\frac{1}{(n+1)!}e^{\theta x}x^{n+1}\quad(0<\theta<1)$$

例題 2-25　e を x^4 の項までのマクローリン展開から近似すると，

$$e \simeq 1 + 1 + \frac{1}{2!} + \frac{1}{3!} + \frac{1}{4!}$$

で表される．誤差を評価せよ．

誤差は剰余項 R_{n+1} から評価される．

$x = 1$ より，$R_5 = \dfrac{1}{(4+1)!}e^c = \dfrac{e^c}{120}$ $(0 < c < 1)$

よって，誤差の絶対値は，$\left|\dfrac{e^c}{120}\right| < \dfrac{e^c}{120} \simeq 0.002265$ となる．誤差は大きくとも 0.002265 以下である．

表 2-2 に $n = 1$ から $n = 5$ までの近似値と剰余項 R_{n+1} の値を示す．

表 2-2

近似の次数	近　似　値	剰　余　項	剰余項から評価される誤差
$n = 1$	$e \simeq 1+1=2.0$	$R_2=\dfrac{1}{(1+1)!}e^c=\dfrac{e^c}{2!}$	$\dfrac{e}{2!}\simeq 1.359$
$n = 2$	$e \simeq 1+1+\dfrac{1}{2!}=2.5$	$R_3=\dfrac{1}{(1+2)!}e^c=\dfrac{e^c}{3!}$	$\dfrac{e}{3!}\simeq 0.4530$
$n = 3$	$e \simeq 1+1+\dfrac{1}{2!}+\dfrac{1}{3!}=2.667$	$R_4=\dfrac{1}{(1+3)!}e^c=\dfrac{e^c}{4!}$	$\dfrac{e}{4!}\simeq 0.1133$
$n = 4$	$e \simeq 1+1+\dfrac{1}{2!}+\dfrac{1}{3!}+\dfrac{1}{4!}=2.708$	$R_5=\dfrac{1}{(1+4)!}e^c=\dfrac{e^c}{5!}$	$\dfrac{e}{5!}\simeq 0.02265$
$n = 5$	$e \simeq 1+1+\dfrac{1}{2!}+\dfrac{1}{3!}+\dfrac{1}{4!}+\dfrac{1}{5!}=2.717$	$R_6=\dfrac{1}{(1+5)!}e^c=\dfrac{e^c}{6!}$	$\dfrac{e}{6!}\simeq 0.003775$

2-4　関数の概形

【関数の概形】

例題 2-26　曲線 $y=\dfrac{x^2}{x-1}$ の概形を描きなさい．

$$
\begin{array}{r|l}
 & x\ \ +1 \\
\hline
x-1 & x^2 \\
 & x^2\ -x \\
\hline
 & \quad\ \ x \\
 & \quad\ \ x\ -1 \\
\hline
 & \qquad\quad 1
\end{array}
$$

より，

$$y=\frac{x^2}{x-1}=x+1+\frac{1}{x-1},\quad y'=1-\frac{1}{(x-1)^2},\quad y''=\frac{2}{(x-1)^3}$$

よって，$x=2,\ 0$ のとき $y'=0$ となる．$y''=0$ となる x は存在しない．増減表は次のようになる．

x	$x<0$	0	$0<x<1$	1	$1<x<2$	2	$2<x$
y'	$+$	0	$-$		$-$	0	$+$
y''	$-$	$-$	$-$		$+$	$+$	$+$
y	↗	極大	↘		↘	極小	↗

この関数は $x=0$ で極大値 0 をとり，$x=2$ で極小値 4 をとる．

図 2-17 にこの曲線の概形を示す．原点から遠ざかるにつれて，曲線が $y=x+1$ に限りなく近づく．

$$\lim_{x\to\pm\infty}\left\{\frac{x^2}{x-1}-(x+1)\right\}=\lim_{x\to\pm\infty}\frac{1}{x-1}=0$$

より，直線 $y=x+1$ はこの曲線の漸近線である．また，

$$\lim_{x\to1+0}\frac{x^2}{x-1}=\infty,\quad \lim_{x\to1-0}\frac{x^2}{x-1}=-\infty$$

であるから，直線 $x=1$ も漸近線である．

例題 2-27　曲線 $y=e^{-\frac{1}{2}x^2}$ の概形を描きなさい．

$$y'=-\frac{1}{2}2xe^{-\frac{1}{2}x^2}=-xe^{-\frac{1}{2}x^2},\quad y''=-e^{-\frac{1}{2}x^2}-x(-x)e^{-\frac{1}{2}x^2}=(x^2-1)e^{-\frac{1}{2}x^2}$$

$x=0$ のとき $y'=0$ となり，$x=\pm1$ のとき $y''=0$ となる．増減表を示す．

x	$x<-1$	-1	$-1<x<0$	0	$0<x<1$	1	$1<x$
y'	$+$	$+$	$+$	0	$-$	$-$	$-$
y''	$+$	0	$-$	$-$	$-$	0	$+$
y	⤴	変曲点	↗	極大	↘	変曲点	↘

図 2-18 にこの曲線の概形を示す．$\lim_{x\to\pm\infty} e^{-\frac{1}{2}x^2}=0$ より x 軸を漸近線にもつ．

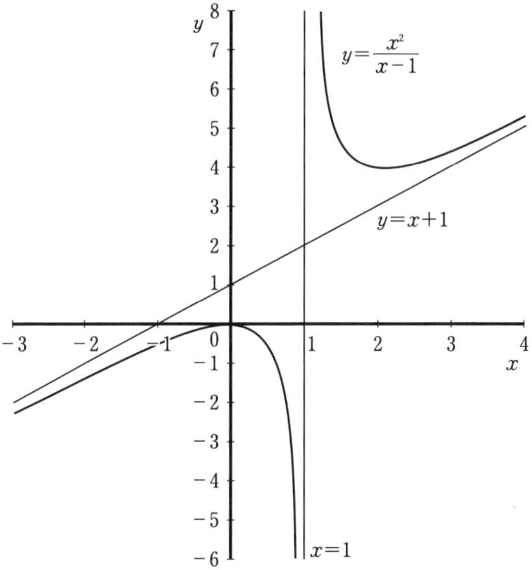

図 2-17

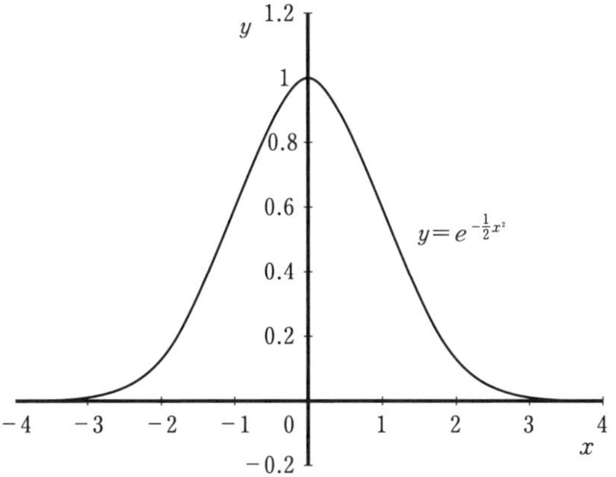

図 2-18

◇2章　演習問題◇

STEP 1

1．次の関数 $f(x)$ の n 次導関数を求めよ．

(1)　$f(x) = \dfrac{1}{1-ax}$ （a：0 以外の定数）　　(2)　$f(x) = \cos^2 x$

2．次の関数 $f(x)$ を（　）に示す x の値においてテイラー展開せよ．

(1)　$f(x) = a^x$　$(x = 0,\ a>0)$　　(2)　$f(x) = e^{2x-1}$　$(x = 1)$

(3)　$f(x) = \dfrac{1}{1-2x}$　$(x = 0)$　　(4)　$f(x) = \dfrac{1}{1-2x}$　$(x = 1)$

(5)　$f(x) = \sin\left(x + \dfrac{\pi}{3}\right)$　$(x = 0)$　　(6)　$f(x) = \sin x$　$\left(x = \dfrac{\pi}{3}\right)$

3．次の極限を求めよ．

(1)　$\displaystyle\lim_{x\to+\infty} \frac{x^n}{e^x}$　　(2)　$\displaystyle\lim_{x\to+\infty} \frac{\log x}{x^n}$　　(3)　$\displaystyle\lim_{x\to\frac{\pi}{2}} (\tan x - \sec x)$

(4)　$\displaystyle\lim_{x\to 0} \frac{a^x - b^x}{x}$　$(a,\ b>0)$

4．**図 2-19** に示すように，アステロイド（Asteroid）曲線：$x^{\frac{2}{3}} + y^{\frac{2}{3}} = a^{\frac{2}{3}}$（$a > 0$）上で原点から最も近い点とその距離を求めよ．

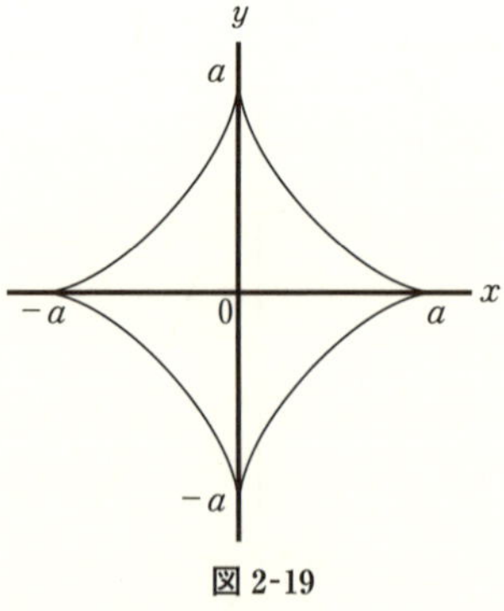

図 2-19

STEP2 ◯◯

5．次の関数$f(x)$のn次導関数を求めよ．

(1)　$f(x) = \dfrac{2}{1-2x-3x^2}$　　(2)　$f(x) = e^x \sin x$

(3)　$f(x) = x^n \log x \quad (x > 0)$

6．$f(x) = e^{x^2}$とするとき，次の手順にしたがって$f^{(n)}(0)$を求めよ．

(1)　$f'(x)$を$f(x)$とxで示せ．

(2)　(1)の関係式にライプニッツの定理を適用し，$f^{(n-1)}(x)$，$f^{(n)}(x)$，$f^{(n+1)}(x)$（$n \geqq 2$）間の関係を求めよ．

(3)　(2)で求めた関係式から，$f^{(n)}(0)$を求めよ．

7．次の関数$f(x)$を$x=0$においてテイラー展開せよ．

(1)　$f(x) = \dfrac{3}{2-5x+2x^2}$　　(2)　$f(x) = \dfrac{\log(1+x)}{1+x}$　　(3)　$f(x) = \tan^{-1}x$

8．次の関数$f(x)$を$x=0$においてテイラー展開し，x^4の項まで求めよ．

(1)　$f(x) = e^{\sin x}$　　(2)　$f(x) = \dfrac{1}{\cos x}$　　(3)　$f(x) = \tan x$

9．次の極限を求めよ．

(1)　$\displaystyle\lim_{x\to0}\frac{x-\log(1+x)}{x^2}$　　(2)　$\displaystyle\lim_{x\to0}\frac{x^2-\sin^2 x}{x^4}$　　(3)　$\displaystyle\lim_{x\to0}\frac{x-\sin^{-1}x}{x^3}$

(4)　$\displaystyle\lim_{x\to0}\left(\frac{a^x+a^{-x}}{2}\right)^{\frac{1}{x}}$　$(a>1)$

10．aを正の定数とするとき，xy座標平面上の点$\mathrm{P}(x,\ y)$において，

$$(x^2+y^2)^2-(a^2+2ax)(x^2+y^2)+a^2x^2=0$$

の関係が成り立つとき，原点Oと P との距離の最大値を求めよ．

◇2章　演習問題解答◇

STEP 1

1．

(1)　$f'(x) = a(1-ax)^{-2}$，$f''(x) = 2a^2(1-ax)^{-3}$，$\cdots$ $f^{(n)}(x) = n!a^n(1-ax)^{-n-1}$

(2)　$f(x) = \cos^2 x = \dfrac{1}{2}\cos 2x + \dfrac{1}{2}$

$\therefore\ f^{(n)}(x) = \dfrac{1}{2}\cdot 2^n \cos\left(2x + \dfrac{n\pi}{2}\right) = 2^{n-1}\cos\left(2x + \dfrac{n\pi}{2}\right)$

2．

(1)　$f(0)=1$，　$f^{(n)}(x) = a^x(\log a)^n \Rightarrow f^{(n)}(0) = (\log a)^n$

$\therefore\ f(x) = a^x = 1 + (\log a)x + \dfrac{(\log a)^2}{2!}x^2 + \cdots + \dfrac{(\log a)^n}{n!}x^n + \cdots$

（別解）　$a^x = e^{\log a^x} = e^{x\log a} = 1 + x\log a + \dfrac{(x\log a)^2}{2!} + \cdots + \dfrac{(x\log a)^n}{n!} + \cdots$

(2)　$f(1) = e$，$f^{(n)}(x) = 2^n e^{2x-1}$　$\Rightarrow$　$f^{(n)}(1) = 2^n e$

$\therefore f(x) = e^{2x-1} = e + 2e(x-1) + 2e(x-1)^2 + \cdots + \dfrac{2^n e}{n!}(x-1)^n + \cdots$

（別解）　$e^{2x-1} = e^{2(x-1)+1} = e\cdot e^{2(x-1)}$

$$= e\left\{1 + 2(x-1) + \frac{2^2(x-1)^2}{2!} + \cdots + \frac{2^n(x-1)^n}{n!} + \cdots\right\}$$

(3)　1．(1)より，$f(0) = 1$，$f^{(n)}(x) = n!2^n(1-2x)^{-n-1}$　$\Rightarrow$　$f^{(n)}(0) = n!2^n$

$\therefore\ f(x) = \dfrac{1}{1-2x} = 1 + 2x + 2^2x^2 + \cdots + 2^n x^n + \cdots$

（別解）　$\dfrac{1}{1-2x}$ は，$|x| < \dfrac{1}{2}$ のとき，初項1，等比 $2x$ の無限等比数列の和と見なせる．よって，$f(x) = \dfrac{1}{1-2x} = 1 + 2x + (2x)^2 + \cdots + (2x)^n + \cdots$

(4)　$f(1) = -1$，$f^{(n)}(x) = n!2^n(1-2x)^{-n-1}$　$\Rightarrow$　$f^{(n)}(1) = -n!(-2)^n$

$\therefore\ f(x) = \dfrac{1}{1-2x} = -1 + 2(x-1) - 2^2(x-1)^2 + \cdots - (-2)^n(x-1)^n + \cdots$

（別解）　$\dfrac{1}{1-2x} = \dfrac{1}{-1-2(x-1)} = \dfrac{-1}{1+2(x-1)}$ なので，$|x-1| < \dfrac{1}{2}$ のとき，初項 -1，等比 $-2(x-1)$ の無限等比数列の和と見なせる．ゆえに，

$$f(x) = \frac{1}{1-2x} = -1 + 2(x-1) - \{-2(x-1)\}^2 - \cdots - \{-2(x-1)\}^n - \cdots$$

(5)　$f(0) = \sin\dfrac{\pi}{3} = \dfrac{\sqrt{3}}{2}$，$f^{(n)}(x) = \sin\left(x + \dfrac{\pi}{3} + \dfrac{n\pi}{2}\right)$　$\Rightarrow$　$f^{(n)}(0) = \sin\dfrac{3n+2}{6}\pi$

$\therefore\ f(x) = \sin\left(x + \dfrac{\pi}{3}\right) = \dfrac{\sqrt{3}}{2} + \dfrac{1}{2}x - \dfrac{\sqrt{3}}{2\cdot 2!}x^2 + \cdots + \dfrac{1}{n!}\sin\dfrac{3n+2}{6}\pi\cdot x^n + \cdots$

(6) $f\left(\dfrac{\pi}{3}\right)=\sin\dfrac{\pi}{3}=\dfrac{\sqrt{3}}{2}$, $f^{(n)}(x)=\sin\left(x+\dfrac{n\pi}{2}\right)\ \Rightarrow\ f^{(n)}\left(\dfrac{\pi}{3}\right)=\sin\dfrac{3n+2}{6}\pi$

$$\therefore\ f(x)=\sin x=\frac{\sqrt{3}}{2}+\frac{1}{2}\left(x-\frac{\pi}{3}\right)-\frac{\sqrt{3}}{2\cdot 2!}\left(x-\frac{\pi}{3}\right)^2+\cdots$$
$$+\frac{1}{n!}\sin\frac{3n+2}{6}\pi\cdot\left(x-\frac{\pi}{3}\right)^n+\cdots$$

3.

(1) $f(x)=x^n$, $g(x)=e^x$ とすると，$f^{(n)}(x)=n!$, $g^{(n)}(x)=e^x$.

$$\lim_{x\to+\infty}\frac{f^{(n)}(x)}{g^{(n)}(x)}=\lim_{x\to+\infty}\frac{n!}{e^x}=0$$

$\therefore$ ロピタルの定理を n 回適用して，$\displaystyle\lim_{x\to+\infty}\frac{x^n}{e^x}=\lim_{x\to+\infty}\frac{n!}{e^x}=0$

(2) $\displaystyle\lim_{x\to+\infty}\frac{(\log x)'}{(x^n)'}=\lim_{x\to+\infty}\frac{\frac{1}{x}}{nx^{n-1}}=0.$　$\therefore$ ロピタルの定理より，$\displaystyle\lim_{x\to+\infty}\frac{\log x}{x^n}=\lim_{x\to+\infty}\frac{\frac{1}{x}}{nx^{n-1}}=0$

(3) $\displaystyle\lim_{x\to\frac{\pi}{2}}\frac{(\sin x-1)'}{(\cos x)'}=\lim_{x\to\frac{\pi}{2}}\frac{\cos x}{-\sin x}=0.$

$\therefore$ ロピタルの定理より，$\displaystyle\lim_{x\to\frac{\pi}{2}}(\tan x-\sec x)=\lim_{x\to\frac{\pi}{2}}\frac{\sin x-1}{\cos x}=\lim_{x\to\frac{\pi}{2}}\frac{\cos x}{-\sin x}=0$

(4) $\displaystyle\lim_{x\to0}\frac{(a^x-b^x)'}{x'}=\lim_{x\to0}\frac{a^x\log a-b^x\log b}{1}=\log a-\log b=\log\frac{a}{b}.$

$\therefore$ ロピタルの定理より，$\displaystyle\lim_{x\to0}\frac{a^x-b^x}{x}=\lim_{x\to0}\frac{a^x\log a-b^x\log b}{1}=\log\frac{a}{b}$

(別解)　テイラー展開を適用.

$$\lim_{x\to0}\frac{a^x-b^x}{x}=\lim_{x\to0}\frac{1}{x}\left\{\left(1+x\log a+\frac{(x\log a)^2}{2!}+\frac{(x\log a)^3}{3!}+\cdots\right)\right.$$
$$\left.-\left(1+x\log b+\frac{(x\log b)^2}{2!}+\frac{(x\log b)^3}{3!}+\cdots\right)\right\}$$
$$=\lim_{x\to0}\left((\log a-\log b)+\frac{(\log a)^2-(\log b)^2}{2!}x+\frac{(\log a)^3-(\log b)^3}{3!}x^2+\cdots\right)$$
$$=\log a-\log b$$

4. 曲線上の点を $x=a\cos^3 t$, $y=a\sin^3 t$ $(0\leqq t\leqq 2\pi)$ とし，原点との距離の2乗を D とすると，$D=a^2\cos^6 t+a^2\sin^6 t$ と表せる.

$D=a^2(\cos^2 t+\sin^2 t)(\cos^4 t-\cos^2 t\sin^2 t+\sin^4 t)$

$=a^2\{(\cos^2 t+\sin^2 t)^2-3\cos^2 t\sin^2 t\}=a^2\left(1-\dfrac{3}{4}\sin^2 2t\right)\geqq\dfrac{a^2}{4}$

$\therefore$ $t=\dfrac{\pi}{4}$, $\dfrac{3\pi}{4}$, $\dfrac{5\pi}{4}$, $\dfrac{7\pi}{4}$ のとき，すなわち $(x,\ y)=\left(\pm\dfrac{\sqrt{2}}{4},\ \pm\dfrac{\sqrt{2}}{4}\right)$ のとき，最短距離 $\dfrac{a}{2}$ をとる.

STEP 2

5.

(1) $f(x)=\dfrac{2}{1-2x-3x^2}=\dfrac{3}{1-3x}-\dfrac{1}{1+x}$ $\therefore$ $f^{(n)}(x)=\dfrac{n!3^{n+1}}{(1-3x)^{n+1}}-\dfrac{n!(-1)^n}{(1+x)^{n+1}}$

(2) $f'(x)=e^x\sin x+e^x\cos x=\sqrt{2}\,e^x\sin\left(x+\dfrac{\pi}{4}\right)$ $\Rightarrow$ $f^{(n)}(x)=(\sqrt{2})^n e^x\sin\left(x+\dfrac{n\pi}{4}\right)$

と仮定する.

数学的帰納法にて証明

(証明) Ⅰ. $n=1$ のとき，明らかに成り立つ.

Ⅱ. $n=k$ のとき成り立つとすると，$n=k+1$ のとき，

$$f^{(k+1)}(x)=\frac{d}{dx}\left\{(\sqrt{2})^k e^x\sin\left(x+\frac{k\pi}{4}\right)\right\}=(\sqrt{2})^k\left\{e^x\sin\left(x+\frac{k\pi}{4}\right)+e^x\cos\left(x+\frac{k\pi}{4}\right)\right\}$$

$$=(\sqrt{2})^k\cdot\sqrt{2}\,e^x\sin\left(x+\frac{k\pi}{4}+\frac{\pi}{4}\right)=(\sqrt{2})^{k+1}e^x\sin\left(x+\frac{(k+1)\pi}{4}\right)$$

となり，成り立つ.

$\therefore$題意は証明された.

(3) $f^{(n)}(x)=n!\log x+\cdots+{}_nC_k\dfrac{n!}{k!}x^k\cdot(-1)^{k-1}\dfrac{(k-1)!}{x^k}+\cdots+x^n\cdot(-1)^{n-1}\dfrac{(n-1)!}{x^n}$

$$=n!\log x+\cdots+{}_nC_k(-1)^{k-1}\frac{n!}{k}+\cdots+(-1)^{n-1}(n-1)!$$

$$=n!\log x+\sum_{k=1}^{n}{}_nC_k(-1)^{k-1}\frac{n!}{k}$$

6.

(1) $f'(x)=2xe^{x^2}=2xf(x)$

(2) $n\geqq 2$ のとき，$f^{(n+1)}(x)=2xf^{(n)}(x)+2nf^{(n-1)}(x)$

(3) (2)で求めた関係式に $x=0$ を代入すると $f^{(n+1)}(0)=2nf^{(n-1)}(0)$.

したがって，$f'(0)=0$，$f''(0)=2$ より，$m\geqq 1$ において，

$$f^{(2m)}(0)=2(2m-1)f^{(2m-2)}(0)=\cdots=2^{m-1}(2m-1)(2m-3)\cdots 3f''(0)=2^m(2m-1)!$$

$$f^{(2m-1)}(0)=2(2m-2)f^{(2m-3)}(0)=\cdots=2^{m-1}(2m-2)(2m-4)\cdots 2f''(0)=0$$

7.

(1) $f(x)=\dfrac{3}{2-5x+2x^2}=\dfrac{2}{1-2x}-\dfrac{1}{2-x}=\dfrac{2}{1-2x}-\dfrac{1}{2}\cdot\dfrac{1}{1-\dfrac{x}{2}}$ より，

$$f^{(n)}(x)=\frac{n!2^{n+1}}{(1-2x)^{n+1}}-\frac{n!\left(\dfrac{1}{2}\right)^{n+1}}{\left(1-\dfrac{x}{2}\right)^{n+1}}$$

$$\therefore\ f(x)=\frac{3}{2-5x+2x^2}=\frac{3}{2}+\sum_{n=1}^{\infty}\left\{2^{n+1}-\left(\frac{1}{2}\right)^{n+1}\right\}x^n$$

（別解）　$f(x)=\dfrac{2}{1-2x}-\dfrac{1}{2}\cdot\dfrac{1}{1-\dfrac{x}{2}}$

$$=(2+2(2x)+\cdots+2(2x)^n+\cdots)-\left(\frac{1}{2}+\frac{1}{2}\left(\frac{x}{2}\right)+\cdots+\frac{1}{2}\left(\frac{x}{2}\right)^n+\cdots\right)$$

$$=\frac{3}{2}+\frac{15}{4}x+\cdots+\left(2^{n+1}-\left(\frac{1}{2}\right)^{n+1}\right)x^n+\cdots$$

(2)　$f^{(n)}(x)$を求めるのは難しい.

$\log(1+x)=x-\dfrac{x^2}{2}+\dfrac{x^3}{3}-\cdots+(-1)^{n-1}\dfrac{x^n}{n}+\cdots$,

$\dfrac{1}{1+x}=1-x+x^2-x^3+\cdots+(-x)^n+\cdots$ より,

$$f(x)=\left(x-\frac{x^2}{2}+\frac{x^3}{3}-\cdots+(-1)^{n-1}\frac{x^n}{n}+\cdots\right)(1-x+x^2-x^3+\cdots+(-x)^n+\cdots)$$
$$=x-\left(1+\frac{1}{2}\right)x^2+\left(1+\frac{1}{2}+\frac{1}{3}\right)x^3-\cdots+(-1)^{n-1}\left(1+\frac{1}{2}+\cdots+\frac{1}{n}\right)x^n+\cdots$$

(3)　$f'(x)=\dfrac{1}{1+x^2}=1-x^2+x^4-\cdots+(-1)^nx^{2n}+\cdots$ より，両辺を0からxまで項別に積分する.

$$\therefore\ f(x)=\tan^{-1}x=x-\frac{x^3}{3}+\frac{x^5}{5}-\cdots+(-1)^n\frac{x^{2n+1}}{2n+1}+\cdots$$

8．どの問題も$f'(0)\sim f^{(4)}(0)$まで計算で求めても解は得られるが，ここでは頻出のテイラー展開を利用する方法を示す.

(1)　$e^X=1+X+\dfrac{X^2}{2!}+\cdots+\dfrac{X^n}{n!}+\cdots$,　$\sin x=x-\dfrac{x^3}{3!}+\dfrac{x^5}{5!}-\cdots+(-1)^{m-1}\dfrac{x^{2m-1}}{(2m-1)!}$ $+\cdots$　　だから，ここでXに$\sin x$の展開式を代入する.

$$f(x)=e^{\sin x}=1+\left(x-\frac{x^3}{3!}+\cdots\right)+\frac{\left(x-\frac{x^3}{3!}+\cdots\right)^2}{2!}+\frac{\left(x-\frac{x^3}{3!}+\cdots\right)^3}{3!}+\frac{\left(x-\frac{x^3}{3!}+\cdots\right)^4}{4!}+\cdots$$
$$=1+x+\frac{x^2}{2}+\left(-\frac{1}{3!}+\frac{1}{3!}\right)x^3+\left(-\frac{2}{2!3!}+\frac{1}{4!}\right)x^4+\cdots=1+x+\frac{x^2}{2}-\frac{1}{8}x^4+\cdots$$

(2)　$\dfrac{1}{1-X}=1+X+X^2+\cdots+X^n+\cdots$,

$\cos x=1-\dfrac{x^2}{2!}+\dfrac{x^4}{4!}-\cdots+(-1)^m\dfrac{x^{2m}}{(2m)!}+\cdots$

ここで，$X=\dfrac{x^2}{2!}-\dfrac{x^4}{4!}+\cdots$を代入する.

$$f(x)=\frac{1}{\cos x}=\frac{1}{1-\left(\frac{x^2}{2!}-\frac{x^4}{4!}+\cdots\right)}=1+\left(\frac{x^2}{2!}-\frac{x^4}{4!}+\cdots\right)+\left(\frac{x^2}{2!}-\frac{x^4}{4!}+\cdots\right)^2+\cdots$$
$$=1+\frac{x^2}{2!}-\frac{x^4}{4!}+\left(\frac{x^2}{2!}\right)^2+\cdots=1+\frac{x^2}{2}+\frac{5}{24}x^4+\cdots$$

(3)　$f(x) = \tan x = \sin x \cdot \dfrac{1}{\cos x}$ だから，(2)の結果を利用して，

$$f(x) = \tan x = \left(x - \frac{x^3}{3!} + \cdots\right)\left(1 + \frac{x^2}{2} + \frac{5}{24}x^4 + \cdots\right) = x + \left(\frac{1}{2} - \frac{1}{6}\right)x^3 + \cdots$$

$$= x + \frac{x^3}{3} + \cdots$$

9．

(1)　$\displaystyle\lim_{x\to 0} \frac{\{x - \log(1+x)\}'}{(x^2)'} = \lim_{x\to 0} \frac{1 - \dfrac{1}{1+x}}{2x} = \frac{1}{2}.$

∴　ロピタルの定理より，$\displaystyle\lim_{x\to 0} \frac{x - \log(1+x)}{x^2} = \frac{1}{2}$

（別解）　テイラー展開を適用．

$$\lim_{x\to 0} \frac{x - \log(1+x)}{x^2} = \lim_{x\to 0} \frac{1}{x^2}\left\{x - \left(x - \frac{x^2}{2} + \frac{x^3}{3} - \cdots\right)\right\} = \lim_{x\to 0}\left(\frac{1}{2} - \frac{x}{3} + \cdots\right) = \frac{1}{2}$$

(2)　$\displaystyle(x^2 - \sin^2 x)''' = 4\sin 2x,\ (x^4)''' = 24x \Rightarrow \lim_{x\to 0} \frac{4\sin 2x}{24x} = \lim_{x\to 0} \frac{4\sin 2x}{12\cdot 2x} = \frac{1}{3}.$

∴　ロピタルの定理を 3 回適用して，$\displaystyle\lim_{x\to 0} \frac{x^2 - \sin^2 x}{x^4} = \frac{1}{3}$

（別解）　テイラー展開を適用．

$$\lim_{x\to 0} \frac{x^2 - \sin^2 x}{x^4} = \lim_{x\to 0} \frac{1}{x^4}\left\{x^2 - \left(x - \frac{x^3}{6} + \cdots\right)^2\right\} = \lim_{x\to 0} \frac{1}{x^4}\left(x^2 - x^2 + \frac{x^4}{3} - \cdots\right) = \frac{1}{3}$$

(3)　与式のままロピタルの定理あるいはテイラー展開を適用すると計算が面倒．そこで，$y = \sin^{-1} x$ とすると，$x \to 0$ のとき $y \to 0$ であるから，テイラー展開を適用すると，

$$\lim_{x\to 0} \frac{x - \sin^{-1} x}{x^3} = \lim_{y\to 0} \frac{\sin y - y}{\sin^3 y} = \lim_{y\to 0} \frac{1}{\sin^3 y}\left\{\left(y - \frac{y^3}{3!} + \cdots\right) - y\right\}$$

$$= \lim_{y\to 0} \frac{y^3}{\sin^3 y} \cdot \frac{1}{y^3}\left(-\frac{y^3}{3!} + \cdots\right) = \lim_{y\to 0} \frac{y^3}{\sin^3 y}\left(-\frac{1}{3!} + \cdots\right) = -\frac{1}{6}$$

（別解）

$$(\sin y - y)'' = -\sin y,\ (\sin^3 y)'' = 6\sin y\cos^2 y - 3\sin^3 y$$

$$\Rightarrow \lim_{y\to 0} \frac{-\cancel{\sin y}}{6\cancel{\sin y}\cos^2 y - 3\sin^{\cancel{3}2} y} = -\frac{1}{6}$$

∴　ロピタルの定理を 2 回適用して，$\displaystyle\lim_{y\to 0} \frac{\sin y - y}{\sin^3 y} = -\frac{1}{6}$

(4)　$\displaystyle\lim_{x\to 0} \log\left(\frac{a^x + a^{-x}}{2}\right)^{\frac{1}{x}}$ を考える．$\displaystyle\lim_{x\to 0} \frac{\left\{\log\left(\dfrac{a^x + a^{-x}}{2}\right)\right\}'}{x'} = \lim_{x\to 0} \frac{\dfrac{a^x \log a - a^{-x}\log a}{a^x + a^{-x}}}{1} = 0$

∴　ロピタルの定理より，$\displaystyle\lim_{x\to 0} \log\left(\frac{a^x + a^{-x}}{2}\right)^{\frac{1}{x}} = \lim_{x\to 0} \frac{\log\left(\dfrac{a^x + a^{-x}}{2}\right)}{x} = 0$

$$\therefore \quad \lim_{x \to 0} \left(\frac{a^x + a^{-x}}{2} \right)^{\frac{1}{x}} = 1$$

10. 点 P を極座標 $x = r\cos\theta$, $y = r\sin\theta$ で表すと,

$$(x^2 + y^2)^2 - (a^2 + 2ax)(x^2 + y^2) + a^2x^2 = 0$$

$$r^4 - r^2(a^2 + 2ar\cos\theta) + a^2r^2\cos^2\theta = 0$$

$$r^2\{(r - a\cos\theta)^2 - a^2\} = 0$$

したがって, $r = 0$ または, $|r - a\cos\theta| = a \quad \Rightarrow \quad r = a(\cos\theta \pm 1)$.

$r \geqq 0$ より, $r = a(\cos\theta + 1)$

∴原点との最大距離は $2a$

3. 積分の基礎

3-1　基本的な関数の不定積分

【原始関数と不定積分】

図 3-1 に示すように関数 $f(x)$ について，区間 $[a,\ b]$ を微小区間 Δx に分割し，x と $x+\Delta x$ の間に適当な値 t をとると，微小な長方形の面積は $f(t)\Delta x$ で表される．この長方形の面積を区間 $[a,\ b]$ で足し合わせ，$\Delta x \to 0$ とすると，定積分は

$$\int_a^b f(x)\,dx = \lim_{\Delta x \to 0} \sum f(t)\Delta x$$

と表され，曲線 $y=f(x)$，x 軸，および 2 直線 $x=a$，$x=b$ で囲まれる面積と等しい．

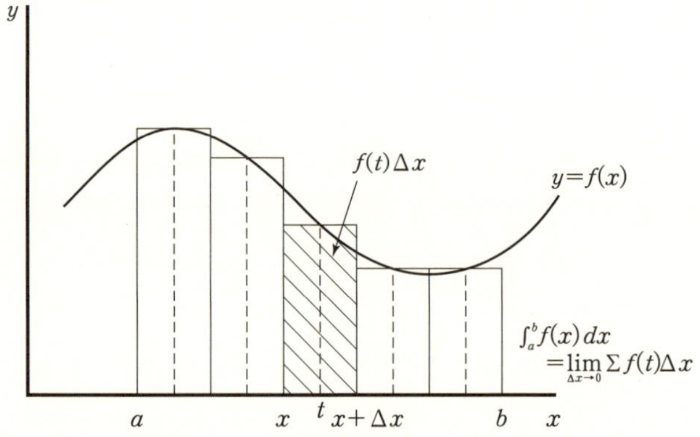

図 3-1

例題 3-1　曲線 $y=\dfrac{x^2}{4}-1$ について，$\Delta x=1$ の長方形に分割し，$x=0$ から x がそれぞれ -3，-2，…，2，3 まで面積を足し合わせることにより定積分を行ってみよう．

図 3-2 に $y=\dfrac{x^2}{4}-1$ の曲線を示す．長方形の幅は $\Delta x=1$ とし，t は分割の中央値（$t=-2.5$，-1.5，…，1.5，2.5）としよう．各 t における $f(t)=\dfrac{t^2}{4}-1$ の値を表に示す．$\Delta x=1$ より長方形の面積は $f(t)\Delta x=f(t)$ となる．**図 3-2** では 6 つの長方形に分割されており，(a) から (f) までの名称を付ける．

次に，$x=0$ から各 x までの長方形の面積の和を求める．$x=0$ から 1 までの

面積は長方形(d)の面積で表され，-0.938 となる（軸より下の面積は負の値である）．$x=0$ から 2 までの面積は，長方形(d)と(e)の面積の和で表され，$-0.938-0.438=-1.376$ となる．同様に $x=0$ から 3 までの面積は，長方形(d)，(e)，(f)の面積の和であり，$-0.938-0.438+0.563=-0.813$ となる．

$x=0$ から -1 までの面積は，長方形(c)の面積で表されるが，「$x=0$ から -1」と x の負の方向への面積であるため，長方形の面積にさらに「負」の符号を考慮し，$-(-0.938)=0.938$ となる．$x=0$ から -2 までの面積は，長方形(c)と(b)の面積の和より，$-(-0.938-0.438)=1.376$，$x=0$ から -3 までの面積

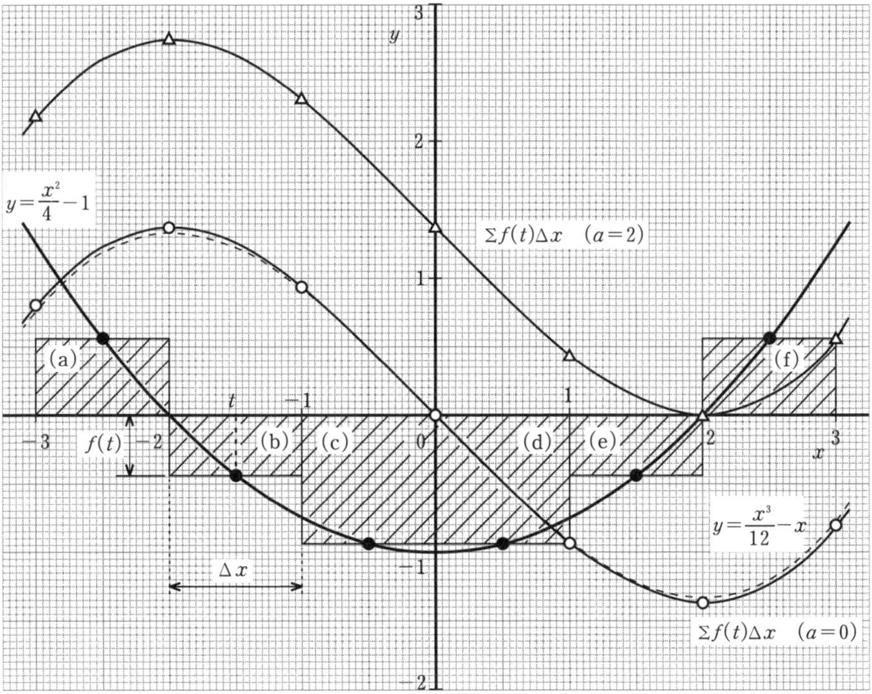

	(a)	(b)	(c)	(d)	(e)	(f)
t	−2.5	−1.5	−0.5	0.5	1.5	2.5
$\frac{1}{4}t^2-1$	0.563	−0.438	−0.938	−0.938	−0.438	0.563

x	−3.0	−2.0	−1.0	0	1.0	2.0	3.0
$a=0$ $\Sigma f(t)\Delta x$	1.376−0.563 0.813	0.938+0.438 1.376	0.938	0	−0.938	−0.938−0.438 −1.376	−1.376+0.563 −0.813
$a=2$ $\Sigma f(t)\Delta x$	2.752−0.563 2.189	2.314+0.438 2.752	1.376+0.938 2.314	0.438+0.938 1.376	0.438	0	0.563

図 3-2

は，長方形(c)，(b)，(a)の面積の和より，$-(-0.938-0.438+0.563)=0.813$ となる．

各 x における $\sum f(t)\Delta x$ の値をグラフに○でプロットする．これは x に関する3次曲線の関数であり，不定積分 $\int\left(\frac{x^2}{4}-1\right)dx=\frac{x^3}{12}-x+C$ において，積分定数を $C=0$ とした曲線 $y=\frac{x^3}{12}-x$（破線）とほぼ一致する（長方形の幅を $\Delta x=1$ と比較的広くしたため，誤差が生じている）．

また表には，$x=2$ から各 x までの面積を足し合わせた結果も示している．その結果をグラフに△でプロットする．$y=\frac{x^3}{12}-x$ を y 軸方向に1.376平行移動したグラフとなる．

このように「a から x までの長方形の面積の和」は，$f(x)$ の原始関数 $F(x)=\int_a^x f(t)\,dt$ を表す．**図3-2** の $a=0$ と $a=2$ の結果より，a の値に応じて原始関数 $F(x)$ は異なるが，y 方向に平行移動するだけであり，$a=0$ と $a=2$ の原始関数は定数の差しかないことが観察される．

例題 3-2　**図3-2** で $a=2$ の場合の原始関数において，各 x での傾きをグラフから求めて導関数を求めよ．そこから，$f(x)=\frac{d}{dx}\int_a^x f(t)\,dt$ を確認せよ．

例題1-21と同様に作図した導関数を**図3-3** に示す．元の関数 $y=\frac{x^2}{4}-1$ に戻ることが確認できる．

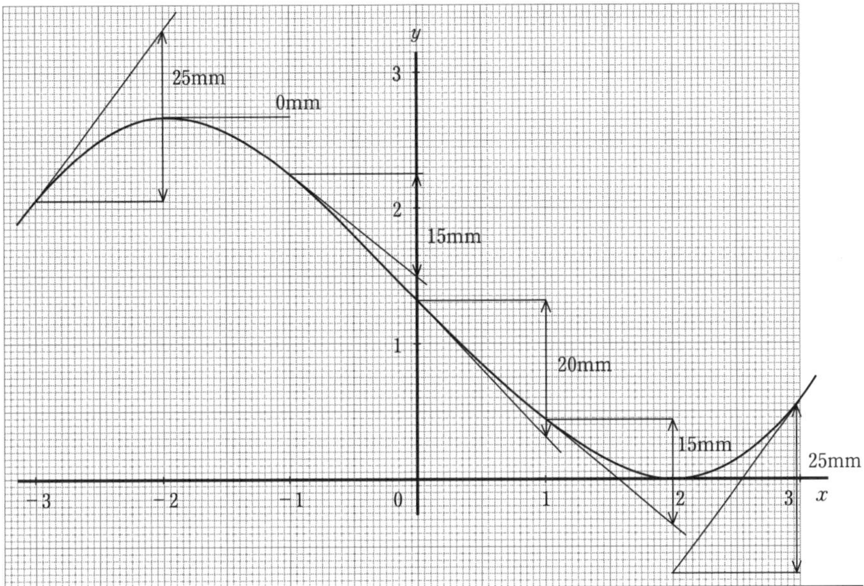

x	−3	−2	−1	0	1	2	3
Δy mm	+25mm	0mm	−15mm	−20mm	−15mm	0mm	+25mm
Δx mm	20mm						
y'	1.25	0	−0.75	−1.0	−0.75	0	1.25

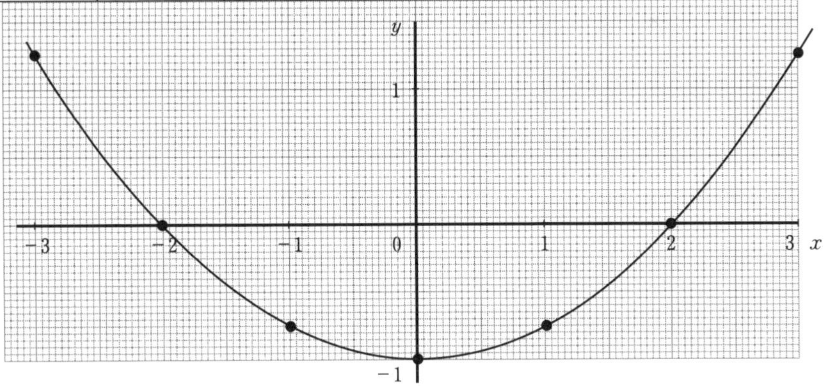

図 3-3

【基本的な関数の不定積分】

例題 3-3　次の不定積分を示せ．また，その結果を微分し，元の関数に戻ることを確認せよ．

(1) $\int x^3 dx$　(2) $\int \sqrt{x}\, dx$　(3) $\int \frac{1}{\sqrt{x}} dx$　(4) $\int \frac{1}{x^3} dx$

(5) $\int \frac{1}{x} dx$　(6) $\int \frac{2x}{x^2+1} dx$　(7) $\int e^x dx$　(8) $\int \frac{1}{e^x} dx$

(9) $\int 2^x dx$　(10) $\int \sin x\, dx$　(11) $\int \cos x\, dx$　(12) $\int \frac{1}{\cos^2 x} dx$

(13) $\int \frac{1}{\sin^2 x} dx$　(14) $\int \frac{1}{\sqrt{1-x^2}} dx$　(15) $\int \frac{1}{1+x^2} dx$

(1) $\int x^3 dx = \frac{1}{4}x^4 + C$

$\left(\frac{1}{4}x^4 + C\right)' = x^3$

(2) $\int \sqrt{x}\, dx = \int x^{\frac{1}{2}} dx = \frac{1}{\frac{1}{2}+1} x^{\frac{1}{2}+1} + C = \frac{2}{3} x^{\frac{3}{2}} + C$

$\left(\frac{2}{3}x^{\frac{3}{2}} + C\right)' = \frac{2}{3}\cdot\frac{3}{2} x^{\frac{3}{2}-1} = x^{\frac{1}{2}} = \sqrt{x}$

(3) $\int \frac{1}{\sqrt{x}} dx = \int x^{-\frac{1}{2}} dx = \frac{1}{-\frac{1}{2}+1} x^{-\frac{1}{2}+1} + C = 2x^{\frac{1}{2}} + C = 2\sqrt{x} + C$

$(2\sqrt{x} + C)' = 2\cdot\frac{1}{2}x^{\frac{1}{2}-1} = x^{-\frac{1}{2}} = \frac{1}{\sqrt{x}}$

(4) $\int \frac{1}{x^3} dx = \int x^{-3} dx = \frac{1}{-3+1} x^{-3+1} + C = -\frac{1}{2x^2} + C$

$\left(-\frac{1}{2x^2} + C\right)' = \frac{2}{2} x^{-2-1} = \frac{1}{x^3}$

(5) $\int \frac{1}{x} dx = \log|x| + C$

$(\log|x| + C)' = \frac{1}{x}$

(6) $\int \frac{2x}{x^2+1} dx = \int \frac{(x^2+1)'}{x^2+1} dx = \log(x^2+1) + C$

$(\log(x^2+1) + C)' = \frac{2x}{x^2+1}$

(7)　$\int e^x dx = e^x + C$

$(e^x + C)' = e^x$

(8)　$\int \frac{1}{e^x} dx = \int e^{-x} dx = -e^{-x} + C = -\frac{1}{e^x} + C$

$\left(-\frac{1}{e^x} + C\right)' = (-e^{-x} + C)' = e^{-x} = \frac{1}{e^x}$

(9)　$\int 2^x dx = \frac{2^x}{\log 2} + C$

$y = 2^x$ とおいて，両辺を微分すると，$\log y = x \log 2$

$\frac{1}{y} dy = \log 2 dx$ より，$\frac{dy}{dx} = y \log 2 = 2^x \log 2$

よって，$\left(\frac{2^x}{\log 2} + C\right)' = 2^x$

(10)　$\int \sin x \, dx = -\cos x + C$

$(-\cos x + C)' = \sin x$

(11)　$\int \cos x \, dx = \sin x + C$

$(\sin x + C)' = \cos x$

(12)　$\int \frac{1}{\cos^2 x} dx = \tan x + C$

$(\tan x + C)' = \left(\frac{\sin x}{\cos x} + C\right)' = \frac{\cos x \cdot \cos x + \sin x \cdot \sin x}{\cos^2 x} = \frac{1}{\cos^2 x}$

(13)　$\int \frac{1}{\sin^2 x} dx = -\frac{1}{\tan x} + C$

$$\left(-\frac{1}{\tan x} + C\right)' = \left(-\frac{\cos x}{\sin x} + C\right)' = -\frac{(-\sin x) \cdot \sin x - \cos x \cdot \cos x}{\sin^2 x}$$

$$= \frac{1}{\sin^2 x}$$

(14)　$\int \frac{1}{\sqrt{1 - x^2}} dx = \sin^{-1} x + C$

$(\sin^{-1} x + C)' = \frac{1}{\sqrt{1 - x^2}}$

(15)　$\int \frac{1}{1 + x^2} dx = \tan^{-1} x + C$

$(\tan^{-1} x + C)' = \frac{1}{1 + x^2}$

例題 3-4　次の不定積分を求めよ．

(1) $\displaystyle\int\frac{1}{x+1}\,dx$　(2) $\displaystyle\int\frac{x^2+1}{x}\,dx$　(3) $\displaystyle\int\frac{x}{x+1}\,dx$

(4) $\displaystyle\int\tan x\,dx$　(5) $\displaystyle\int\frac{1}{\tan x}\,dx$　(6) $\displaystyle\int\frac{\sin x}{1-\cos x}\,dx$

(1) $\displaystyle\int\frac{1}{x+1}\,dx=\log|x+1|+C$

(2) $\displaystyle\int\frac{x^2+1}{x}\,dx=\int\left(x+\frac{1}{x}\right)dx=\frac{1}{2}x^2+\log|x|+C$

(3) $\displaystyle\int\frac{x}{x+1}\,dx=\int\frac{x+1-1}{x+1}\,dx=\int\left(1-\frac{1}{x+1}\right)dx=x-\log|x+1|+C$

(4) $\displaystyle\int\tan x\,dx=\int\frac{\sin x}{\cos x}\,dx=\int\frac{-(\cos x)'}{\cos x}\,dx=-\log|\cos x|+C$

(5) $\displaystyle\int\frac{1}{\tan x}\,dx=\int\frac{\cos x}{\sin x}\,dx=\int\frac{(\sin x)'}{\sin x}\,dx=\log|\sin x|+C$

(6) $\displaystyle\int\frac{\sin x}{1-\cos x}\,dx=\int\frac{(1-\cos x)'}{1-\cos x}\,dx=\log|1-\cos x|+C$

3-2 置換積分

【$f(ax+b)$ の形の関数の不定積分】

$\int f(x)\,dx = F(x) + C$ のとき，$\int f(ax+b)\,dx = \dfrac{1}{a}F(ax+b) + C$ となる．
$(a \neq 0)$

例題 3-5 次の不定積分を求めよ．

(1) $\int (2x+1)^2 dx$　(2) $\int \sqrt{2x+1}\,dx$　(3) $\int \dfrac{1}{(2x+1)^2}\,dx$

(4) $\int \sin(2x+1)\,dx$　(5) $\int \cos\left(\dfrac{x}{2}+1\right)dx$　(6) $\int \dfrac{1}{2x+1}\,dx$

(1) $\int (2x+1)^2 dx = \dfrac{1}{3}\cdot\dfrac{1}{2}(2x+1)^3 + C = \dfrac{1}{6}(2x+1)^3 + C$

(2) $\int \sqrt{2x+1}\,dx = \dfrac{1}{\dfrac{1}{2}+1}\cdot\dfrac{1}{2}(2x+1)^{\frac{1}{2}+1} + C = \dfrac{1}{3}(2x+1)^{\frac{3}{2}} + C$

(3) $\int \dfrac{1}{(2x+1)^2}\,dx = \int (2x+1)^{-2}dx = -\dfrac{1}{2}(2x+1)^{-1} + C = -\dfrac{1}{2(2x+1)} + C$

(4) $\int \sin(2x+1)\,dx = -\dfrac{1}{2}\cos(2x+1) + C$

(5) $\int \cos\left(\dfrac{x}{2}+1\right)dx = 2\sin\left(\dfrac{x}{2}+1\right) + C$

(6) $\int \dfrac{1}{2x+1}\,dx = \dfrac{1}{2}\log|2x+1| + C$

【$\int f(x)dx$ を $x=u(t)$ とおく置換積分】

関数 $f(x)$ に対して $x = u(t)$，$dx = u'(t)\,dt$ とおくと，
$\int f(x)\,dx = \int f(u(t))\,u'(t)\,dt$

例題 3-6 次の不定積分を求めよ．

(1) $\int (2x+3)^3 dx$　(2) $\int \sqrt{2x+3}\,dx$　(3) $\int \dfrac{1}{2x+3}\,dx$

(4) $\int \dfrac{1}{\sqrt{9-4x^2}}\,dx$　(5) $\int \dfrac{1}{9+4x^2}\,dx$

(1) $\int (2x+3)^3 dx$

$2x+3=t$ とおくと，$x=\dfrac{t-3}{2}$，$dx=\dfrac{dt}{2}$ となる．これを代入して，

$$\int (2x+3)^3 dx = \int \frac{t^3}{2}\,dt = \frac{1}{8}t^4 + C = \frac{1}{8}(2x+3)^4 + C$$

(2) $\int \sqrt{2x+3}\,dx$

$2x+3=t$ とおくと，$x=\dfrac{t-3}{2}$，$dx=\dfrac{dt}{2}$ となる．これを代入して，

$$\int \sqrt{2x+3}\,dx = \int \frac{\sqrt{t}}{2}\,dt = \frac{2}{3}\cdot\frac{1}{2}\cdot t^{\frac{3}{2}} + C = \frac{1}{3}(2x+3)^{\frac{3}{2}} + C$$

(3) $\int \dfrac{1}{2x+3}\,dx$

$2x+3=t$ とおくと，$x=\dfrac{t-3}{2}$，$dx=\dfrac{dt}{2}$ となる．これを代入して，

$$\int \frac{1}{2x+3}\,dx = \int \frac{1}{2t}\,dt = \frac{1}{2}\log t + C = \frac{1}{2}\log|2x+3| + C$$

(4) $\int \dfrac{1}{\sqrt{9-4x^2}}\,dx$

$\int \dfrac{1}{\sqrt{9-4x^2}}\,dx = \int \dfrac{1}{3\sqrt{1-\left(\dfrac{2x}{3}\right)^2}}\,dx$ より，$\dfrac{2x}{3}=t$ とおくと，$dx=\dfrac{3}{2}\,dt$ となる．

これを代入し，

$$\int \frac{1}{\sqrt{9-4x^2}}\,dx = \int \frac{1}{3\sqrt{1-\left(\frac{2x}{3}\right)^2}}\,dx = \int \frac{1}{3\sqrt{1-t^2}}\cdot\frac{3}{2}\,dt$$

$$= \int \frac{1}{2\sqrt{1-t^2}}\,dt = \frac{1}{2}\sin^{-1}t + C = \frac{1}{2}\sin^{-1}\frac{2x}{3} + C$$

(5) $\int \dfrac{1}{9+4x^2}\,dx$

$\int \dfrac{1}{9+4x^2}\,dx = \int \dfrac{1}{3^2+(2x)^2}\,dx = \dfrac{1}{3^2}\int \dfrac{1}{1+\left(\dfrac{2x}{3}\right)^2}\,dx$ より，$\dfrac{2x}{3}=t$ とおくと，$dx=\dfrac{3}{2}dt$ となる．

これを代入し，

$$\int \frac{1}{9+4x^2}\,dx = \int \frac{1}{3^2+(2x)^2}\,dx = \frac{1}{3^2}\int \frac{1}{1+\left(\frac{2x}{3}\right)^2}\,dx$$

$$= \frac{1}{3^2}\int \frac{1}{1+t^2}\cdot\frac{3}{2}\,dt = \frac{1}{6}\tan^{-1}t + C = \frac{1}{6}\tan^{-1}\frac{2x}{3} + C$$

【$\int f(u(x))u'(x)dx$ の形の関数の不定積分】

> 与えられた不定積分が $\int f(u(x))u'(x)\,dx$ の形のとき，
> $u(x)=t,\ u'(x)dx=dt$ とおくと，$\int f(u(x))u'(x)\,dx=\int f(t)\,dt$

例題 3-7 次の不定積分を求めよ．

(1) $\int x\sin(x^2+2)\,dx$　(2) $\int \cos^2 x\cdot\sin x dx$　(3) $\int \cos^3 x dx$

(4) $\int \frac{\log x}{x}\,dx$　(5) $\int 3x^2e^{x^3}dx$　(6) $\int \frac{e^x}{1+e^{2x}}\,dx$

(1) $\int x\sin(x^2+2)\,dx$

$x^2+2=t$ とおくと，$2xdx=dt$，$xdx=\frac{dt}{2}$ となる．これを代入し，

$$\int x\sin(x^2+2)\,dx=\frac{1}{2}\int \sin t dt=-\frac{1}{2}\cos t+C=-\frac{1}{2}\cos(x^2+2)+C$$

(2) $\int \cos^2 x\cdot\sin x dx$

$\cos x=t$ とおくと，$-\sin x dx=dt$ となる．これを代入し，

$$\int \cos^2 x\cdot\sin x dx=-\int t^2dt=-\frac{1}{3}t^3+C=-\frac{1}{3}\cos^3 x+C$$

(3) $\int \cos^3 x dx$

$$\int \cos^3 x dx=\int \cos^2 x\cos x dx=\int (1-\sin^2 x)\cos x dx$$
$$=\int \cos x dx-\int \sin^2 x\cos x dx$$

$\sin x=t$ とおくと，$\cos x dx=dt$ となる．これを代入し，

$\int \sin^2 x\cdot\cos x dx=\int t^2dt=\frac{1}{3}t^3+C=\frac{1}{3}\sin^3 x+C$ より，

$$\int \cos^3 x dx=\int \cos x dx-\int \sin^2 x\cos x dx=\sin x-\frac{1}{3}\sin^3 x+C$$

(4) $\int \frac{\log x}{x}\,dx$

$\log x=t$ とおくと，$\frac{1}{x}dx=dt$ となる．これを代入し，

$$\int \frac{\log x}{x}\,dx=\int t dt=\frac{1}{2}t^2+C=\frac{1}{2}(\log x)^2+C$$

(5) $\int 3x^2 e^{x^3} dx$

$x^3 = t$ とおくと，$3x^2 dx = dt$ となる．これを代入し，

$$\int 3x^2 e^{x^3} dx = \int e^t dt = e^t + C = e^{x^3} + C$$

(6) $\int \frac{e^x}{1 + e^{2x}} dx$

$e^x = t$ とおくと，$e^x dx = dt$ となる．これを代入し，

$$\int \frac{e^x}{1 + e^{2x}} dx = \int \frac{1}{1 + t^2} dt = \tan^{-1} t + C = \tan^{-1} e^x + C$$

3-3　部分積分

【部分積分法】

$$\int f(x) g'(x) dx = f(x) g(x) - \int f'(x) g(x) dx$$

右辺第2項の不定積分を行った際に，積分定数 C を忘れないこと．

例題 3-8　次の不定積分を求めよ．

(1) $\int x e^x dx$　　(2) $\int x \cos x dx$　　(3) $\int x \log x dx$

(1) $\int x e^x dx$

$f(x) = x$，$g'(x) = e^x$ とおくと，$f'(x) = 1$，$g(x) = e^x$

$$\int x e^x dx = x e^x - \int e^x dx = x e^x - e^x + C = e^x (x - 1) + C$$

(2) $\int x \cos x dx$

$f(x) = x$，$g'(x) = \cos x$ とおくと，$f'(x) = 1$，$g(x) = \sin x$

$$\int x \cos x dx = x \sin x - \int \sin x dx = x \sin x + \cos x + C$$

(3) $\int x \log x dx$

$f(x) = \log x$，$g'(x) = x$ とおくと，$f'(x) = \frac{1}{x}$，$g(x) = \frac{1}{2} x^2$

$$\int x \log x dx = \frac{1}{2} x^2 \log x - \frac{1}{2} \int x^2 \frac{1}{x} dx = \frac{1}{2} x^2 \log x - \frac{1}{4} x^2 + C$$

$$= \frac{1}{2} x^2 (\log x - \frac{1}{2}) + C$$

例題 3-9　次の不定積分を求めよ．

(1)　$\int x^2 e^x dx$　　(2)　$\int e^x \cos x dx$　　(3)　$\int e^{2x} \cos x dx$

(1)　$\int x^2 e^x dx$

$f(x) = x^2$，$g'(x) = e^x$ とおくと，$f'(x) = 2x$，$g(x) = e^x$

$I = \int x^2 e^x dx = x^2 e^x - 2\int x e^x dx$

さらに右辺第 2 項 $\int x e^x dx$ を部分積分により，

$f(x) = x$，$g'(x) = e^x$ とおくと，$f'(x) = 1$，$g(x) = e^x$

$\int x e^x dx = x e^x - \int e^x dx = x e^x - e^x + C = e^x(x-1) + C$

代入すると，

$$I = \int x^2 e^x dx = x^2 e^x - 2\int x e^x dx = x^2 e^x - 2(e^x(x-1) + C)$$
$$= e^x(x^2 - 2x + 2) + C$$

(2)　$\int e^x \cos x dx$

$f(x) = e^x$，$g'(x) = \cos x$ とおくと，$f'(x) = e^x$，$g(x) = \sin x$

$I = \int e^x \cos x dx = e^x \sin x - \int e^x \sin x dx$

さらに右辺第 2 項 $\int e^x \sin x dx$ を部分積分により，

$f(x) = e^x$，$g'(x) = \sin x$ とおくと，$f'(x) = e^x$，$g(x) = -\cos x$

$\int e^x \sin x dx = -e^x \cos x + \int e^x \cos x dx$

代入すると，

$$I = \int e^x \cos x dx = e^x \sin x - \int e^x \sin x dx$$
$$= e^x \sin x - \left(-e^x \cos x + \int e^x \cos x dx\right) = e^x(\sin x + \cos x) - I$$

$2I = e^x(\sin x + \cos x)$，$I = \dfrac{1}{2}e^x(\sin x + \cos x)$

積分定数を加えて，$\int e^x \cos x dx = \dfrac{1}{2}e^x(\sin x + \cos x) + C$

(3) $\int e^{2x} \cos x dx$

$f(x) = e^{2x}$，$g'(x) = \cos x$ とおくと，$f'(x) = 2e^{2x}$，$g(x) = \sin x$

$I = \int e^{2x} \cos x dx = e^{2x} \sin x - 2\int e^{2x} \sin x dx$

さらに右辺第2項 $\int e^{2x} \sin x dx$ を部分積分により，

$f(x) = e^{2x}$，$g'(x) = \sin x$ とおくと，$f'(x) = 2e^{2x}$，$g(x) = -\cos x$

$\int e^{2x} \sin x dx = -e^{2x} \cos x + 2\int e^{2x} \cos x dx$

代入すると，

$$I = \int e^{2x} \cos x dx = e^{2x} \sin x - 2\int e^{2x} \sin x dx$$

$$= e^{2x} \sin x - 2\left(-e^{2x} \cos x + 2\int e^{x} \cos x dx\right) = e^{2x}(\sin x + 2\cos x) - 4I$$

$5I = e^{2x}(\sin x + 2\cos x)$，$I = \frac{1}{5}e^{2x}(\sin x + 2\cos x)$

積分定数を加えて，$\int e^{2x} \cos x dx = \frac{1}{5}e^{2x}(\sin x + 2\cos x) + C$

【$g(x)=x$ とおく部分積分】

部分積分で $g'(x) = 1$ とすれば，次の式が得られる．

$$\int f(x) dx = xf(x) - \int xf'(x) dx$$

例題 3-10　次の不定積分を求めよ．

(1) $\int \log x dx$　　(2) $\int \tan^{-1} x dx$　　(3) $\int \sin^{-1} x dx$

(1) $\int \log x dx$

$f(x) = \log x$，$g'(x) = 1$ とおくと，$f'(x) = \frac{1}{x}$，$g(x) = x$

$\int \log x dx = x \log x - \int \frac{1}{x} x dx = x \log x - x + C$

(2) $\int \tan^{-1} x dx$

$f(x) = \tan^{-1} x$，$g'(x) = 1$ とおくと，$f'(x) = \frac{1}{1+x^2}$，$g(x) = x$

$\int \tan^{-1} x dx = x \tan^{-1} x - \int \frac{x}{1+x^2} dx = x \tan^{-1} x - \int \frac{(1+x^2)'}{2(1+x^2)} dx$

$$= x\tan^{-1}x - \frac{1}{2}\log(1 + x^2) + C$$

(3) $\int \sin^{-1} x dx$

$f(x) = \sin^{-1} x$, $g'(x) = 1$ とおくと，$f'(x) = \dfrac{1}{\sqrt{1 - x^2}}$, $g(x) = x$

$$\int \sin^{-1} x dx = x\sin^{-1} x - \int \frac{x}{\sqrt{1 - x^2}} dx$$

さらに右辺第 2 項 $\int \dfrac{x}{\sqrt{1 - x^2}} dx$ について，

$1 - x^2 = t$ とおくと，$-2xdx = dt$ より，$xdx = -\dfrac{1}{2} dt$ を代入する．

$$\int \frac{x}{\sqrt{1 - x^2}} dx = -\int \frac{1}{2\sqrt{t}} dt = -\frac{1}{2}\int t^{-\frac{1}{2}} dt = -\frac{1}{2}\cdot 2\cdot t^{\frac{1}{2}} + C = -\sqrt{t} + C$$

$$= -\sqrt{1 - x^2} + C$$

代入すると，

$$\int \sin^{-1} x dx = x\sin^{-1} x - \int \frac{x}{\sqrt{1 - x^2}} dx = x\sin^{-1} x + \sqrt{1 - x^2} + C$$

3-4 いろいろな積分

【部分分数分解による積分】

例題 3-11 $\dfrac{1}{x^2 - 4}$ の不定積分を求めよ．

$\dfrac{1}{x^2 - 4} = \dfrac{1}{(x - 2)(x + 2)} = \dfrac{A}{(x - 2)} + \dfrac{B}{(x + 2)}$ が恒等的に成り立つよう定数 A と B を求めると，

$$\frac{A}{(x - 2)} + \frac{B}{(x + 2)} = \frac{A(x + 2) + B(x - 2)}{(x - 2)(x + 2)} = \frac{x(A + B) + 2(A - B)}{(x - 2)(x + 2)}$$

よって，$x(A + B) + 2(A - B) = 1$ より，

$A + B = 0$, $A - B = \dfrac{1}{2}$ が成り立つ定数 A と B は，$A = \dfrac{1}{4}$, $B = -\dfrac{1}{4}$

したがって，$\dfrac{1}{x^2 - 4} = \dfrac{1}{4(x - 2)} - \dfrac{1}{4(x + 2)}$

$$\int \frac{1}{x^2 - 4} dx = \frac{1}{4}\int \frac{1}{(x - 2)} dx - \frac{1}{4}\int \frac{1}{(x + 2)} dx$$

$$= \frac{1}{4}(\log|x - 2| - \log|x + 2|) + C = \frac{1}{4}\log\frac{|x - 2|}{|x + 2|} + C$$

【三角関数の公式を用いた積分】

例題 3-12　三角関数の倍角の公式を用いて，次の不定積分を求めよ．

(1) $\int \sin^2 x dx$　(2) $\int \cos^2 x dx$　(3) $\int \sin x \cos x dx$

(1) $\int \sin^2 x dx = \int \frac{1-\cos 2x}{2} dx = \frac{1}{2}x - \frac{1}{2}\cdot\frac{1}{2}\sin 2x + C$

$= \frac{1}{2}x - \frac{1}{4}\sin 2x + C$

(2) $\int \cos^2 x dx = \int \frac{1+\cos 2x}{2} dx = \frac{1}{2}x + \frac{1}{2}\cdot\frac{1}{2}\sin 2x + C$

$= \frac{1}{2}x + \frac{1}{4}\sin 2x + C$

(3) $\int \sin x \cos x dx = \int \frac{\sin 2x}{2} dx = -\frac{1}{2}\cdot\frac{1}{2}\cos 2x + C = -\frac{1}{4}\cos 2x + C$

例題 3-13　次の三角関数の公式を用い，(1)〜(3)の不定積分を求めよ．

$$\sin\alpha\cos\beta = \frac{1}{2}\{\sin(\alpha+\beta)+\sin(\alpha-\beta)\}$$

$$\cos\alpha\cos\beta = \frac{1}{2}\{\cos(\alpha+\beta)+\cos(\alpha-\beta)\}$$

$$\sin\alpha\sin\beta = -\frac{1}{2}\{\cos(\alpha+\beta)-\cos(\alpha-\beta)\}$$

(1) $\int \sin 3x \cos 4x dx$　(2) $\int \cos 3x \cos 4x dx$　(3) $\int \sin 3x \sin 4x dx$

(1) $\int \sin 3x \cos 4x dx = \int \frac{1}{2}(\sin(3x+4x)+\sin(3x-4x))dx$

$= \frac{1}{2}\int(\sin 7x + \sin(-x))dx = \frac{1}{2}\int(\sin 7x - \sin x)dx$

$= -\frac{1}{14}\cos 7x + \frac{1}{2}\cos x + C$

(2) $\int \cos 3x \cos 4x dx = \int \frac{1}{2}(\cos(3x+4x)+\cos(3x-4x))dx$

$= \frac{1}{2}\int(\cos 7x + \cos(-x))dx$

$= \frac{1}{2}\int(\cos 7x + \cos x)dx = \frac{1}{14}\sin 7x + \frac{1}{2}\sin x + C$

(3) $\int \sin 3x \sin 4x dx = -\int \frac{1}{2}(\cos(3x+4x)-\cos(3x-4x))dx$

$$= -\frac{1}{2}\int(\cos 7x - \cos(-x))\,dx$$

$$= -\frac{1}{2}\int(\cos 7x - \cos x)\,dx = -\frac{1}{14}\sin 7x + \frac{1}{2}\sin x + C$$

【三角関数の有理式の積分】

例題 3-14 $\tan\frac{x}{2} = t$ とおくと，$\sin x = \frac{2t}{1+t^2}$，$\cos x = \frac{1-t^2}{1+t^2}$，$dx = \frac{2}{1+t^2}dt$ が成り立つことを確認せよ．

$$\frac{2t}{1+t^2} = \frac{2\tan\frac{x}{2}}{1+\tan^2\frac{x}{2}} = \frac{2\tan\frac{x}{2}}{\frac{\cos^2\frac{x}{2}+\sin^2\frac{x}{2}}{\cos^2\frac{x}{2}}} = 2\tan\frac{x}{2}\cos^2\frac{x}{2} = 2\sin\frac{x}{2}\cos\frac{x}{2}$$

$$= \sin 2\frac{x}{2} = \sin x$$

$$\frac{1-t^2}{1+t^2} = \frac{1-\tan^2\frac{x}{2}}{1+\tan^2\frac{x}{2}} = \frac{1-\tan^2\frac{x}{2}}{\frac{\cos^2\frac{x}{2}+\sin^2\frac{x}{2}}{\cos^2\frac{x}{2}}} = \left(1-\tan^2\frac{x}{2}\right)\cos^2\frac{x}{2}$$

$$= \cos^2\frac{x}{2} - \sin^2\frac{x}{2} = \cos 2\frac{x}{2} = \cos x$$

$\tan\frac{x}{2} = t$ より，$\frac{x}{2} = \tan^{-1}t$，$x = 2\tan^{-1}t$ となる．両辺を微分し，$dx = \frac{2}{1+t^2}dt$

例題 3-15 $\int\frac{1}{\sin x}dx$ を求めよ．

$\tan\frac{x}{2} = t$ とおき，例題 3-14の結果を代入する．

$$\int\frac{1}{\sin x}dx = \int\frac{1+t^2}{2t}\cdot\frac{2}{1+t^2}dt = \int\frac{1}{t}dt = \log|t| + C = \log\left|\tan\frac{x}{2}\right| + C$$

【無理関数の積分】

例題 3-16 $\int\frac{x}{\sqrt{x-1}}dx$ を求めよ．

$x-1 = t$ とおくと，$dx = dt$ となる．また，$x = t+1$ となる．これを代入し，

$$\int\frac{x}{\sqrt{x-1}}dx = \int\frac{t+1}{\sqrt{t}}dt = \int\left(\sqrt{t} + \frac{1}{\sqrt{t}}\right)dt = \int\left(t^{\frac{1}{2}} + t^{-\frac{1}{2}}\right)dt = \frac{2}{3}t^{\frac{3}{2}} + 2t^{\frac{1}{2}} + C$$

$$= \frac{2}{3}(x-1)^{\frac{3}{2}} + 2(x-1)^{\frac{1}{2}} + C = 2\sqrt{x-1}\left\{\frac{1}{3}(x-1)+1\right\} + C$$
$$= \frac{2}{3}\sqrt{x-1}\,(x+2) + C$$

例題 3-17　$\int\sqrt{4-x^2}\,dx$ を求めよ．

$x = 2\sin t \quad \left(-\frac{\pi}{2} \leqq t \leqq \frac{\pi}{2}\right)$ とおくと，$\sqrt{4-x^2} = \sqrt{4-4\sin^2 t} = 2\sqrt{\cos^2 t}$ $= 2\cos t$，$dx = 2\cos t dt$，$t = \sin^{-1}\frac{x}{2}$ となる．代入すると，

$$\int\sqrt{4-x^2}\,dx = \int 2\cos t(2\cos t)dt = 4\int\cos^2 t dt = 2\int(1+\cos 2t)dt$$
$$= 2t + \sin 2t + C = 2\sin^{-1}\frac{x}{2} + 2\sin t\cos t + C$$
$$= 2\sin^{-1}\frac{x}{2} + \frac{x}{2}\sqrt{4-x^2} + C$$

◇3章　演習問題◇

STEP 1

1．次の極限値を求めよ．

(1) $\displaystyle\lim_{n\to\infty}\left(\frac{1}{n+1}+\frac{1}{n+2}+\cdots+\frac{1}{n+n}\right)$

(2) $\displaystyle\lim_{n\to\infty}\left(\frac{1}{\sqrt{n^2+n}}+\frac{1}{\sqrt{n^2+2n}}+\cdots+\frac{1}{\sqrt{n^2+n^2}}\right)$

2．次の不定積分を求めよ．

(1) $\displaystyle\int\frac{dx}{a^2x^2-b^2}\quad(ab\neq 0)$　(2) $\displaystyle\int\frac{dx}{a^2x^2+b^2}\quad(ab\neq 0)$

(3) $\displaystyle\int\frac{2x+4}{x^2+4x+3}dx$　(4) $\displaystyle\int\frac{x+5}{x^2+4x+3}dx$　(5) $\displaystyle\int\frac{2x+5}{x^2+4x+6}dx$

(6) $\displaystyle\int\frac{2x+1}{(x^2+1)^2}dx$　(7) $\displaystyle\int\frac{dx}{(x^2+1)^3}$

3．次の不定積分を求めよ．

(1) $\displaystyle\int\frac{dx}{\cos x}$　(2) $\displaystyle\int\frac{1-\sin x}{1+\cos x}dx$　(3) $\displaystyle\int\frac{dx}{1+\tan x}$

(4) $\displaystyle\int\sin^3 x\cos^3 x dx$

4．次の不定積分を求めよ．

(1) $\displaystyle\int\frac{dx}{\sqrt{x^2+a^2}}$　(2) $\displaystyle\int\sqrt{x^2+a^2}\,dx$　(3) $\displaystyle\int\frac{dx}{\sqrt{x^2-a^2}}$

(4) $\displaystyle\int\sqrt{x^2-a^2}\,dx$　(5) $\displaystyle\int\sqrt{a^2-x^2}\,dx$　(6) $\displaystyle\int\frac{dx}{\sqrt{x+x^2}}$

(7) $\displaystyle\int\frac{dx}{\sqrt{x-x^2}}$

5．次の不定積分を求めよ．

(1) $\displaystyle\int x^3e^{2x}dx$　(2) $\displaystyle\int x^3e^{x^2}dx$　(3) $\displaystyle\int x\sin^{-1}x^2dx$

(4) $\displaystyle\int\sin(\log x)dx\quad(x>0)$　(5) $\displaystyle\int(\log x)^2dx$

STEP 2

6．次の不定積分を求めよ．

(1) $\displaystyle\int \frac{dx}{6(\sqrt{x}-\sqrt[3]{x})}$　(2) $\displaystyle\int \sqrt{e^x-a^2}\,dx$　(3) $\displaystyle\int \sin^2 x\cos 4x\,dx$

(4) $\displaystyle\int \sqrt{\frac{a-x}{a+x}}\,dx \quad (a>0)$　(5) $\displaystyle\int \frac{dx}{(3-x)\sqrt{1-x^2}}$

(6) $\displaystyle\int \frac{dx}{(3+2x)\sqrt{4+x^2}}$　(7) $\displaystyle\int x^3(x^2+2)^{\frac{2}{3}}\,dx$

7．$\displaystyle I_n(x)=\int \frac{dx}{(x^2+a^2)^n}$ とするとき，

$$\begin{cases} I_1(x)=\dfrac{1}{a}\tan^{-1}\dfrac{x}{a} \\ I_n(x)=\dfrac{1}{a^2}\left(\dfrac{x}{(2n-2)(x^2+a^2)^{n-1}}+\dfrac{2n-3}{2n-2}I_{n-1}(x)\right) \quad (n\geqq 2) \end{cases}$$

が成り立つことを示せ．

8．$\displaystyle J_{m,n}(x)=\int \sin^m x\cos^n x\,dx \quad (m+n\neq 0)$ のとき，

$$\begin{aligned} J_{m,n}(x)&=\frac{\sin^{m+1}x\cos^{n-1}x}{m+n}+\frac{n-1}{m+n}J_{m,n-2}(x) \\ &=-\frac{\sin^{m-1}x\cos^{n+1}x}{m+n}+\frac{m-1}{m+n}J_{m-2,n}(x) \end{aligned}$$

が成り立つことを示せ．

◇3章　演習問題解答◇

STEP 1

1．

(1) $\displaystyle \lim_{n\to\infty}\left(\frac{1}{n+1}+\frac{1}{n+2}+\cdots+\frac{1}{n+n}\right)=\lim_{n\to\infty}\frac{1}{n}\left(\frac{1}{1+\frac{1}{n}}+\frac{1}{1+\frac{2}{n}}+\cdots+\frac{1}{1+\frac{n}{n}}\right)$

$$=\int_0^1\frac{dx}{1+x}=\Big[\log|1+x|\Big]_0^1=\log 2$$

(2) $\displaystyle \lim_{n\to\infty}\left(\frac{1}{\sqrt{n^2+n}}+\frac{1}{\sqrt{n^2+2n}}+\cdots+\frac{1}{\sqrt{n^2+n^2}}\right)$

$$=\lim_{n\to\infty}\frac{1}{n}\left(\frac{1}{\sqrt{1+\frac{1}{n}}}+\frac{1}{\sqrt{1+\frac{2}{n}}}+\cdots+\frac{1}{\sqrt{1+\frac{n}{n}}}\right)$$

$$=\int_0^1\frac{dx}{\sqrt{1+x}}=\Big[2\sqrt{1+x}\Big]_0^1=2\sqrt{2}-2$$

2．積分定数を C とする．

(1) $\displaystyle \int\frac{dx}{a^2x^2-b^2}=\int\frac{1}{2b}\left(\frac{1}{ax-b}-\frac{1}{ax+b}\right)dx=\frac{1}{2b}\log\left|\frac{ax-b}{ax+b}\right|+C$

(2) $\displaystyle \int\frac{dx}{a^2x^2+b^2}=\frac{1}{b^2}\int\frac{dx}{\frac{a^2}{b^2}x^2+1}=\frac{1}{ab}\int\frac{\frac{a}{b}}{\frac{a^2}{b^2}x^2+1}dx=\frac{1}{ab}\tan^{-1}\frac{a}{b}x+C$

(3) $\displaystyle \int\frac{2x+4}{x^2+4x+3}dx=\int\frac{(x^2+4x+3)'}{x^2+4x+3}dx=\log|x^2+4x+3|+C$

(4) $\displaystyle \int\frac{x+5}{x^2+4x+3}dx=\int\left(\frac{2}{x+1}-\frac{1}{x+3}\right)dx=\log\frac{(x+1)^2}{|x+3|}+C$

(5) $\displaystyle \int\frac{2x+5}{x^2+4x+6}dx=\int\left(\frac{2x+4}{x^2+4x+6}+\frac{1}{x^2+4x+6}\right)dx$

$$=\int\left\{\frac{(x^2+4x+6)'}{x^2+4x+6}+\frac{1}{\sqrt{2}}\cdot\frac{\frac{1}{\sqrt{2}}}{\frac{(x+2)^2}{2}+1}\right\}dx$$

$$=\log(x^2+4x+6)+\frac{1}{\sqrt{2}}\tan^{-1}\frac{x+2}{\sqrt{2}}+C$$

(6) $\displaystyle \int\frac{2x+1}{(x^2+1)^2}dx=\int\left\{\frac{2x}{(x^2+1)^2}+\frac{1}{(x^2+1)^2}\right\}dx=-\frac{1}{x^2+1}+\int\frac{x^2+1-x^2}{(x^2+1)^2}dx$

$$=-\frac{1}{x^2+1}+\int\frac{dx}{x^2+1}-\int\frac{x}{2}\cdot\frac{2x}{(x^2+1)^2}dx=-\frac{1}{x^2+1}+\tan^{-1}x$$

$$+\frac{x}{2}\cdot\frac{1}{x^2+1}-\frac{1}{2}\int\frac{dx}{x^2+1}=-\frac{1}{x^2+1}+\tan^{-1}x+\frac{x}{2}\cdot\frac{1}{x^2+1}-\frac{1}{2}\tan^{-1}x$$

$$=\frac{1}{2}\left(\frac{x-2}{x^2+1}+\tan^{-1}x\right)+C$$

（別解）　$x=\tan\theta$ とおくと，$1+x^2=\dfrac{1}{\cos^2\theta}$，$dx=\dfrac{d\theta}{\cos^2\theta}$ より，

$$\int\frac{2x+1}{(x^2+1)^2}dx=\int\cos^4\theta(2\tan\theta+1)\frac{d\theta}{\cos^2\theta}=\int\cos^2\theta(2\tan\theta+1)d\theta$$

$$=\int(2\sin\theta\cos\theta+\cos^2\theta)d\theta=\int\left(\sin 2\theta+\frac{1+\cos 2\theta}{2}\right)d\theta$$

$$=-\frac{1}{2}\cos 2\theta+\frac{\theta}{2}+\frac{1}{4}\sin 2\theta$$

ここで，$\cos\theta=\sqrt{\dfrac{1}{x^2+1}}$，$\sin\theta=\sqrt{1-\dfrac{1}{x^2+1}}=\sqrt{\dfrac{x^2}{x^2+1}}$ なので，

$\cos 2\theta=\dfrac{2}{x^2+1}-1$，$\sin 2\theta=2\sqrt{\dfrac{1}{x^2+1}\left(1-\dfrac{1}{x^2+1}\right)}=\dfrac{2x}{x^2+1}$，$\theta=\tan^{-1}x$

から積分を求めることができる．

＊　この解き方では，$\cos 2\theta$ の x への変換の際，定数項の -1 が出てくるが，定数項は積分定数 C に吸収されるので，答えは同じになる．

(7)　$$\int\frac{dx}{(x^2+1)^3}=\int\left\{\frac{x^2+1}{(x^2+1)^3}-\frac{x}{4}\cdot\frac{4x}{(x^2+1)^3}\right\}dx=\int\frac{dx}{(x^2+1)^2}+\frac{x}{4}\cdot\frac{1}{(x^2+1)^2}-\frac{1}{4}\int\frac{dx}{(x^2+1)^2}$$

$$=\frac{x}{4}\cdot\frac{1}{(x^2+1)^2}+\frac{3}{4}\int\frac{dx}{(x^2+1)^2}=\frac{1}{8}\left\{\frac{2x}{(x^2+1)^2}+\frac{3x}{x^2+1}+3\tan^{-1}x\right\}+C$$

（別解）　この問題も前問と同様，$x=\tan\theta$ と置換することで積分できる．

$$\int\frac{dx}{(x^2+1)^3}=\int\cos^4\theta\,d\theta=\int\cos^2\theta(1-\sin^2\theta)d\theta=\int\left(\frac{1+\cos 2\theta}{2}-\frac{\sin^2 2\theta}{4}\right)d\theta$$

$$=\int\left(\frac{1+\cos 2\theta}{2}-\frac{1-\cos 4\theta}{8}\right)d\theta=\frac{3}{8}\theta+\frac{\sin 2\theta}{4}+\frac{\sin 4\theta}{32}+C$$

3．積分定数を C とする．

(1)　$\tan\dfrac{x}{2}=t$ とおくと，$\sin x=\dfrac{2t}{1+t^2}$，$\cos x=\dfrac{1-t^2}{1+t^2}$，$dx=\dfrac{2}{1+t^2}dt$ より，

$$\int\frac{dx}{\cos x}=\int\frac{1+t^2}{1-t^2}\cdot\frac{2}{1+t^2}dt=\int\left(\frac{1}{1-t}+\frac{1}{1+t}\right)dt=\log\left|\frac{1+t}{1-t}\right|+C$$

$$=\log\left|\frac{1+\tan\frac{x}{2}}{1-\tan\frac{x}{2}}\right|+C$$

（別解）　分母分子に $\cos x$ を掛ける．

$$\int\frac{dx}{\cos x}=\int\frac{\cos x}{\cos^2 x}dx=\int\frac{\cos x}{1-\sin^2 x}\,dx=\frac{1}{2}\int\left(\frac{\cos x}{1-\sin x}+\frac{\cos x}{1+\sin x}\right)dx$$

$$=\frac{1}{2}\log\frac{1+\sin x}{1-\sin x}+C$$

ここで，$\dfrac{1+\sin x}{1-\sin x}=\dfrac{\sin^2\frac{x}{2}+\cos^2\frac{x}{2}+2\sin\frac{x}{2}\cos\frac{x}{2}}{\sin^2\frac{x}{2}+\cos^2\frac{x}{2}-2\sin\frac{x}{2}\cos\frac{x}{2}}=\dfrac{\left(\sin\frac{x}{2}+\cos\frac{x}{2}\right)^2}{\left(\sin\frac{x}{2}-\cos\frac{x}{2}\right)^2}$

$$=\left(\frac{\tan\frac{x}{2}+1}{\tan\frac{x}{2}-1}\right)^2$$

したがって，両方の答えは同じである．

(2)　この問題も前問と同様，$\tan\dfrac{x}{2}=t$ と置換する．

$$\int\frac{1-\sin x}{1+\sin x}dx=\int\frac{1-\frac{2t}{1+t^2}}{1+\frac{1-t^2}{1+t^2}}\cdot\frac{2}{1+t^2}\,dt=\int\frac{1-2t+t^2}{1+t^2}\,dt=\int\left(1-\frac{2t}{1+t^2}\right)dt$$

$$=t-\log(1+t^2)+C=\tan\frac{x}{2}+2\log\cos\frac{x}{2}+C$$

(3)　この問題も $\tan\dfrac{x}{2}=t$ と置換する．

$$\int\frac{dx}{1+\tan x}=\int\frac{1}{1+\frac{2t}{1-t^2}}\cdot\frac{2}{1+t^2}\,dt=\int\frac{2(1-t^2)}{(1+t^2)(1+2t-t^2)}\,dt$$

$$=\int\left(\frac{1-t}{1+t^2}+\frac{1-t}{1+2t-t^2}\right)dt$$

$$=\tan^{-1}t-\frac{1}{2}\log(1+t^2)+\frac{1}{2}\log|1+2t-t^2|+C$$

$$=\frac{x}{2}+\frac{1}{2}\log\cos^2\frac{x}{2}+\frac{1}{2}\log\left|1+2\tan\frac{x}{2}-\tan^2\frac{x}{2}\right|+C$$

$$=\frac{x}{2}+\frac{1}{2}\log\left|\cos^2\frac{x}{2}\left(1+2\tan\frac{x}{2}-\tan^2\frac{x}{2}\right)\right|+C$$

$$=\frac{x}{2}+\frac{1}{2}\log\left|\cos^2\frac{x}{2}+2\sin\frac{x}{2}\cos\frac{x}{2}-\sin^2\frac{x}{2}\right|+C=\frac{x}{2}+\frac{1}{2}\log|\cos x+\sin x|+C$$

（別解）　$\dfrac{1}{1+\tan x}=\dfrac{\cos x}{\cos x+\sin x}$，$(\cos x+\sin x)'=-\sin x+\cos x$ より，

$\dfrac{\cos x}{\cos x+\sin x}=A+\dfrac{B(-\sin x+\cos x)}{\cos x+\sin x}$ を満たす定数 A，B を求めると

$A=\dfrac{1}{2}$，$B=\dfrac{1}{2}$．

$$\therefore\quad \int \frac{dx}{1+\tan x} = \int \left(\frac{1}{2} + \frac{1}{2}\cdot\frac{-\sin x + \cos x}{\cos x + \sin x}\right)dx = \frac{x}{2} + \frac{1}{2}\log|\cos x + \sin x| + C$$

(4) $\displaystyle\int \sin^3 x \cos^3 x dx = \int \sin^3 x(1-\sin^2 x)\cos x dx = \int (\sin^3 x - \sin^5 x)\cos x dx$

$$= \frac{1}{4}\sin^4 x - \frac{1}{6}\sin^6 x + C$$

4．積分定数を C とする．

(1) $\sqrt{x^2+a^2} = t - x$ とおくと，$x = \dfrac{t^2-a^2}{2t}$，$\sqrt{x^2+a^2} = \dfrac{t^2+a^2}{2t}$，$dx = \dfrac{t^2+a^2}{2t^2}dt$ より，

$$\int \frac{dx}{\sqrt{x^2+a^2}} = \int \frac{2t}{t^2+a^2}\cdot\frac{t^2+a^2}{2t^2}dt = \int \frac{1}{t}dt = \log|t| + C = \log|\sqrt{x^2+a^2}+x| + C$$

（1章演習問題8(5)参照）

(別解1)　$x = a\tan\theta$ と置換する．

$$\int \frac{dx}{\sqrt{x^2+a^2}} = \int \frac{\cos\theta}{a}\cdot\frac{a\,d\theta}{\cos^2\theta} = \int \frac{d\theta}{\cos\theta} = \frac{1}{2}\log\frac{1+\sin\theta}{1-\sin\theta} + C$$

（3章演習問題3(1)参照）

$$= \frac{1}{2}\log\left|\frac{1+\sqrt{\dfrac{x^2}{x^2+a^2}}}{1-\sqrt{\dfrac{x^2}{x^2+a^2}}}\right| + C = \frac{1}{2}\log\left|\frac{\sqrt{x^2+a^2}+x}{\sqrt{x^2+a^2}-x}\right| + C$$

（3章演習問題2(6)参照）

$$= \frac{1}{2}\log\left|\frac{(\sqrt{x^2+a^2}+x)^2}{a^2}\right| + C = \log|\sqrt{x^2+a^2}+x| - \log|a| + C$$

$= \log|\sqrt{x^2+a^2}+x| + C'$（$C'$：積分定数）

(別解2)　$x = a\sinh t$ と置換すると，$x^2+a^2 = a^2\cosh^2 t$，$dx = a\cosh t dt$ より，

$$\int \frac{dx}{\sqrt{x^2+a^2}} = \int \frac{1}{a\cosh t}\cdot a\cosh t dt = \int dt = t + C = \sinh^{-1}\frac{x}{a} + C$$

（1章演習問題17(1)参照）

ここで，$\sinh^{-1}\dfrac{x}{a} = t$ とすると，$\dfrac{e^t - e^{-t}}{2} = \dfrac{x}{a} \;\Rightarrow\; e^{2t} - \dfrac{2x}{a}e^t - 1 = 0$ より，

$e^t = \dfrac{x}{a} + \sqrt{\left(\dfrac{x}{a}\right)^2 + 1}$（$\because e^t > 0$）なので，$t = \log\left|\dfrac{x+\sqrt{x^2+a^2}}{a}\right|$

$= \log|x+\sqrt{x^2+a^2}| - \log|a|$

$\log|a|$ は定数なので，2つの積分結果は同じものを表している．

(2) $\sqrt{x^2+a^2} = t - x$ とおいて(1)と同様に置換すると，

$$\int \sqrt{x^2+a^2}dx = \int \frac{t^2+a^2}{2t}\cdot\frac{t^2+a^2}{2t^2}dt = \int\left(\frac{t}{4} + \frac{a^2}{2t} + \frac{a^4}{4t^3}\right)dt = \frac{t^2}{8} + \frac{a^2}{2}\log|t| - \frac{a^4}{8t^2} + C$$

$$= \frac{(\sqrt{x^2+a^2}+x)^2}{8} - \frac{a^4}{8(\sqrt{x^2+a^2}+x)^2} + \frac{a^2}{2}\log|\sqrt{x^2+a^2}+x| + C$$

$$= \frac{1}{8}\left\{(\sqrt{x^2+a^2}+x)^2 - (\sqrt{x^2+a^2}-x)^2\right\} + \frac{a^2}{2}\log|\sqrt{x^2+a^2}+x| + C$$

$$= \frac{x}{2}\sqrt{x^2+a^2} + \frac{a^2}{2}\log|\sqrt{x^2+a^2}+x| + C$$

（1章演習問題8(6)参照）

前問(1)で示した関係から，$\int\sqrt{x^2+a^2}\,dx = \frac{x}{2}\sqrt{x^2+a^2} + \frac{a^2}{2}\sinh^{-1}\frac{x}{a} + C$ も成り立つ．

（1章演習問題17(4)参照）

(3)　$\sqrt{x^2-a^2} = t - x$ とおくと，$x = \frac{t^2+a^2}{2t}$，$\sqrt{x^2-a^2} = \frac{t^2-a^2}{2t}$，$dx = \frac{t^2-a^2}{2t^2}dt$ より，

$$\int\frac{dx}{\sqrt{x^2-a^2}} = \int\frac{2t}{t^2-a^2}\cdot\frac{t^2-a^2}{2t^2}dt = \int\frac{1}{t}dt = \log|t| + C = \log|\sqrt{x^2-a^2}+x| + C$$

（別解）　$x = a\cosh t$ と置換すると，$x^2 - a^2 = a^2\sinh^2 t$，$dx = a\sinh t dt$ より，

$$\int\frac{dx}{\sqrt{x^2-a^2}} = \int\frac{1}{a\sinh t}\cdot a\sinh t dt = \int dt = t + C = \cosh^{-1}\frac{x}{a} + C$$

（1章演習問題17(2)参照）

ここで，$\cosh^{-1}\frac{x}{a} = t$ とすると，$\frac{e^t+e^{-t}}{2} = \frac{x}{a} \Rightarrow e^{2t} - \frac{2x}{a}e^t + 1 = 0$ より，

$e^t = \frac{x}{a} + \sqrt{\left(\frac{x}{a}\right)^2 - 1}$　($\because e^t > 0$)　なので，$t = \log\left|\frac{x+\sqrt{x^2-a^2}}{a}\right|$

$= \log|x+\sqrt{x^2-a^2}| - \log|a|$

$\log|a|$ は定数なので，2つの積分結果は同じものを表している．

(4)　$\sqrt{x^2-a^2} = t - x$ とおいて(3)と同様に置換すると，

$$\int\sqrt{x^2-a^2}\,dx = \int\frac{t^2-a^2}{2t}\cdot\frac{t^2-a^2}{2t^2}dt = \int\left(\frac{t}{4} - \frac{a^2}{2t} + \frac{a^4}{4t^3}\right)dt = \frac{t^2}{8} - \frac{a^2}{2}\log|t| - \frac{a^4}{8t^2} + C$$

$$= \frac{(\sqrt{x^2-a^2}+x)^2}{8} - \frac{a^4}{8(\sqrt{x^2-a^2}+x)^2} - \frac{a^2}{2}\log|\sqrt{x^2-a^2}+x| + C$$

$$= \frac{1}{8}\left\{(\sqrt{x^2-a^2}+x)^2 - (\sqrt{x^2-a^2}-x)^2\right\} - \frac{a^2}{2}\log|\sqrt{x^2-a^2}+x| + C$$

$$= \frac{x}{2}\sqrt{x^2-a^2} - \frac{a^2}{2}\log|\sqrt{x^2-a^2}+x| + C$$

前問(3)で示した関係から，$\int\sqrt{x^2-a^2}\,dx = \frac{x}{2}\sqrt{x^2-a^2} + \frac{a^2}{2}\cosh^{-1}\frac{x}{a} + C$ も成り立つ．

（1章演習問題17(5)参照）

(5) $\sqrt{\dfrac{a+x}{a-x}}=t$ とおくと，$x=\dfrac{a(t^2-1)}{t^2+1}$，$\sqrt{a^2-x^2}=\dfrac{2at}{t^2+1}$，$dx=\dfrac{4at}{(t^2+1)^2}dt$ より，

$$\int\sqrt{a^2-x^2}\,dx=\int\frac{2at}{t^2+1}\cdot\frac{4at}{(t^2+1)^2}dt=\int\frac{8a^2t^2}{(t^2+1)^3}dt$$

$$=8a^2\int\left\{\frac{1}{(t^2+1)^2}-\frac{1}{(t^2+1)^3}\right\}dt$$

$$=8a^2\left[\left\{\frac{t}{2(t^2+1)}+\frac{1}{2}\tan^{-1}t\right\}-\left\{\frac{t}{4(t^2+1)^2}+\frac{3t}{8(t^2+1)}+\frac{3}{8}\tan^{-1}t\right\}\right]+C$$

（3章演習問題2(6)(7)参照）

$$=-\frac{2a^2t}{(t^2+1)^2}+\frac{a^2t}{t^2+1}+a^2\tan^{-1}t+C$$

$$=\frac{x-a}{2}\sqrt{a^2-x^2}+\frac{a}{2}\sqrt{a^2-x^2}+a^2\tan^{-1}\sqrt{\frac{a+x}{a-x}}+C$$

$$=\frac{x}{2}\sqrt{a^2-x^2}+a^2\tan^{-1}\sqrt{\frac{a+x}{a-x}}+C$$

（別解）　$x=a\sin\theta$ と置換すると，$dx=a\cos\theta\,d\theta$ より，

$$\int\sqrt{a^2-x^2}\,dx=\int\sqrt{a^2-a^2\sin^2\theta}\cdot a\cos\theta\,d\theta=\int a^2\cos^2\theta\,d\theta=\frac{a^2}{2}\theta+\frac{a^2}{4}\sin 2\theta+C$$

$$=\frac{a^2}{2}\sin^{-1}\frac{x}{a}+\frac{1}{2}a\sin\theta\cdot a\cos\theta+C=\frac{a^2}{2}\sin^{-1}\frac{x}{a}+\frac{1}{2}x\sqrt{a^2-x^2}+C$$

（1章演習問題17(3)参照）

ここで，$\sin^{-1}\dfrac{x}{a}=\varphi$ とおくと $x=a\sin\varphi$．これを $2\tan^{-1}\sqrt{\dfrac{a+x}{a-x}}$ に代入すると，

$$2\tan^{-1}\sqrt{\frac{a+a\sin\varphi}{a-a\sin\varphi}}=2\tan^{-1}\sqrt{\frac{\cos^2\frac{\varphi}{2}+\sin^2\frac{\varphi}{2}+2\sin\frac{\varphi}{2}\cos\frac{\varphi}{2}}{\cos^2\frac{\varphi}{2}+\sin^2\frac{\varphi}{2}-2\sin\frac{\varphi}{2}\cos\frac{\varphi}{2}}}$$

$$=2\tan^{-1}\frac{\cos\frac{\varphi}{2}+\sin\frac{\varphi}{2}}{\cos\frac{\varphi}{2}-\sin\frac{\varphi}{2}}$$

$$=2\tan^{-1}\frac{\sin\left(\frac{\varphi}{2}+\frac{\pi}{4}\right)}{\cos\left(\frac{\varphi}{2}+\frac{\pi}{4}\right)}=2\tan^{-1}\tan\left(\frac{\varphi}{2}+\frac{\pi}{4}\right)=2\left(\frac{\varphi}{2}+\frac{\pi}{4}\right)=\varphi+\frac{\pi}{2}$$

すなわち，$2\tan^{-1}\sqrt{\dfrac{a+x}{a-x}}=\sin^{-1}\dfrac{x}{a}+\dfrac{\pi}{2}$ の関係が成り立つ．$\dfrac{\pi}{2}$ は定数なので，上の2つの式は同じ積分結果を表す．

(6) $\sqrt{x+x^2}=t-x$ とおくと，$x=\dfrac{t^2}{2t+1}$，$\sqrt{x+x^2}=\dfrac{t^2+t}{2t+1}$，$dx=\dfrac{2(t^2+t)}{(2t+1)^2}dt$ より，

$$\int \frac{dx}{\sqrt{x+x^2}} = \int \frac{2t+1}{t^2+t} \cdot \frac{2(t^2+t)}{(2t+1)^2}\,dt = \int \frac{2}{2t+1}\,dt = \log|2t+1| + C$$

$$= \log|2\sqrt{x+x^2} + 2x + 1| + C$$

(7)　$\sqrt{\dfrac{x}{1-x}} = t$ とおくと，$x = \dfrac{t^2}{t^2+1}$，$\sqrt{x-x^2} = \dfrac{t}{t^2+1}$，$dx = \dfrac{2t}{(t^2+1)^2}\,dt$ より，

$$\int \frac{dx}{\sqrt{x-x^2}} = \int \frac{t^2+1}{t} \cdot \frac{2t}{(t^2+1)^2}\,dt = 2\tan^{-1}|t| + C = 2\tan^{-1}\sqrt{\frac{x}{1-x}} + C$$

5．積分定数を C とする．

(1)　$\displaystyle\int x^3 e^{2x} dx = \int \frac{x^3}{2} \cdot 2e^{2x} dx = \frac{x^3}{2} e^{2x} - \frac{3}{2}\int x^2 e^{2x} dx = \frac{x^3}{2} e^{2x} - \frac{3}{2}\left\{\frac{x^2}{2} e^{2x} - \int x e^{2x} dx\right\}$

$$= \frac{x^3}{2} e^{2x} - \frac{3}{2}\left\{\frac{x^2}{2} e^{2x} - \left(\frac{x}{2} e^{2x} - \frac{1}{2}\int e^{2x} dx\right)\right\}$$

$$= \frac{x^3}{2} e^{2x} - \frac{3}{2}\left\{\frac{x^2}{2} e^{2x} - \frac{x^2}{2} e^{2x} - \left(\frac{x}{2} e^{2x} - \frac{1}{4} e^{2x}\right)\right\}$$

$$= \left(\frac{1}{2}x^3 - \frac{3}{4}x^2 + \frac{3}{4}x - \frac{3}{8}\right)e^{2x} + C$$

(2)　$\displaystyle\int x^3 e^{x^2} dx = \int \frac{x^2}{2} \cdot 2x e^{x^2} dx = \frac{x^2}{2} e^{x^2} - \int x e^{x^2} dx = \frac{x^2}{2} e^{x^2} - \frac{1}{2} e^{x^2} + C$

(3)　$x^2 = t$ とおくと，$2xdx = dt$ より，

$$\int x \sin^{-1} x^2\, dx = \int \frac{\sin^{-1} t}{2}\, dt = \frac{1}{2}\left(t \sin^{-1} t - \int \frac{t}{\sqrt{1-t^2}}\, dt\right)$$

$$= \frac{1}{2}(t \sin^{-1} t + \sqrt{1-t^2}) + C$$

$$= \frac{1}{2}(x^2 \sin^{-1} x^2 + \sqrt{1-x^4}) + C$$

(4)　$\log x = t$ とおくと，$x = e^t$，$dx = e^t dt$ より，

$$\int \sin(\log x)\, dx = \int \sin t \cdot e^t dt = e^t \sin t - \int e^t \cos t dt = e^t(\sin t - \cos t) - \int e^t \sin t dt$$

$$\therefore \int \sin(\log x)\, dx = \int e^t \sin t dt = \frac{e^t}{2}(\sin t - \cos t) + C = \frac{x}{2}(\sin\log x - \cos\log x) + C$$

(5)　$\displaystyle\int (\log x)^2 dx = x(\log x)^2 - 2\int \log x dx = x(\log x)^2 - 2\left(x\log x - \int dx\right)$

$$= x(\log x)^2 - 2(x\log x - x) + C = x\{(\log x)^2 - 2\log x + 2\} + C$$

STEP 2

6．積分定数を C とする．

(1)　$\sqrt[6]{x} = t$ とおくと，$x = t^6$，$dx = 6t^5 dt$ より，

$$\int \frac{dx}{6(\sqrt{x} - \sqrt[3]{x})} = \int \frac{6t^5}{6(t^3 - t^2)}\,dt = \int \left(t^2 + t + 1 + \frac{1}{t-1}\right) dt = \frac{t^3}{3} + \frac{t^2}{2} + t + \log|t-1| + C$$

$$= \frac{\sqrt{x}}{3} + \frac{\sqrt[3]{x}}{3} + \sqrt[6]{x} + \log|\sqrt[6]{x} - 1| + C$$

(2)　$\sqrt{e^x - a^2} = t$ とおくと，$x = \log(t^2 + a^2)$，$dx = \dfrac{2t}{t^2 + a^2}\,dt$ より，

$$\int \sqrt{e^x - a^2}\,dx = \int \frac{2t^2}{t^2 + a^2}\,dt = 2\int \left(1 - \frac{a^2}{t^2 + a^2}\right) dt = 2\left(t - a\tan^{-1}\frac{t}{a}\right) + C$$

（3章演習問題2(2)参照）

$$= 2\left(\sqrt{e^x - a^2} - a\tan^{-1}\frac{\sqrt{e^x - a^2}}{a}\right) + C$$

(3)　$\displaystyle\int \sin^2 x \cos 4x dx = \int \sin^2 x(\cos x \cos 3x - \sin x \sin 3x)\,dx$

$$= \int \sin^2 x \cos x \cos 3x dx - \int \sin^3 x \sin 3x dx$$

$$= \frac{1}{3}\sin^3 x \cos 3x + \int \sin^3 x \sin 3x dx - \int \sin^3 x \sin 3x dx = \frac{1}{3}\sin^3 x \cos 3x + C$$

(4)　$\sqrt{\dfrac{a-x}{a+x}} = t$ とおくと，$x = \dfrac{a(1-t^2)}{1+t^2}$，$dx = \dfrac{-4at}{(1+t^2)^2}\,dt$ より，

$$\int \sqrt{\frac{a-x}{a+x}}\,dx = \int \frac{-4at^2}{(1+t^2)^2}\,dt = 4a\int \left(\frac{1}{(1+t^2)^2} - \frac{1}{1+t^2}\right) dt$$

$$= 2a\left(\frac{t}{1+t^2} + \tan^{-1} t - 2\tan^{-1} t\right) + C = \sqrt{a^2 - x^2} - 2a\tan^{-1}\sqrt{\frac{a-x}{a+x}} + C$$

（別解）　分母分子に $\sqrt{a-x}$ を掛けると，

$$\int \sqrt{\frac{a-x}{a+x}}\,dx = \int \frac{a-x}{\sqrt{a^2 - x^2}}\,dx = \int \left(\frac{a}{\sqrt{a^2 - x^2}} - \frac{x}{\sqrt{a^2 - x^2}}\right) dx$$

$$= a\sin^{-1}\frac{x}{a} + \sqrt{a^2 - x^2} + C$$

＊ 4(5)より，

$\sin^{-1}\dfrac{x}{a} = 2\tan^{-1}\sqrt{\dfrac{a+x}{a-x}} = \dfrac{\pi}{2} - 2\tan^{-1}\sqrt{\dfrac{a-x}{a+x}}$ なので，上の2式は等しい。

(5)　$\sqrt{\dfrac{1-x}{1+x}} = t$ とおくと，$x = \dfrac{1-t^2}{1+t^2}$，$dx = \dfrac{-4t}{(1+t^2)^2}\,dt$ より，

$$\int \frac{dx}{(3-x)\sqrt{1-x^2}} = \int \frac{1+t^2}{2+4t^2}\cdot\frac{1+t^2}{2t}\cdot\frac{-4t}{(1+t^2)^2}\,dt = -\int \frac{dt}{2t^2+1} = \frac{-1}{\sqrt{2}}\int \frac{\sqrt{2}}{2t^2+1}\,dt$$

$$= \frac{-1}{\sqrt{2}} \tan^{-1} \sqrt{2} t + C = \frac{-1}{\sqrt{2}} \tan^{-1} \sqrt{\frac{2(1-x)}{1+x}} + C$$

(6)　$\sqrt{4+x^2} = t - x$ とおくと，$x = \dfrac{t^2-4}{2t}$，$\sqrt{4+x^2} = \dfrac{t^2+4}{2t}$，$dx = \dfrac{t^2+4}{2t^2} dt$ より，

$$\int \frac{dx}{(3+2x)\sqrt{4+x^2}} = \int \frac{t}{t^2+3t-4} \cdot \frac{2t}{t^2+4} \cdot \frac{t^2+4}{2t^2} dt = \int \frac{dt}{t^2+3t-4}$$

$$= \frac{1}{5} \int \left(\frac{1}{t-1} - \frac{1}{t+4} \right) dt$$

$$= \frac{1}{5} \log \left| \frac{t-1}{t+4} \right| + C = \frac{1}{5} \log \left| \frac{\sqrt{4+x^2} + x - 1}{\sqrt{4+x^2} + x + 4} \right| + C$$

(7)　$(x^2+2)^{\frac{1}{3}} = t$ とおくと，$x^2 = t^3 - 2$，$2xdx = 3t^2 dt$

$$\int x^3 (x^2+2)^{\frac{2}{3}} dx = \int (t^3-2) t^2 \cdot \frac{3}{2} t^2 dt = \int \left(\frac{3}{2} t^7 - 3t^4 \right) dt = \frac{3}{16} t^8 - \frac{3}{5} t^5 + C$$

$$= \frac{3}{16} (x^2+2)^{\frac{8}{3}} - \frac{3}{5} (x^2+2)^{\frac{5}{3}} + C$$

7．$n = 1$ のとき明らか．$n \geqq 2$ のとき，

$$I_n(x) = \int \frac{dx}{(x^2+a^2)^n} = \frac{1}{a^2} \int \frac{x^2 + a^2 - x^2}{(x^2+a^2)^n} dx$$

$$= \frac{1}{a^2} \int \frac{dx}{(x^2+a^2)^{n-1}} - \frac{1}{a^2} \int \frac{x}{2} \cdot \frac{2x}{(x^2+a^2)^n} dx$$

$$= \frac{1}{a^2} \int \frac{dx}{(x^2+a^2)^{n-1}} - \frac{x}{2a^2} \cdot \frac{1}{(-n+1)(x^2+a^2)^{n-1}} + \frac{1}{2a^2(-n+1)} \int \frac{dx}{(x^2+a^2)^{n-1}}$$

$$= \frac{1}{a^2} I_{n-1}(x) + \frac{1}{2a^2(n-1)} \cdot \frac{x}{(x^2+a^2)^{n-1}} - \frac{1}{2a^2(n-1)} I_{n-1}(x)$$

$$= \frac{1}{a^2} \left(\frac{x}{(2n-2)(x^2+a^2)^{n-1}} + \left(1 - \frac{1}{2n-2} \right) I_{n-1}(x) \right)$$

$$= \frac{1}{a^2} \left(\frac{x}{(2n-2)(x^2+a^2)^{n-1}} + \frac{2n-3}{2n-2} I_{n-1}(x) \right)$$

8．

$$J_{m,n}(x) = \int \sin^m x \cos^n x dx = \frac{1}{m+1} \sin^{m+1} x \cos^{n-1} x + \frac{n-1}{m+1} \int \sin^{m+2} x \cos^{n-2} x dx$$

$$= \frac{\sin^{m+1} x \cos^{n-1} x}{m+1} + \frac{n-1}{m+1} \int \sin^m x (1 - \cos^2 x) \cos^{n-2} x dx$$

$$= \frac{\sin^{m+1} x \cos^{n-1} x}{m+1} + \frac{n-1}{m+1} \left(\int \sin^m x \cos^{n-2} x dx - \int \sin^m x \cos^n x dx \right)$$

$$= \frac{\sin^{m+1} x \cos^{n-1} x}{m+1} + \frac{n-1}{m+1} \left(J_{m,n-2}(x) - J_{m,n}(x) \right)$$

整理すると，

$$J_{m,\,n}(x)=\frac{\sin^{m+1}x\cos^{n-1}x}{m+n}+\frac{n-1}{m+n}J_{m,\,n-2}(x)$$

同様に，

$$\begin{aligned}J_{m,\,n}(x)&=\int\sin^{m}x\cos^{n}xdx=-\frac{\sin^{m-1}x\cos^{n+1}x}{n+1}+\frac{m-1}{n+1}\int\sin^{m-2}x\cos^{n+2}xdx\\&=-\frac{\sin^{m-1}x\cos^{n+1}x}{n+1}+\frac{m-1}{n+1}\int\sin^{m-2}x(1-\sin^{2}x)\cos^{n}xdx\\&=-\frac{\sin^{m-1}x\cos^{n+1}x}{n+1}+\frac{m-1}{n+1}\left(\int\sin^{m-2}x\cos^{n}xdx-\int\sin^{m}x\cos^{n}xdx\right)\\&=-\frac{\sin^{m-1}x\cos^{n+1}x}{n+1}+\frac{m-1}{n+1}\left(J_{m-2,\,n}(x)-J_{m,\,n}(x)\right)\end{aligned}$$

したがって，

$$J_{m,\,n}(x)=-\frac{\sin^{m-1}x\cos^{n+1}x}{m+n}+\frac{m-1}{m+n}J_{m-2,\,n}(x)$$

4. 積分の応用

4-1　定積分

【基本的な定積分】

例題 4-1　次の定積分を求めよ.

(1) $\int_{-1}^{3} x^3 dx$　(2) $\int_{1}^{3} \sqrt{x}\, dx$　(3) $\int_{1}^{3} \frac{1}{\sqrt{x}} dx$

(4) $\int_{1}^{3} \frac{1}{x} dx$　(5) $\int_{-1}^{3} \frac{2x}{x^2+1} dx$　(6) $\int_{-1}^{1} e^x dx$

(7) $\int_{-1}^{1} \frac{1}{e^x} dx$　(8) $\int_{-1}^{3} 2^x dx$　(9) $\int_{0}^{\frac{\pi}{2}} \sin x dx$

(10) $\int_{0}^{\frac{\pi}{2}} \cos dx$　(11) $\int_{-\frac{\pi}{4}}^{\frac{\pi}{4}} \frac{1}{\cos^2 x} dx$　(12) $\int_{\frac{\pi}{4}}^{\frac{3\pi}{4}} \frac{1}{\sin^2 x} dx$

(13) $\int_{-\frac{1}{2}}^{\frac{1}{2}} \frac{1}{\sqrt{1-x^2}} dx$　(14) $\int_{-1}^{1} \frac{1}{1+x^2} dx$

図 4-1(a)～(h) にグラフを示す．定積分 $\int_a^b f(x)\,dx$ は，曲線 $y=f(x)$，x 軸，2 直線 $x=a$，$x=b$ で囲まれた面積を表す．積分については例題 3-3を参照のこと．

(1) $\int_{-1}^{3} x^3 dx = \left[\frac{1}{4}x^4\right]_{-1}^{3} = \frac{1}{4}(81-1) = 20$

(2) $\int_{1}^{3} \sqrt{x}\, dx = \left[\frac{2}{3}x^{\frac{3}{2}}\right]_{1}^{3} = \frac{2}{3}(3^{\frac{3}{2}} - 1^{\frac{3}{2}}) = 2\sqrt{3} - \frac{2}{3}$

(3) $\int_{1}^{3} \frac{1}{\sqrt{x}} dx = \left[2\sqrt{x}\right]_{1}^{3} = 2\sqrt{3} - 2$

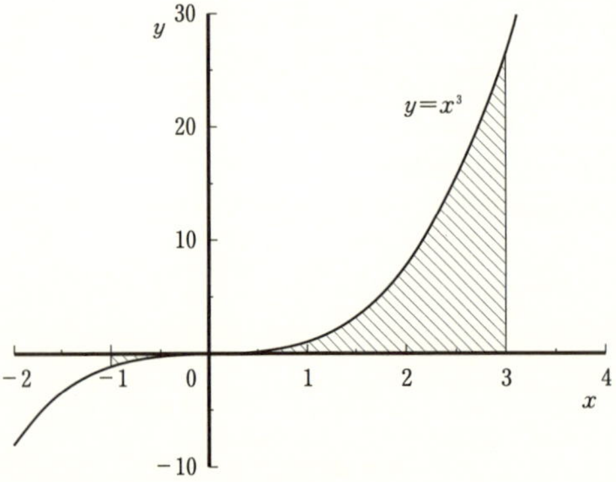

図 4-1(a)

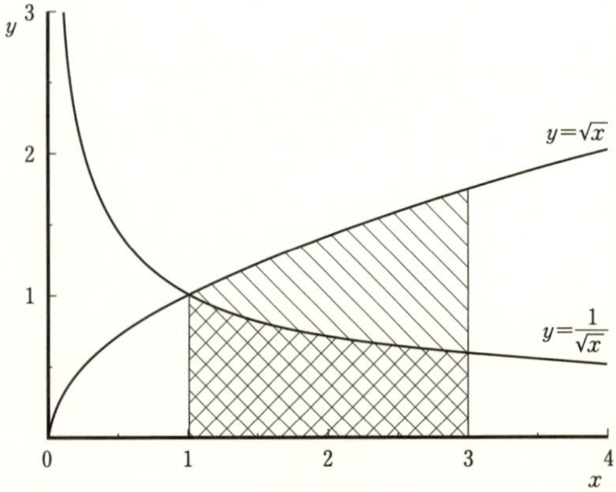

図 4-1(b)

(4)　$\displaystyle\int_{1}^{3}\frac{1}{x}\,dx=\Big[\log|x|\Big]_{1}^{3}=\log 3-\log 1=\log 3$

(5)　$\displaystyle\int_{-1}^{3}\frac{2x}{x^2+1}\,dx=\Big[\log(x^2+1)\Big]_{-1}^{3}=\log 10-\log 2=\log 5$

(6)　$\displaystyle\int_{-1}^{1}e^{x}dx=\Big[e^{x}\Big]_{-1}^{1}=e-\frac{1}{e}$

(7)　$\displaystyle\int_{-1}^{1}\frac{1}{e^{x}}\,dx=\Big[-\frac{1}{e^{x}}\Big]_{-1}^{1}=e-\frac{1}{e}$

(8)　$\displaystyle\int_{-1}^{3}2^{x}dx=\Big[\frac{2^{x}}{\log 2}\Big]_{-1}^{3}=\frac{1}{\log 2}(2^{3}-2^{-1})=\frac{15}{2\log 2}$

(9)　$\displaystyle\int_{0}^{\frac{\pi}{2}}\sin x dx=\Big[-\cos x\Big]_{0}^{\frac{\pi}{2}}=-\Big(\cos\frac{\pi}{2}-\cos 0\Big)=1$

(10)　$\displaystyle\int_{0}^{\frac{\pi}{2}}\cos dx=\Big[\sin x\Big]_{0}^{\frac{\pi}{2}}=\Big(\sin\frac{\pi}{2}-\sin 0\Big)=1$

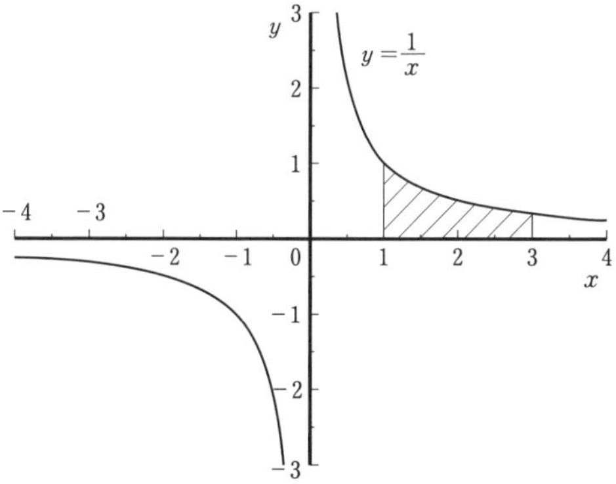

図 4-1(c)

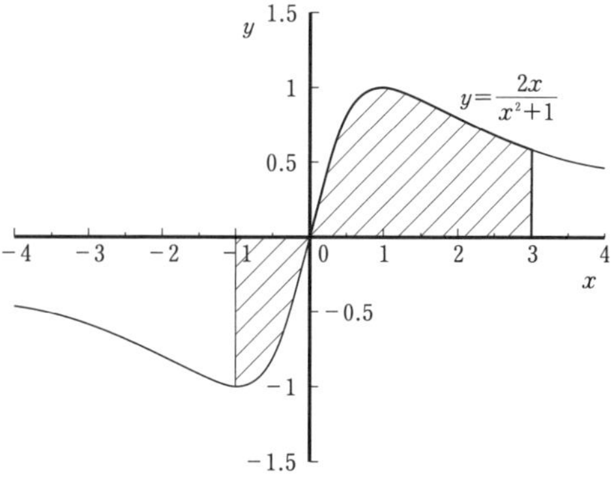

図 4-1(d)

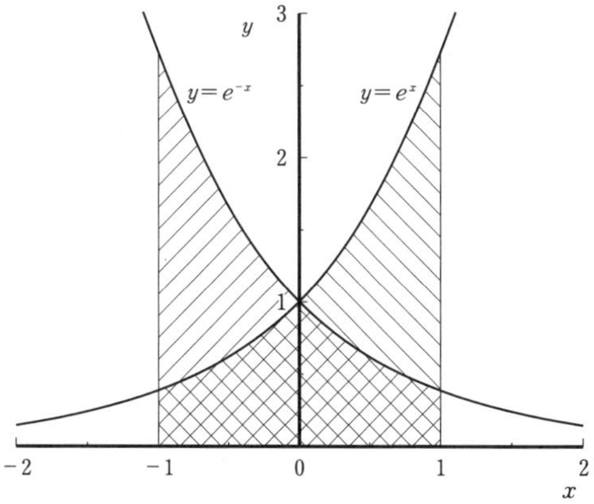

図 4-1(e)

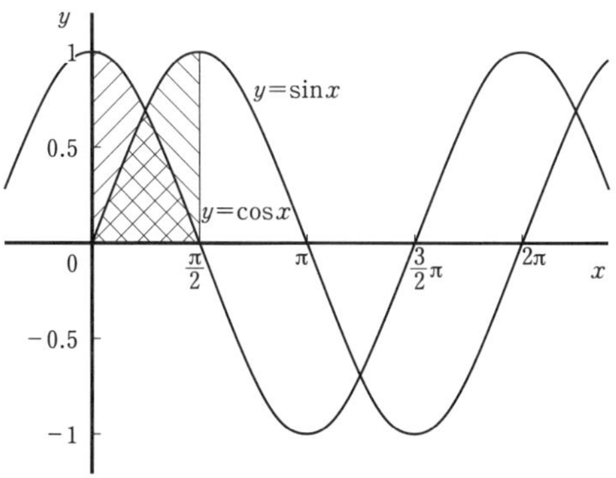

図 4-1(f)

(11) $\displaystyle\int_{-\frac{\pi}{4}}^{\frac{\pi}{4}} \frac{1}{\cos^2 x}\,dx = \Big[\tan x\Big]_{-\frac{\pi}{4}}^{\frac{\pi}{4}} = \left(\tan\frac{\pi}{4} - \tan\left(-\frac{\pi}{4}\right)\right) = 2$

(12) $\displaystyle\int_{\frac{\pi}{4}}^{\frac{3\pi}{4}} \frac{1}{\sin^2 x}\,dx = \left[-\frac{1}{\tan x}\right]_{\frac{\pi}{4}}^{\frac{3\pi}{4}} = -\left(\frac{1}{\tan\frac{3\pi}{4}} - \frac{1}{\tan\frac{\pi}{4}}\right) = \left(\frac{1}{-1} - \frac{1}{1}\right) = 2$

(13) $\displaystyle\int_{-\frac{1}{2}}^{\frac{1}{2}} \frac{1}{\sqrt{1-x^2}}\,dx = \Big[\sin^{-1} x\Big]_{-\frac{1}{2}}^{\frac{1}{2}} = \left(\sin^{-1}\frac{1}{2} - \sin^{-1}\left(-\frac{1}{2}\right)\right) = \frac{\pi}{6} - \left(-\frac{\pi}{6}\right) = \frac{\pi}{3}$

(14) $\displaystyle\int_{-1}^{1} \frac{1}{1+x^2}\,dx = \Big[\tan^{-1} x\Big]_{-1}^{1} = (\tan^{-1} 1 - \tan^{-1}(-1)) = \frac{\pi}{4} - \left(-\frac{\pi}{4}\right) = \frac{\pi}{2}$

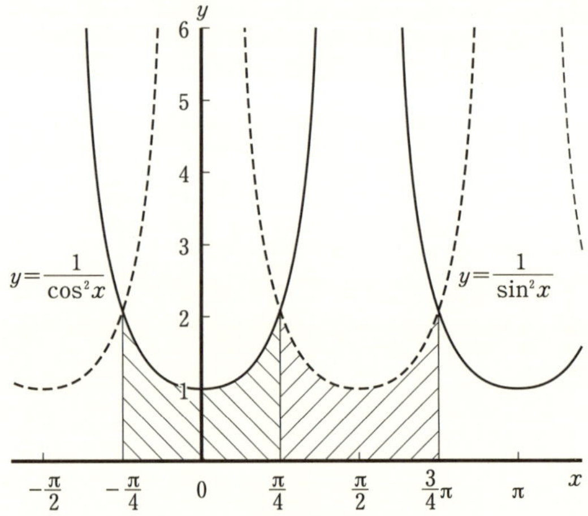

図 4-1(g)

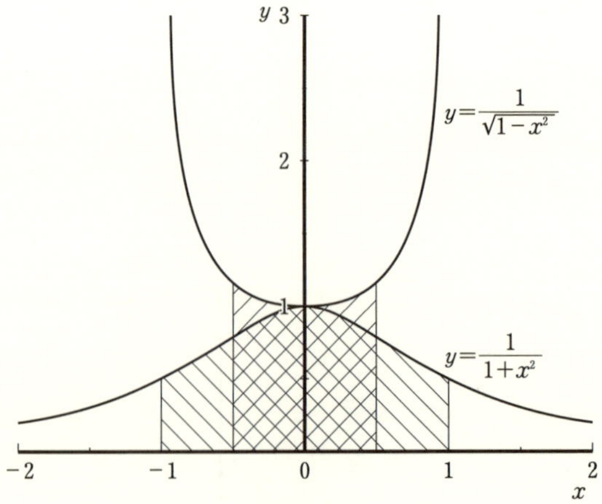

図 4-1(h)

例題 4-2 次の定積分を求めよ．積分については 3 章例題 3-4を参照．

(1) $\displaystyle\int_1^3 \frac{x^2+1}{x}dx$　　(2) $\displaystyle\int_0^{\frac{\pi}{3}} \tan x dx$

(1) $\displaystyle\int_1^3 \frac{x^2+1}{x}dx = \left[\frac{1}{2}x^2 + \log|x|\right]_1^3 = \frac{1}{2}(9-1) + (\log 3 - \log 1) = 4 + \log 3$

(2) $\displaystyle\int_0^{\frac{\pi}{3}} \tan x dx = \Big[-\log|\cos x|\Big]_0^{\frac{\pi}{3}} = -\log\frac{1}{2} + \log 1 = \log 2$

例題 4-3 次の定積分を求めよ．

(1) $\displaystyle\int_{-\frac{3}{2}}^0 (2x+3)^2 dx$　　(2) $\displaystyle\int_{-\frac{3}{2}}^3 \sqrt{2x+3}\,dx$　　(3) $\displaystyle\int_{-1}^1 \frac{1}{2x+3}dx$

(1) $\displaystyle\int_{-\frac{3}{2}}^0 (2x+3)^2 dx = \left[\frac{1}{6}(2x+3)^3\right]_{-\frac{3}{2}}^0 = \frac{27}{6} = \frac{9}{2}$

(2) $\displaystyle\int_{-\frac{3}{2}}^3 \sqrt{2x+3}\,dx = \left[\frac{1}{3}(2x+3)^{\frac{3}{2}}\right]_{-\frac{3}{2}}^3 = 9$

(3) $\displaystyle\int_{-1}^1 \frac{1}{2x+3}dx = \left[\frac{1}{2}\log|2x+3|\right]_{-1}^1 = \frac{1}{2}(\log 5 - \log 1) = \frac{\log 5}{2}$

【定積分の置換積分法】

例題 4-4 次の定積分を求めよ．

(1) $\displaystyle\int_0^{\frac{3}{4}} \frac{1}{\sqrt{9-4x^2}}dx$　　(2) $\displaystyle\int_0^{\frac{3}{2}} \frac{1}{9+4x^2}dx$　　(3) $\displaystyle\int_0^{\frac{\pi}{3}} \cos^2 x\cdot\sin x dx$

(4) $\displaystyle\int_1^{e^2} \frac{\log x}{x}dx$　　(5) $\displaystyle\int_0^2 \sqrt{4-x^2}\,dx$

(1) $\displaystyle\int_0^{\frac{3}{4}} \frac{1}{\sqrt{9-4x^2}}dx$

$\displaystyle\int_0^{\frac{3}{4}} \frac{1}{\sqrt{9-4x^2}}dx = \int_0^{\frac{3}{4}} \frac{1}{3\sqrt{1-\left(\frac{2x}{3}\right)^2}}dx$ より，$\dfrac{2x}{3} = t$ とおくと，

$dx = \dfrac{3}{2}dt$ となる．

x の変化：$0 \to \dfrac{3}{4}$ は，t の変化：$0 \to \dfrac{1}{2}$ に対応する．

$\displaystyle\int_0^{\frac{3}{4}} \frac{1}{\sqrt{9-4x^2}}dx = \int_0^{\frac{1}{2}} \frac{1}{3\sqrt{1-t^2}}\cdot\frac{3}{2}dt = \left[\frac{1}{2}\sin^{-1}t\right]_0^{\frac{1}{2}}$

$\displaystyle = \frac{1}{2}\left(\sin^{-1}\frac{1}{2} - \sin^{-1}0\right) = \frac{\pi}{12}$

(2)　$\displaystyle\int_0^{\frac{3}{2}} \frac{1}{9+4x^2}\,dx$

$\displaystyle\int_0^{\frac{3}{2}} \frac{1}{9+4x^2}\,dx = \frac{1}{9}\int_0^{\frac{3}{2}} \frac{1}{1+\left(\frac{2x}{3}\right)^2}\,dx$ より，$\dfrac{2x}{3} = t$ とおくと，

$dx = \dfrac{3}{2}\,dt$ となる．

x の変化：$0 \to \dfrac{3}{2}$ は，t の変化：$0 \to 1$ に対応する．

$$\int_0^{\frac{3}{2}} \frac{1}{9+4x^2}\,dx = \frac{1}{9}\int_0^{1} \frac{1}{1+t^2}\cdot\frac{3}{2}\,dt = \left[\frac{1}{6}\tan^{-1}t\right]_0^1 = \frac{1}{6}(\tan^{-1}1 - \tan^{-1}0)$$

$$= \frac{\pi}{24}$$

(3)　$\displaystyle\int_0^{\frac{\pi}{3}} \cos^2 x\cdot\sin x\,dx$

$\cos x = t$ とおくと，$-\sin x\,dx = dt$ となる．

x の変化：$0 \to \dfrac{\pi}{3}$ は，t の変化：$1 \to \dfrac{1}{2}$ に対応する．

$$\int_0^{\frac{\pi}{3}} \cos^2 x\cdot\sin x\,dx = -\int_1^{\frac{1}{2}} t^2\,dt = \left[-\frac{1}{3}t^3\right]_1^{\frac{1}{2}} = -\left(\frac{1}{24}-\frac{1}{3}\right) = \frac{7}{24}$$

(4)　$\displaystyle\int_1^{e^2} \frac{\log x}{x}\,dx$

$\log x = t$ とおくと，$\dfrac{1}{x}\,dx = dt$ となる．

x の変化：$1 \to e^2$ は，t の変化：$0 \to 2$ に対応する．

$$\int_1^{e^2} \frac{\log x}{x}\,dx = \int_0^2 t\,dt = \left[\frac{1}{2}t^2\right]_0^2 = 2$$

(5)　$\displaystyle\int_0^2 \sqrt{4-x^2}\,dx$

$x = 2\sin t$ とおくと，$\sqrt{4-x^2} = \sqrt{4-4\sin^2 t} = 2\cos t$，$dx = 2\cos t\,dt$，

$t = \sin^{-1}\dfrac{x}{2}$ となる．

x の変化：$0 \to 2$ は，t の変化：$0 \to \dfrac{\pi}{2}$ に対応する．

$$\int_0^2 \sqrt{4-x^2}\,dx = \int_0^{\frac{\pi}{2}} 2\cos t(2\cos t)\,dt = 4\int_0^{\frac{\pi}{2}} \cos^2 t\,dt$$

$$= 2\int_0^{\frac{\pi}{2}} (1+\cos 2t)\,dt = \Big[2t + \sin 2t\Big]_0^{\frac{\pi}{2}} = \pi$$

$y = \sqrt{4 - x^2}$ のグラフを**図4-2**に示す．両辺を2乗して整理すると，$x^2 + y^2 = 2^2$ となり，値域 $y \geqq 0$ より半径2の半円を表す．図4-2に示すように，t を y 軸からの角度ととると，$\sqrt{4 - x^2} = 2\cos t$，$dx = 2\cos t dt$ より，斜線部の長方形の面積は $\sqrt{4 - x^2}\,dx = 4\cos^2 t dt$ で表される．したがって，この積分は，$\dfrac{1}{4}$ の円を微小な長方形に分割し，その和を求めた計算である．$x = 2\sin t$ の置換は，横軸の x の座標を，y 軸からの角度に変換したことを表す．

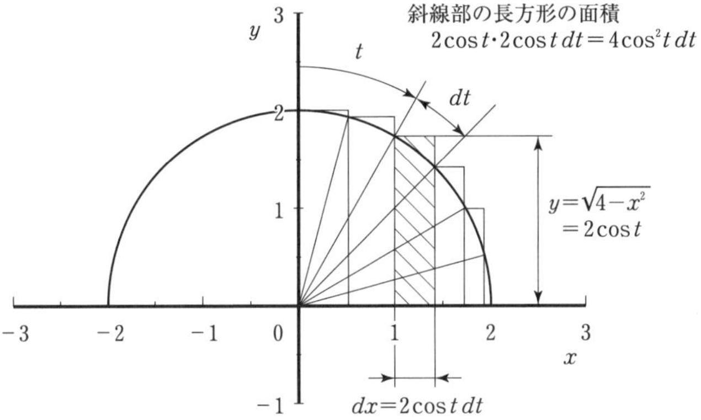

図 4-2

【定積分の部分積分法】

例題 4-5 次の定積分を求めよ．

(1) $\displaystyle\int_0^{\frac{\pi}{2}} x\cos x dx$ (2) $\displaystyle\int_0^1 \tan^{-1} x dx$

(1) $\displaystyle\int_0^{\frac{\pi}{2}} x\cos x dx$

$f(x) = x$，$g'(x) = \cos x$ とおくと，$f'(x) = 1$，$g(x) = \sin x$

$$\int_0^{\frac{\pi}{2}} x\cos x dx = \Big[x\sin x\Big]_0^{\frac{\pi}{2}} - \int_0^{\frac{\pi}{2}} \sin x dx = \frac{\pi}{2} + \Big[\cos x\Big]_0^{\frac{\pi}{2}} = \frac{\pi}{2} - 1$$

(2) $\displaystyle\int_0^1 \tan^{-1} x dx$

$f(x) = \tan^{-1} x$，$g'(x) = 1$ とおくと，$f'(x) = \dfrac{1}{1 + x^2}$，$g(x) = x$

$$\int_0^1 \tan^{-1} x dx = \Big[x\tan^{-1} x\Big]_0^1 - \int_0^1 \frac{x}{1 + x^2}\,dx = \frac{\pi}{4} - \left[\frac{1}{2}\log(1 + x^2)\right]_0^1$$

$$= \frac{\pi}{4} - \frac{1}{2}\log 2$$

【逆三角関数の値について】

ここで，逆三角関数の値について整理しておこう．

図 4-3 に三角関数を表す図を示す．単位円の横軸からの角度を x とし，円の中心からの各角度の直線を引くと円との交点が求まる．この交点の横軸の値が $\cos x$，縦軸の値が $\sin x$ となる．各角度の直線を延長し，円の接線との交点の値が $\tan x$ である．

逆三角関数は，三角関数の逆関数であることより，**表 4-1** の関係が得られる．

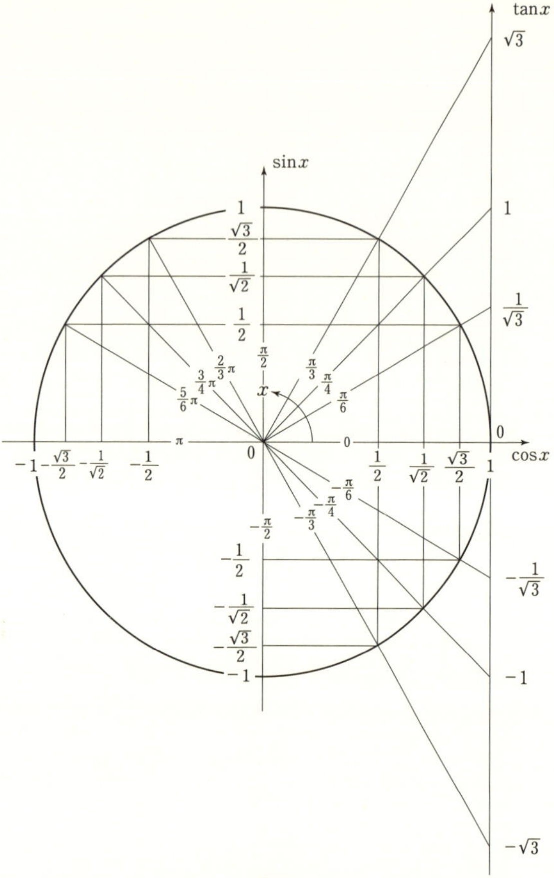

図 4-3

表 4-1　逆三角関数の値

x	$\sin^{-1} x$	x	$\cos^{-1} x$	x	$\tan^{-1} x$
-1	$-\frac{\pi}{2}$	-1	π	—	—
$-\frac{\sqrt{3}}{2}$	$-\frac{\pi}{3}$	$-\frac{\sqrt{3}}{2}$	$\frac{5\pi}{6}$	$-\sqrt{3}$	$-\frac{\pi}{3}$
$-\frac{1}{\sqrt{2}}$	$-\frac{\pi}{4}$	$-\frac{1}{\sqrt{2}}$	$\frac{3\pi}{4}$	-1	$-\frac{\pi}{4}$
$-\frac{1}{2}$	$-\frac{\pi}{6}$	$-\frac{1}{2}$	$\frac{2\pi}{3}$	$-\frac{1}{\sqrt{3}}$	$-\frac{\pi}{6}$
0	0	0	$\frac{\pi}{2}$	0	0
$\frac{1}{2}$	$\frac{\pi}{6}$	$\frac{1}{2}$	$\frac{\pi}{3}$	$\frac{1}{\sqrt{3}}$	$\frac{\pi}{6}$
$\frac{1}{\sqrt{2}}$	$\frac{\pi}{4}$	$\frac{1}{\sqrt{2}}$	$\frac{\pi}{4}$	1	$\frac{\pi}{4}$
$\frac{\sqrt{3}}{2}$	$\frac{\pi}{3}$	$\frac{\sqrt{3}}{2}$	$\frac{\pi}{6}$	$\sqrt{3}$	$\frac{\pi}{3}$
1	$\frac{\pi}{2}$	1	0	—	—

4-2 広義の積分

【有限区間における広義の積分】

例題 4-6 $\dfrac{1}{\sqrt{x}}$ を0から3まで積分せよ.

$y=\dfrac{1}{\sqrt{x}}$ のグラフを**図 4-4** に示す.

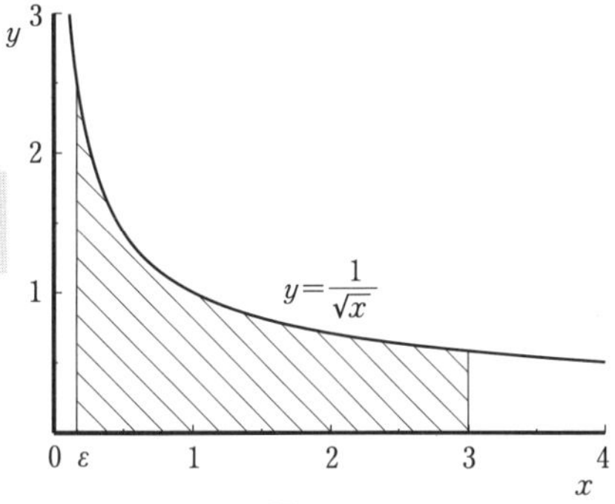

図 4-4

$\dfrac{1}{\sqrt{x}}$ は $x=0$ において定義されない. そこで, 小さい正の数 ε を用いて, ε から3までの定積分を行い, $\varepsilon\to 0$ の極限をとる.

$$\int_0^3 \frac{1}{\sqrt{x}}\,dx=\lim_{\varepsilon\to 0}\int_\varepsilon^3 \frac{1}{\sqrt{x}}\,dx$$
$$=\lim_{\varepsilon\to 0}\left[2\sqrt{x}\right]_\varepsilon^3=\lim_{\varepsilon\to 0}(2\sqrt{3}-2\sqrt{\varepsilon})=2\sqrt{3}$$

例題 4-7 $\displaystyle\int_0^1 \frac{1}{\sqrt{1-x^2}}\,dx$ の広義積分を求めよ.

図 4-5 にグラフを示す. $\dfrac{1}{\sqrt{1-x^2}}$ は $x=\pm 1$ において値をもたない.

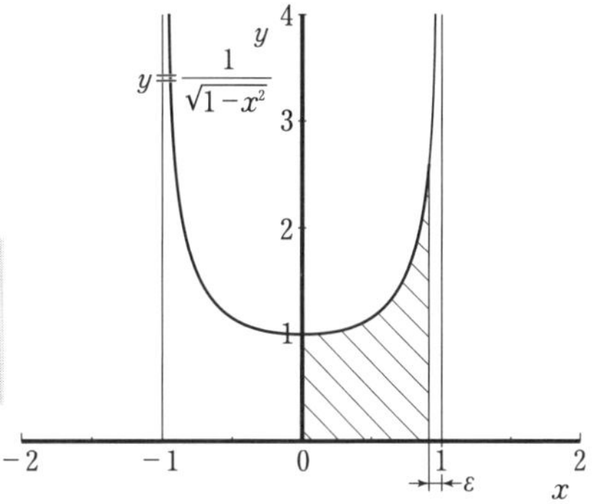

図 4-5

$$\int_0^1 \frac{1}{\sqrt{1-x^2}}\,dx=\lim_{\varepsilon\to 0}\int_0^{1-\varepsilon} \frac{1}{\sqrt{1-x^2}}\,dx$$
$$=\lim_{\varepsilon\to 0}\left[\sin^{-1}x\right]_0^{1-\varepsilon}$$
$$=\lim_{\varepsilon\to 0}(\sin^{-1}(1-\varepsilon)-\sin^{-1}0)=\frac{\pi}{2}$$

【無限積分】

例題 4-8 $\displaystyle\int_0^\infty \frac{1}{1+x^2}\,dx$ を求めよ.

$\dfrac{1}{1+x^2}$ のグラフを**図 4-6** に示す.

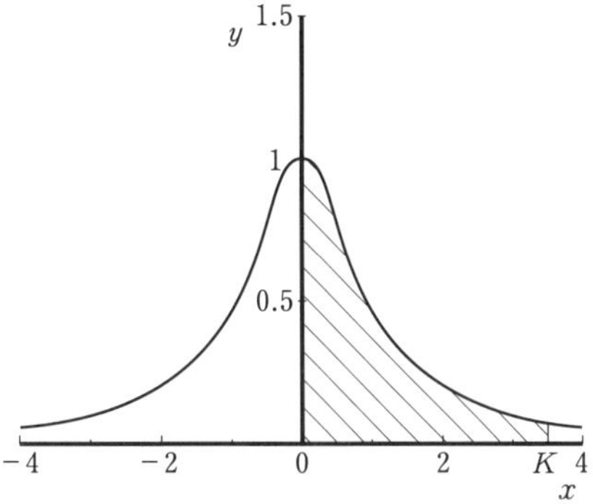

図 4-6

K を大きい正の数として, 0から K までの定積分を行い, $K\to\infty$ の極限をとる.

$$\int_0^\infty \frac{1}{1+x^2}\,dx=\lim_{K\to\infty}\int_0^K \frac{1}{1+x^2}\,dx=\lim_{K\to\infty}\left[\tan^{-1}x\right]_0^K=\lim_{K\to\infty}(\tan^{-1}K-\tan^{-1}0)=\frac{\pi}{2}$$

4-3　面積・体積

【面積の計算】

例題 4-9　$y=x^2$ と $y=\sqrt{x}$ で囲まれる部分を図示し，積分により面積を求めよ．

図 4-7 にグラフおよび 2 曲線により囲まれる部分を示す．

$$\int_0^1 (\sqrt{x}-x^2)\,dx=\left[\frac{2}{3}x^{\frac{3}{2}}-\frac{1}{3}x^3\right]_0^1$$

$$=\frac{2}{3}-\frac{1}{3}=\frac{1}{3}$$

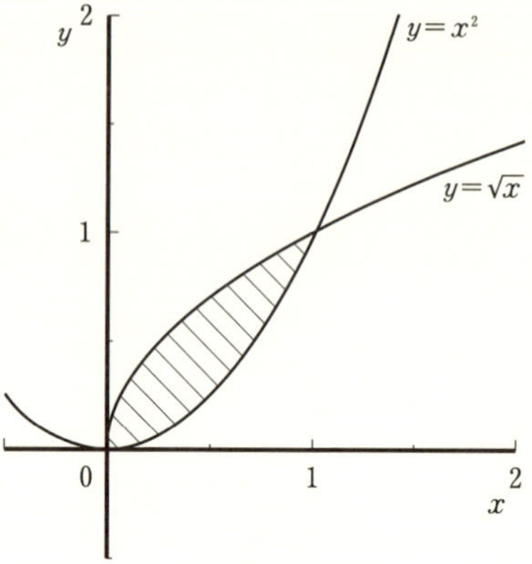

図 4-7

例題 4-10　楕円は媒介変数 t を用いて $x=a\cos t$，$y=b\sin t$ $(a>0,\ b>0,\ 0\leqq t\leqq 2\pi)$ により表示される．**図 4-8** に示す楕円の $\frac{1}{4}$ の面積を積分により求めよ．

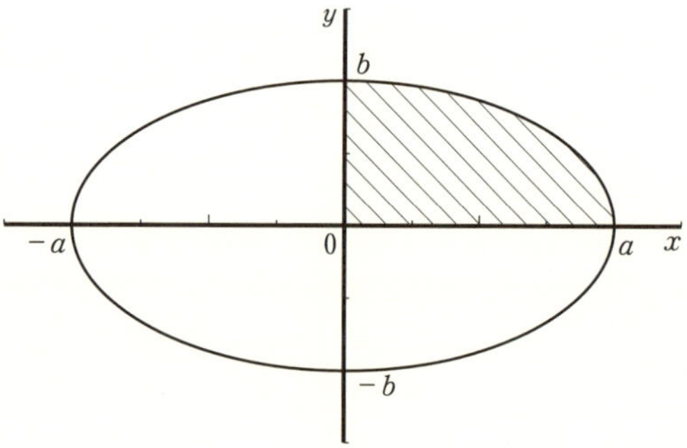

図 4-8

$\frac{1}{4}$ の楕円の面積は，$\int_0^a y\,dx$ により求まる．x は $x=a\cos t$ により置き換えられるため，

x の変化：$0\to a$ は，t の変化：$\frac{\pi}{2}\to 0$ に対応する．

$x=a\cos t$ の両辺を微分し，$dx=-a\sin t\,dt$ を代入すると，

$$\int_0^a y\,dx=\int_{\frac{\pi}{2}}^0 b\sin t\cdot(-a\sin t)\,dt=-ab\int_{\frac{\pi}{2}}^0 \sin^2 t\,dt$$

$$=-\frac{ab}{2}\int_{\frac{\pi}{2}}^0 (1-\cos 2t)\,dt=-\frac{ab}{2}\left[t-\frac{1}{2}\sin 2t\right]_{\frac{\pi}{2}}^0=\frac{ab\pi}{4}$$

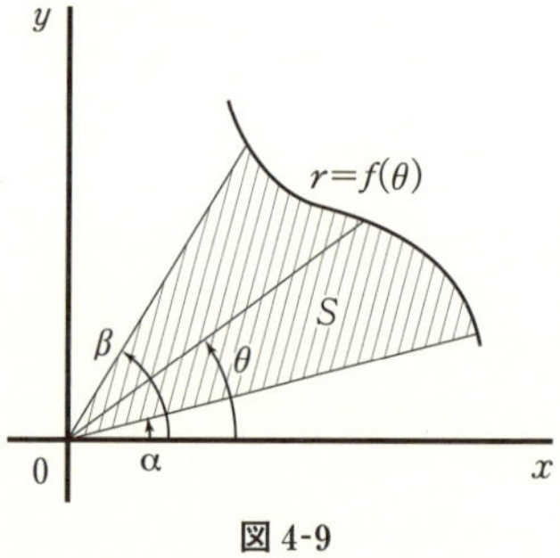

図 4-9

曲線が極座標 $(r,\ \theta)$ による方程式 $r=f(\theta)$，$\alpha\leqq\theta\leqq\beta$ により表されているとき，**図 4-9** に示す曲線 $f(\theta)$ と原点 O から $\theta=\alpha$ と $\theta=\beta$ の直線で囲まれる面積 S は，以下により求まる．

$$S=\frac{1}{2}\int_\alpha^\beta f(\theta)^2\,d\theta$$

例題 4-11　$r = \sin\theta$ で囲まれる面積を求めよ.

$r = \sin\theta$ のグラフを**図 4-10** に示す.

$x = 0,\ y = \dfrac{1}{2}$ を中心とする半径 $\dfrac{1}{2}$ の円である. 図 4-10 より $0 \leqq \theta \leqq \pi$ である.

$$S = \frac{1}{2}\int_\alpha^\beta f(\theta)^2 d\theta = \frac{1}{2}\int_0^\pi \sin^2\theta d\theta$$

$$= \frac{1}{4}\int_0^\pi (1 - \cos 2\theta) d\theta$$

$$= \frac{1}{4}\left[\theta - \frac{1}{2}\sin 2\theta\right]_0^\pi = \frac{\pi}{4}$$

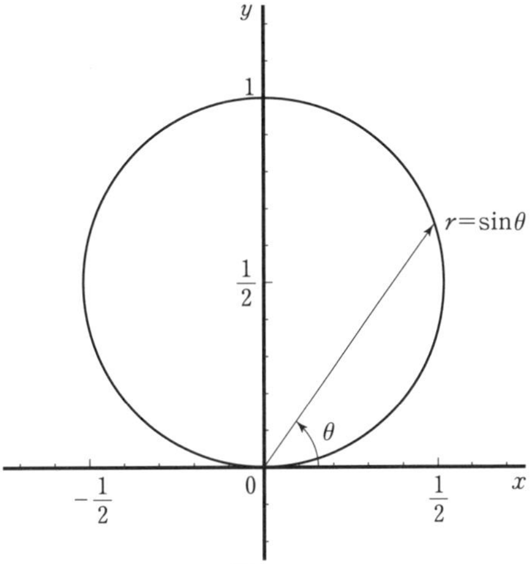

図 4-10

【回転体の体積】

例題 4-12　$y = e^x$ $(0 \leqq x \leqq 2)$ と x 軸で囲まれる部分を x 軸まわりに回転してできる回転体の体積を求めよ（**図 4-11**）.

$$V = \pi\int_0^2 f(x)^2 dx = \pi\int_0^2 (e^x)^2 dx = \pi\left[\frac{1}{2}e^{2x}\right]_0^2 = \frac{\pi}{2}(e^4 - 1)$$

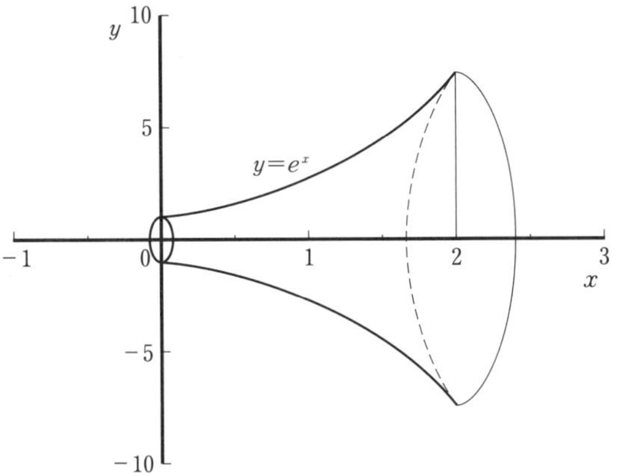

図 4-11

4-4　曲線の長さ

【曲線の長さ】

例題 4-13　曲線の長さ L は，曲線の微小長さ ΔL を x と y の微小変位 Δx と Δy で表し，積分することにより求まる．曲線の長さを求める式を示そう．

図 4-12 より，曲線の微小長さ ΔL は，$\Delta L \cong \sqrt{\Delta x^2 + \Delta y^2}$ により表される．

$$\Delta L \cong \sqrt{\Delta x^2 + \Delta y^2} = \Delta x\sqrt{1 + \left(\frac{\Delta y}{\Delta x}\right)^2}$$

$$\cong \Delta x\sqrt{1 + \left(\frac{dy}{dx}\right)^2}$$

よって，曲線の長さ L は，$L = \int_a^b \sqrt{1 + \left(\frac{dy}{dx}\right)^2}\,dx$ により表される．

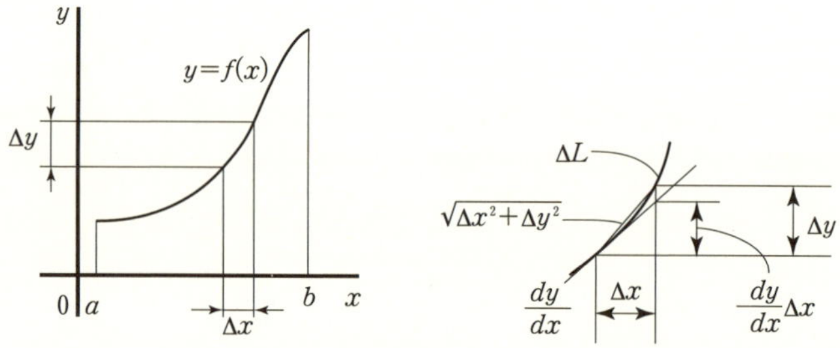

図 4-12

例題 4-14　$y = \sqrt{x^3}$ の点（0，0）から（1，1）までの曲線の長さを求めよ．

$$\frac{dy}{dx} = \frac{3}{2}\sqrt{x}$$

$$L = \int_0^1 \sqrt{1 + \left(\frac{dy}{dx}\right)^2}\,dx = \int_0^1 \sqrt{1 + \left(\frac{3}{2}\sqrt{x}\right)^2}\,dx = \int_0^1 \sqrt{1 + \frac{9}{4}x}\,dx$$

$t = 1 + \frac{9}{4}x$ とおくと，$x = \frac{4}{9}(t-1)$ より $dx = \frac{4}{9}dt$ となる．x の変化：$0 \to 1$ は，t の変化：$1 \to \frac{13}{4}$ に対応する．よって，

$$L = \int_0^1 \sqrt{1 + \frac{9}{4}x}\,dx = \frac{4}{9}\int_1^{\frac{13}{4}} \sqrt{t}\,dt = \frac{4}{9}\left[\frac{2}{3}t^{\frac{3}{2}}\right]_1^{\frac{13}{4}} = \frac{8}{27}\left(\frac{13}{4}\sqrt{\frac{13}{4}} - 1\right)$$

$$= \frac{1}{27}(13\sqrt{13} - 8)$$

【パラメータ表示による曲線の長さ】

例題 4-15　線分：$x = a\cos t$，$y = a\sin t$（$a > 0$，$0 \leqq t \leqq \dfrac{\pi}{2}$）の曲線の長さを求めよ．

x および y が t の関数である場合，$\Delta x \cong \dfrac{dx}{dt}\Delta t$，$\Delta y \cong \dfrac{dy}{dt}\Delta t$ により表される．

$\Delta L \cong \sqrt{\Delta x^2 + \Delta y^2} = \Delta t\sqrt{\left(\dfrac{dy}{dt}\right)^2 + \left(\dfrac{dy}{dt}\right)^2}$ より，曲線の長さ L は，

$$L = \int_\alpha^\beta \sqrt{\left(\frac{dy}{dt}\right)^2 + \left(\frac{dy}{dt}\right)^2}\,dt$$

により表される．（$\alpha \leqq t \leqq \beta$）

よって，$\dfrac{dx}{dt} = -a\sin t$，$\dfrac{dy}{dt} = a\cos t$ より，曲線の長さは，

$$L = \int_0^{\frac{\pi}{2}} \sqrt{\left(\frac{dy}{dt}\right)^2 + \left(\frac{dy}{dt}\right)^2}\,dt = \int_0^{\frac{\pi}{2}} \sqrt{a^2\sin^2 t + a^2\cos^2 t}\,dt = a\int_0^{\frac{\pi}{2}} dt = \frac{a\pi}{2}$$

◇4章　演習問題◇

STEP 1

1．次の定積分を求めよ．

(1) $\displaystyle\int_0^{+\infty}\frac{dx}{a^2x^2+b^2}$　$(ab \neq 0)$　　(2) $\displaystyle\int_0^{+\infty}e^{-ax}\sin bx dx$　$(ab \neq 0,\ a>0)$

(3) $\displaystyle\int_0^{+\infty}\frac{dx}{a^2x^2-b^2}$　$(ab>0)$　　(4) $\displaystyle\int_0^{1}\frac{dx}{\sqrt{x-x^2}}$　　(5) $\displaystyle\int_0^{\frac{\pi}{2}}\frac{dx}{1+\tan x}$

2．$0<x<\dfrac{1}{2}$ において，$0<\sqrt{1-x^2}<\sqrt{1-x^2+x^3}<1$ が成り立つことを利用して，

$$\frac{1}{2}<\int_0^{\frac{1}{2}}\frac{dx}{\sqrt{1-x^2+x^3}}<\frac{\pi}{6}$$

を示せ．

3．次の関数 $g(x)$ を求めよ．ただし，a は 0 以外の定数とする．

(1) $g(x)=\dfrac{d}{dx}\displaystyle\int_0^{ax}f(at)dt$　　(2) $g(x)=\dfrac{d}{dx}\displaystyle\int_x^{x^2}f(at)dt$

4．**図 4-13** に示すように，サイクロイド（Cycloid）曲線の一部：$x=a(t-\sin t)$, $y=a(1-\cos t)$ $(0 \leqq t \leqq 2\pi)$ と x 軸で囲まれる図形の面積を求めよ．

5．前問の図形を x 軸まわりに 1 回転した回転体の体積を求めよ．

6．**図 4-14** に示すように，カージオイド（Cardioid）曲線：$r=a(1+\cos\theta)$ $(a>0)$ で囲まれる図形の面積を求めよ．

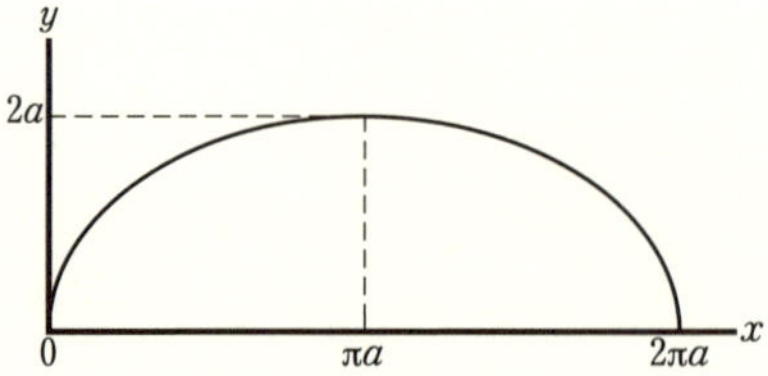

図 4-13

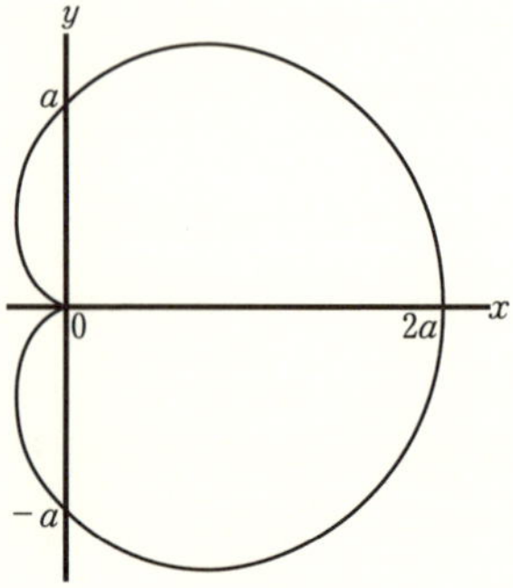

図 4-14

7．アステロイド（Asteroid）曲線：$x^{\frac{2}{3}} + y^{\frac{2}{3}} = a^{\frac{2}{3}}$（$a > 0$）の全長を求めよ．

8．点（a, b）を通り，傾き k の直線 l を x 軸まわりに 1 回転した直円錐（ちょくえんすい）において，$a \leqq x \leqq a + \Delta a$ の部分（上底／下底面は含まない）の表面積 $\Delta S(a)$ は，

$$\Delta S(a) = 2\pi b\sqrt{1 + k^2}\,\Delta a$$

となることを示せ．ただし，Δa は微小であり $(\Delta a)^2 \approx 0$ とする．

9．前問の結果を利用して，半径 a の球の表面積を求めよ．

STEP 2

10．次の定積分を求めよ．

(1) $\displaystyle\int_0^{\frac{\pi}{4}} \log\left(\frac{1}{1 + \tan x}\right) dx$　　(2) $\displaystyle\int_{-1}^{1} \frac{dx}{(a - x)\sqrt{1 - x^2}}$

(3) $\displaystyle\int_0^1 x^2 (\log x)^n dx$　（n は 0 以上の整数）

11．$0 < x < \dfrac{\pi}{2}$ において，$1 - \dfrac{1}{e} < \displaystyle\int_0^{\frac{\pi}{2}} e^{-\sin x} dx < \dfrac{\pi}{2}\left(1 - \dfrac{1}{e}\right)$ を示せ．

ただし，$0 < x < \dfrac{\pi}{2}$ において，$\sin x > \dfrac{2}{\pi} x$ を利用してもよい．

12．曲線：$x = \cos t$, $y = t \sin t$（$0 \leqq t \leqq 2\pi$）で囲まれる図形の面積を求めよ．

13．アステロイド曲線を x 軸まわりに 1 回転した回転体の表面積を求めよ．

14．カージオイド曲線を x 軸まわりに 1 回転した回転体の体積と表面積を求めよ．

◇4章　演習問題解答◇

STEP 1

1．

(1) $\displaystyle\int_0^{+\infty}\frac{dx}{a^2x^2+b^2}=\left[\frac{1}{ab}\tan^{-1}\frac{a}{b}x\right]_0^{+\infty}=\lim_{\varepsilon\to+\infty}\frac{1}{ab}\tan^{-1}\frac{a}{b}\varepsilon-0=\frac{\pi}{2ab}$

（3章演習問題2(2)参照）

(2) $\displaystyle\int_0^{+\infty}e^{-ax}\sin bx\,dx=\left[-\frac{e^{-ax}}{a}\sin bx\right]_0^{+\infty}+\frac{b}{a}\int_0^{+\infty}e^{-ax}\cos bx\,dx$

$$=\left[-\frac{e^{-ax}}{a}\sin bx\right]_0^{+\infty}+\frac{b}{a}\left[-\frac{e^{-ax}}{a}\cos bx\right]_0^{+\infty}-\frac{b^2}{a^2}\int_0^{+\infty}e^{-ax}\sin bx\,dx$$

$$=-\lim_{\varepsilon\to+\infty}\frac{e^{-a\varepsilon}}{a}\sin b\varepsilon-\frac{b}{a}\left(\lim_{\gamma\to+\infty}\frac{e^{-a\gamma}}{a}\cos b\gamma-\frac{1}{a}\right)-\frac{b^2}{a^2}\int_0^{+\infty}e^{-ax}\sin bx\,dx$$

$$=\frac{b}{a^2}-\frac{b^2}{a^2}\int_0^{+\infty}e^{-ax}\sin bx\,dx$$

$$\therefore\quad\int_0^{+\infty}e^{-ax}\sin bx\,dx=\frac{a^2}{a^2+b^2}\cdot\frac{b}{a^2}=\frac{b}{a^2+b^2}$$

(3) $\displaystyle f(x)=\frac{1}{a^2x^2-b^2}$ は $x=\dfrac{b}{a}$ で定義されない．よって，$x:0\to\dfrac{b}{a}$ と $x:\dfrac{b}{a}\to+\infty$ に分けて考える．

3章演習問題2(1)より，

$$\int_0^{+\infty}\frac{dx}{a^2x^2-b^2}=\int_0^{\frac{b}{a}}\frac{dx}{a^2x^2-b^2}+\int_{\frac{b}{a}}^{+\infty}\frac{dx}{a^2x^2-b^2}$$

$$=\left[\frac{1}{2b}\log\left(\frac{-ax+b}{ax+b}\right)\right]_0^{\frac{b}{a}}+\left[\frac{1}{2b}\log\left(\frac{ax-b}{ax+b}\right)\right]_{\frac{b}{a}}^{+\infty}$$

$$=\lim_{\varepsilon\to\frac{b}{a}-0}\frac{1}{2b}\log\left(\frac{-a\varepsilon+b}{a\varepsilon+b}\right)-0+\lim_{\gamma\to+\infty}\frac{1}{2b}\log\left(\frac{a\gamma-b}{a\gamma+b}\right)-\lim_{\delta\to\frac{b}{a}+0}\frac{1}{2b}\log\left(\frac{a\delta-b}{a\delta+b}\right)$$

ここで，$\displaystyle\lim_{\varepsilon\to\frac{b}{a}-0}\frac{1}{2b}\log\left(\frac{-a\varepsilon+b}{a\varepsilon+b}\right)=\lim_{\delta\to\frac{b}{a}+0}\frac{1}{2b}\log\left(\frac{a\delta-b}{a\delta+b}\right)=-\infty$，

$$\lim_{\gamma\to+\infty}\frac{1}{2b}\log\left(\frac{a\gamma-b}{a\gamma+b}\right)=0$$

したがって，積分は収束しない．

(4) $\displaystyle\int_0^1\frac{dx}{\sqrt{x-x^2}}=\left[2\tan^{-1}\sqrt{\frac{x}{1-x}}\right]_0^1=2\left(\frac{\pi}{2}-0\right)=\pi$　（3章演習問題4(7)参照）

(5) $\displaystyle\int_0^{\frac{\pi}{2}}\frac{dx}{1+\tan x}=\left[\frac{x}{2}+\frac{1}{2}\log(\cos x+\sin x)\right]_0^{\frac{\pi}{2}}=\frac{\pi}{4}$　（3章演習問題3(3)参照）

（別解）$\dfrac{\pi}{2}-x=t$ と置換すると，$dx=-dt$，$t:\dfrac{\pi}{2}\to0$ より，

$$\int_0^{\frac{\pi}{2}}\frac{dx}{1+\tan x}=\int_{\frac{\pi}{2}}^{0}\frac{-dt}{1+\tan\left(\frac{\pi}{2}-t\right)}=\int_0^{\frac{\pi}{2}}\frac{dt}{1+\frac{1}{\tan t}}=\int_0^{\frac{\pi}{2}}\frac{\tan t}{1+\tan t}dt$$

よって，$2\int_0^{\frac{\pi}{2}}\frac{dx}{1+\tan x}=\int_0^{\frac{\pi}{2}}\frac{dx}{1+\tan x}+\int_0^{\frac{\pi}{2}}\frac{\tan x}{1+\tan x}dx=\int_{\frac{\pi}{2}}^{0}dx=\frac{\pi}{2}$

$\therefore\ \int_0^{\frac{\pi}{2}}\frac{dx}{1+\tan x}=\frac{\pi}{4}$

2．$0<\sqrt{1-x^2}<\sqrt{1-x^2+x^3}<1$ より $1<\frac{1}{\sqrt{1-x^2+x^3}}<\frac{1}{\sqrt{1-x^2}}$

よって，各辺を 0 から $\frac{1}{2}$ まで定積分すると，

$$\int_0^{\frac{1}{2}}dx<\int_0^{\frac{1}{2}}\frac{dx}{\sqrt{1-x^2+x^3}}<\int_0^{\frac{1}{2}}\frac{dx}{\sqrt{1-x^2}}$$

ここで，$\int_0^{\frac{1}{2}}dx=\frac{1}{2}$，$\int_0^{\frac{1}{2}}\frac{dx}{\sqrt{1-x^2}}=\Big[\sin^{-1}x\Big]_0^{\frac{1}{2}}=\frac{\pi}{6}$　　$\therefore\ \frac{1}{2}<\int_0^{\frac{1}{2}}\frac{dx}{\sqrt{1-x^2+x^3}}<\frac{\pi}{6}$

3．

(1) $at=u$ と置換すると，$adt=du$，$u:0\to a^2x$ より，

$$g(x)=\frac{d}{dx}\int_0^{ax}f(at)\,dt=\frac{d}{dx}\int_0^{a^2x}\frac{1}{a}f(u)\,du=\frac{1}{a}\cdot\frac{d}{dx}\{F(a^2x)-F(0)\}=\frac{1}{a}\cdot\frac{d}{dx}F(a^2x)$$

ここで，$a^2x=y$ とすると，$g(x)=\frac{1}{a}\cdot\frac{d}{dy}F(y)\frac{dy}{dx}=\frac{1}{a}f(y)(a^2)=af(a^2x)$

(2) (1)と同様に置換すると，

$$g(x)=\frac{d}{dx}\int_x^{x^2}f(at)\,dt=\frac{1}{a}\cdot\frac{d}{dx}\int_{ax}^{ax^2}f(u)\,du=\frac{1}{a}\cdot\frac{d}{dx}\{F(ax^2)-F(ax)\}$$

$$=\frac{1}{a}\{f(ax^2)(2ax)-f(ax)(a)\}=2xf(ax^2)-f(ax)$$

4．求める面積を S とすると，

$$S=\int_0^{2\pi a}y\,dx=\int_0^{2\pi}y\frac{dx}{dt}dt=\int_0^{2\pi}a(1-\cos t)\cdot a(1-\cos t)\,dt=a^2\int_0^{2\pi}(1-\cos t)^2dt$$

$$=a^2\int_0^{2\pi}(1-2\cos t+\cos^2 t)\,dt=a^2\int_0^{2\pi}\left(1-2\cos t+\frac{\cos 2t+1}{2}\right)dt$$

$$=\frac{a^2}{2}\int_0^{2\pi}(3-4\cos t+\cos 2t)\,dt=\frac{a^2}{2}\left[3t-4\sin t+\frac{\sin 2t}{2}\right]_0^{2\pi}=3\pi a^2$$

5．求める体積を V とすると，

$$V=\pi\int_0^{2\pi a}y^2dx=\pi\int_0^{2\pi}y^2\frac{dx}{dt}dt=\pi\int_0^{2\pi}a^2(1-\cos t)^2\cdot a(1-\cos t)\,dt=\pi a^3\int_0^{2\pi}(1-\cos t)^3dt$$

$$=\frac{\pi a^3}{2}\int_0^{2\pi}(3-4\cos t+\cos 2t)(1-\cos t)\,dt=\frac{\pi a^3}{2}\int_0^{2\pi}(5-7\cos t+3\cos 2t-\cos 2t\cos t)\,dt$$

$$= \frac{\pi a^3}{2}\int_0^{2\pi}\left(5 - 7\cos t + 3\cos 2t - \frac{\cos 3t + \cos t}{2}\right)dt = \frac{\pi a^3}{4}\left[10t - 15\sin t + 3\sin 2t - \frac{\sin 3t}{3}\right]_0^{2\pi}$$

$$= 5\pi^2 a^2$$

6．求める面積を S とすると，

$$S = \frac{1}{2}\int_0^{2\pi} r^2 d\theta = \frac{1}{2}\int_0^{2\pi} a^2(1 + \cos\theta)^2 d\theta = \frac{a^2}{2}\int_0^{2\pi}(1 + \cos\theta)^2 d\theta$$

$$= \frac{a^2}{2}\int_0^{2\pi}(1 + 2\cos t + \cos^2 t)dt = \frac{a^2}{4}\int_0^{2\pi}(3 + 4\cos t + \cos 2t)dt$$

$$= \frac{a^2}{4}\left[3t + 4\sin t + \frac{\sin 2t}{2}\right]_0^{2\pi}$$

$$= \frac{3}{2}\pi a^2$$

7．曲線上の点を $x = a\cos^3 t$，$y = a\sin^3 t$ $(0 \leqq t \leqq 2\pi)$ とし，全長を L とすると，

$$L = 4\int_0^{\frac{\pi}{2}}\sqrt{9a^2\cos^4 t\sin^2 t + 9a^2\sin^4 t\cos^2 t}\,dt = 12a\int_0^{\frac{\pi}{2}}\sin t\cos t\,dt = 6a\int_0^{\frac{\pi}{2}}\sin 2t\,dt$$

$$= 6a\left[-\frac{\cos 2t}{2}\right]_0^{\frac{\pi}{2}} = 6a$$

8．**図 4-15** に示すように，直線 l と x 軸とのなす角を ϕ とし，直円錐の頂角を θ とすると，点 $(a,\ b)$ を含む x 軸まわりの円周から，$2\pi b = \dfrac{\theta b}{\sin\phi}$ $\Rightarrow$ $\theta = 2\pi\sin\phi$ の関係が成り立つ．さて，$x = a + \Delta a$ における y 座標は，$y = b + k\Delta a$ となるので，$\Delta S(a)$ は

$$\Delta S(a) = \frac{\theta}{2}\left\{\left(\frac{b + k\Delta a}{\sin\phi}\right)^2 - \left(\frac{b}{\sin\phi}\right)^2\right\} = \frac{\theta}{2}\cdot\frac{2bk\Delta a}{\sin^2\phi} = \frac{\theta bk\Delta a}{\sin^2\phi} \quad (\because\ (\Delta a)^2 \approx 0)$$

ここに，ϕ と θ との関係式を代入すると，$\Delta S(a) = \dfrac{2\pi bk\Delta a}{\sin\phi}$.

一方，$\tan\phi = k$ なので，この関係を用いて $\Delta S(a)$ から ϕ を消去すると，

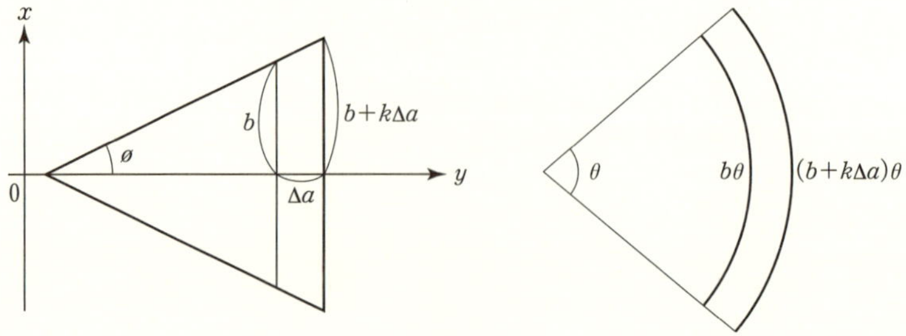

図 4-15

$$\Delta S(a) = \frac{2\pi bk\Delta a}{\sin\phi} = 2\pi bk\Delta a\sqrt{\frac{1+\tan^2\phi}{\tan^2\phi}} = 2\pi bk\Delta a\sqrt{\frac{1+k^2}{k^2}} = 2\pi b\sqrt{1+k^2}\Delta a$$

9．半径 a の球を，$y=\sqrt{a^2-x^2}$ $(-a \leqq x \leqq a)$ を x 軸まわりに1回転した回転体と考える．この曲線上の点 (x, y) に対し，前問8において，$a=x$，$b=y$，$k=y'$，$\Delta a=\Delta x$ と置き換えると，$\Delta S(x)$ は半径 a の球の x に対する微小表面積を表す．したがって，全体の表面積を S とすると

$$S=\int\Delta S(x)=\int_{-a}^{a}2\pi y\sqrt{1+y'^2}\,dx=2\pi\int_{-a}^{a}\sqrt{a^2-x^2}\cdot\sqrt{1-\frac{x^2}{a^2-x^2}}\,dx$$

$$=2\pi\int_{-a}^{a}\sqrt{a^2-x^2}\cdot\frac{a}{\sqrt{a^2-x^2}}\,dx=2\pi\int_{-a}^{a}a\,dx=4\pi a^2$$

＊一般に，$y=f(x)$ $(a \leqq x \leqq b)$ で表される曲線を x 軸まわりに1回転した回転体において，x 軸方向に分割した微小回転体の表面積（ただし，上底／下底面を含まない）は，微小回転体の周の長さと曲線の微小線分長さの積で表されるので，全体の表面積 S は，

$$S=\int_a^b 2\pi f(x)\sqrt{1+(f'(x))^2}\,dx=\int_a^b 2\pi y\sqrt{1+y'^2}\,dx$$

で求められる．

STEP 2

10.

(1) $$\int_0^{\frac{\pi}{4}}\log\left(\frac{1}{1+\tan x}\right)dx=\int_0^{\frac{\pi}{4}}\log\frac{\cos x}{\cos x+\sin x}\,dx=\int_0^{\frac{\pi}{4}}\log\frac{\cos x}{\sqrt{2}\cos\left(\frac{\pi}{4}-x\right)}\,dx$$

$$=-\log\sqrt{2}\int_0^{\frac{\pi}{4}}dx-\int_0^{\frac{\pi}{4}}\log\cos\left(\frac{\pi}{4}-x\right)dx+\int_0^{\frac{\pi}{4}}\log\cos x\,dx$$

ここで，$\frac{\pi}{4}-x=t$ と置換すると，$dx=-dt$，$t：\frac{\pi}{4}\to 0$ より，

$$\int_0^{\frac{\pi}{4}}\log\cos\left(\frac{\pi}{4}-x\right)dx=-\int_{\frac{\pi}{4}}^{0}\log\cos t\,dt=\int_0^{\frac{\pi}{4}}\log\cos t\,dt$$

したがって，$\displaystyle\int_0^{\frac{\pi}{4}}\log\left(\frac{1}{1+\tan x}\right)dx=-\log\sqrt{2}\int_0^{\frac{\pi}{4}}dx=-\frac{\pi}{8}\log 2$

(2) 演習問題3章6(5)と同様に，$\sqrt{\dfrac{1-x}{1+x}}=t$ とおくと，$x=\dfrac{1-t^2}{1+t^2}$，$dx=\dfrac{-4t}{(1+t^2)^2}\,dt$

$x：-1\to 1 \;\Rightarrow\; t：+\infty\to 0$

$$\int_{-1}^{1}\frac{dx}{(a-x)\sqrt{1-x^2}}=\int_{+\infty}^{0}\frac{1+t^2}{(a-1)+(a+1)t^2}\cdot\frac{1+t^2}{2t}\cdot\frac{-4t}{(1+t^2)^2}\,dt$$

$$=\int_0^{+\infty}\frac{2dt}{(a-1)+(a+1)t^2}$$

i）$a < -1$ のとき，

$$\int_0^{+\infty} \frac{2dt}{(a-1)+(a+1)t^2} = \int_0^{+\infty} \frac{-2dt}{(1-a)+(-1-a)t^2}$$

$$= \left[\frac{-2}{\sqrt{(1-a)(-1-a)}} \tan^{-1}\sqrt{\frac{-1-a}{1-a}}\,t\right]_0^{+\infty} = \frac{-2}{\sqrt{a^2-1}}\cdot\frac{\pi}{2} = \frac{-\pi}{\sqrt{a^2-1}}$$

（4章演習問題1(1)参照）

ii）$a = -1$ のとき，$\displaystyle\int_0^{+\infty} \frac{2dt}{(a-1)+(a+1)t^2} = \int_0^{+\infty} -1dt = -\infty$

∴　積分は収束しない．

iii）$-1 < a < 1$ のとき，$0 < \sqrt{\dfrac{1-a}{1+a}}$ であり，$t = \sqrt{\dfrac{1-a}{1+a}}$ で被積分関数は定義されない．したがって，演習問題4章1(3)より，積分は収束しない．

iv）$a = 1$ のとき，$\displaystyle\int_0^{+\infty} \frac{2dt}{(a-1)+(a+1)t^2} = \int_0^{+\infty} \frac{1}{t^2}\,dt = \left[-\frac{1}{t}\right]_0^{+\infty} = +\infty$

∴　積分は収束しない．

v）$a > 1$ のとき，$\displaystyle\int_0^{+\infty} \frac{2dt}{(a-1)+(a+1)t^2} = \left[\frac{2}{\sqrt{a^2-1}} \tan^{-1}\sqrt{\frac{a+1}{a-1}}\,t\right]_0^{+\infty}$

$$= \frac{\pi}{\sqrt{a^2-1}}$$

(3)　求める積分を I_n とすると，

$$I_n = \int_0^1 x^2(\log x)^n dx = \left[\frac{x^3}{3}(\log x)^n\right]_0^1 - \frac{n}{3}\int_0^1 x^2(\log x)^{n-1}dx = -\frac{n}{3} I_{n-1}$$

∵　$\log x = -t$ とすると，$\displaystyle\lim_{x\to+0} \frac{x^3}{3}(\log x)^n = \lim_{t\to+\infty} \frac{(-t)^n}{3e^{-3t}} = 0$

（2章演習問題3(1)より）

∴　$\displaystyle I_n = (-1)^n\frac{n!}{3^n}I_0 = (-1)^n\frac{n!}{3^n}\int_0^1 x^2dx = (-1)^n\frac{n!}{3^n}\cdot\frac{1}{3} = (-1)^n\frac{n!}{3^{n+1}}$

11. $\dfrac{2}{\pi}x < \sin x$ より $e^{-\sin x} < e^{-\frac{2}{\pi}x}$．よって，$\displaystyle\int_0^{\frac{\pi}{2}} e^{-\sin x}dx < \int_0^{\frac{\pi}{2}} e^{-\frac{2}{\pi}x}dx.$

ここで，$\displaystyle\int_0^{\frac{\pi}{2}} e^{-\frac{2}{\pi}x}dx = \left[-\frac{\pi}{2}e^{-\frac{2}{\pi}x}\right]_0^{\frac{\pi}{2}} = \frac{\pi}{2}\left(1-\frac{1}{e}\right).$　　∴　$\displaystyle\int_0^{\frac{\pi}{2}} e^{-\sin x}dx < \frac{\pi}{2}\left(1-\frac{1}{e}\right)$

一方，$0 < x < \dfrac{\pi}{2}$ のとき，$e^{-\sin x}\cos x < e^{-\sin x}$．よって，$\displaystyle\int_0^{\frac{\pi}{2}} e^{-\sin x}\cos x dx < \int_0^{\frac{\pi}{2}} e^{-\sin x}dx.$

ここで，$\displaystyle\int_0^{\frac{\pi}{2}} e^{-\sin x}\cos x dx = \left[-e^{-\sin x}\right]_0^{\frac{\pi}{2}} = 1-\frac{1}{e}.$　　∴　$\displaystyle 1-\frac{1}{e} < \int_0^{\frac{\pi}{2}} e^{-\sin x}dx$

∴　$\displaystyle 1-\frac{1}{e} < \int_0^{\frac{\pi}{2}} e^{-\sin x}dx < \frac{\pi}{2}\left(1-\frac{1}{e}\right)$

12. $t: 0 \to \pi$ のとき，$x: 1 \to -1$．$y \geqq 0$．一方，$t: \pi \to 2\pi$ のとき，$x: -1 \to 1$，$y \leqq 0$ (**図 4-16** 参照)．

したがって，求める面積を S とすると，

$$S = -\int_1^{-1} y dx - \int_{-1}^{1} y dx = -\int_0^{\pi} t \sin t(-\sin t) dt - \int_{\pi}^{2\pi} t \sin t(-\sin t) dt = \int_0^{2\pi} t \sin^2 t dt$$

$$= \frac{1}{2}\int_0^{2\pi} t(1 - \cos 2t) dt = \frac{1}{2}\left[t\left(t - \frac{\sin 2t}{2}\right)\right]_0^{2\pi} - \frac{1}{2}\int_0^{2\pi}\left(t - \frac{\sin 2t}{2}\right) dt$$

$$= 2\pi^2 - \frac{1}{2}\left[\frac{t^2}{2} + \frac{\cos 2t}{4}\right]_0^{2\pi}$$

$$= 2\pi^2 - \pi^2 = \pi^2$$

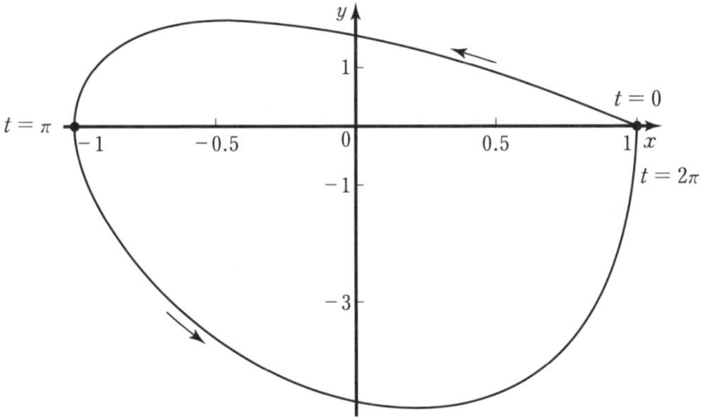

図 4-16

13. 演習問題本章 9 と同様に考え，求める表面積を S とすると，

$$S = 2\int_0^a 2\pi y\sqrt{1 + y'^2} dx = 4\pi\int_0^{\frac{\pi}{2}} y\sqrt{1 + \left(\frac{dy}{dx}\right)^2} \cdot \frac{dx}{dt} dt = 4\pi\int_0^{\frac{\pi}{2}} y\sqrt{\left(\frac{dx}{dt}\right)^2 + \left(\frac{dy}{dt}\right)^2} dt$$

$$= 4\pi\int_0^{\frac{\pi}{2}} a \sin^3 t\sqrt{9a^2 \cos^4 t \sin^2 t + 9a^2 \sin^4 t \cos^2 t} dt = 12\pi a^2\int_0^{\frac{\pi}{2}} \sin^4 t \cos t dt$$

$$= 12\pi a^2\left[\frac{\sin^5 t}{5}\right]_0^{\frac{\pi}{2}} = \frac{12}{5}\pi a^2$$

14. カージオイド曲線は，$0 \leqq \theta \leqq \pi$ において $y \geqq 0$，$\pi \leqq \theta \leqq 2\pi$ において $y \leqq 0$，かつ，x 軸に対して対称である．また，極座標表示における曲線 $r = f(\theta)$ の微小線分長さは $\sqrt{r^2 + \left(\frac{dr}{d\theta}\right)^2} d\theta$ で表されるから，求める表面積を S とすると，

$$S = \int_0^{\pi} 2\pi y\sqrt{r^2 + \left(\frac{dr}{d\theta}\right)^2} d\theta = 2\pi\int_0^{\pi} a(1 + \cos\theta)\sin\theta\sqrt{a^2(1 + \cos\theta)^2 + a^2 \sin^2\theta} d\theta$$

$$= 2\pi a^2 \int_0^\pi (1+\cos\theta)\sin\theta\sqrt{2(1+\cos\theta)}\,d\theta = 2\pi a^2 \int_0^\pi (1+\cos\theta)\sin\theta\cdot 2\cos\frac{\theta}{2}\,d\theta$$

$$= 2\pi a^2 \int_0^\pi 2\cos^2\frac{\theta}{2}\cdot 2\sin\frac{\theta}{2}\cos\frac{\theta}{2}\cdot 2\cos\frac{\theta}{2}\,d\theta = 16\pi a^2 \int_0^\pi \cos^4\frac{\theta}{2}\sin\frac{\theta}{2}\,d\theta$$

$$= 16\pi a^2 \left[-\frac{2}{5}\cos^5\frac{\theta}{2}\right]_0^\pi = \frac{32}{5}\pi a^2$$

求める体積を V とすると，V は $V = \pi\int_h^{2a} y^2 dx - \pi\int_h^0 y^2 dx$ で表せる．

ここで，$h\,(<0)$ は曲線上での x 座標の最小値（曲線上の左端）である．いま，曲線の対称性を考慮して，$x = h$ に対応する $\theta(<\pi)$ の値を γ として V を求めると，

$$V = \pi\int_h^{2a} y^2 dx - \pi\int_h^0 y^2 dx = \pi\int_\gamma^0 y^2 \frac{dx}{d\theta}\,d\theta - \pi\int_\gamma^\pi y^2 \frac{dx}{d\theta}\,d\theta = \pi\int_\pi^0 y^2 \frac{dx}{d\theta}\,d\theta$$

$$= \pi\int_\pi^0 a^2(1+\cos\theta)^2\sin^2\theta\cdot a(-\sin\theta - 2\sin\theta\cos\theta)\,d\theta$$

$$= \pi a^3 \int_0^\pi (1+\cos\theta)^2(1+2\cos\theta)\sin^3\theta d\theta$$

$$= \pi a^3 \int_0^\pi (1+\cos\theta)^2(1+2\cos\theta)(1-\cos^2\theta)\sin\theta d\theta$$

ここで，$\cos\theta = t$ と置換すると，

$$V = \pi a^3 \int_{-1}^1 (1+t)^2(1+2t)(1-t^2)\,dt = \pi a^3 \int_{-1}^1 (1+t)^3(1+2t)(1-t)\,dt$$

さらに，$1 + t = u$ と置換すると，

$$V = \pi a^3 \int_0^2 u^3(2u-1)(2-u)\,du = \pi a^3 \int_0^2 (-2u^5 + 5u^4 - 2u^3)\,du$$

$$= \pi a^3 \left[-\frac{u^6}{3} + u^5 - \frac{u^4}{2}\right]_0^2 = \frac{8}{3}\pi a^3$$

5. 微分方程式

5-1　微分方程式

例題 5-1　以下に示す x, y, C_i $(i=1, 2)$ からなる式において，C_i は任意の定数とする．このとき，C_i にある定数を代入すれば，xy 平面上に一つの曲線を描くことができる．つまり，これらの式は，C_i をパラメータとする曲線群を表しているといえる．いま，y の x に対する導関数 y', y'' などを用いて C_i を消去し，x, y および y の導関数からなる関係式を求めよ．

(1)　$y = C_1 x + 2$　　(2)　$y = e^{C_1} x^{\alpha}$（α：実定数）　(3)　$y = C_1 e^{2x} + \sin x$

(4)　$y = x\tan(x + C_1)$　　(5)　$y = e^x(C_1 \cos\sqrt{3}x + C_2 \sin\sqrt{3}x)$

(6)　$y = C_1 \cos x + C_2 \sin x + e^{-x}$　　(7)　$y = C_1 x^{-1} + C_2 x^{-1} e^{-x}$

(1)　$y' = C_1$ なので，$-xy' + y = 2$

(2)　両辺の対数をとると，$\log y = \log C_1 + \alpha \log x$．両辺を微分して，

$$\frac{y'}{y} = \frac{\alpha}{x} \Rightarrow xy' = \alpha y$$

(3)　$y' = 2C_1 e^{2x} + \cos x \Rightarrow C_1 = \dfrac{y' - \cos x}{2} e^{-2x}$ より，$y' - 2y = \cos x - 2\sin x$

(4)　$x + C_1 = \tan^{-1}\dfrac{y}{x}$ より，両辺を微分して，$1 = \dfrac{\dfrac{xy' - y}{x^2}}{1 + \left(\dfrac{y}{x}\right)^2} \Rightarrow xy' - y^2 - y = x^2$

(5)　$y' = e^x(C_1 \cos\sqrt{3}x + C_2 \sin\sqrt{3}x) + \sqrt{3}e^x(-C_1 \sin\sqrt{3}x + C_2 \cos\sqrt{3}x)$

$= y + \sqrt{3}e^x(-C_1 \sin\sqrt{3}x + C_2 \cos\sqrt{3}x)$

$y'' = y' + \sqrt{3}e^x(-C_1 \sin\sqrt{3}x + C_2 \cos\sqrt{3}x) - 3e^x(C_1 \cos\sqrt{3}x + C_2 \sin\sqrt{3}x)$

$= y' + (y' - y) - 3y = 2y' - 4y$

$\therefore \quad y'' - 2y' + 4y = 0$

(6)　与式を 2 回微分すると，$y'' = -C_1 \cos x - C_2 \sin x + e^{-x} = -y + e^{-x}$

$\therefore \quad y'' + y = e^{-x}$

(7)　$xy = C_1 + C_2 e^{-x}$ の両辺を微分して，$xy' + y = -C_2 e^{-x} \Rightarrow C_2 = -(xy' + y)e^x$．元の式に代入して，$xy = C_1 - (xy' + y)$．これの両辺を微分する．

$\therefore \quad xy' + y = -xy'' - y' - y' \Rightarrow xy'' + (x+2)y' + y = 0$

例題 5-1 において，解答で表された等式を見て，ただちに具体的な関数 $y = y(x)$ は判明しないが，問題に示した曲線群（関数）を代入すれば成り立つことは明らかである．つまり，見方を変えれば，未知の関数 $y = y(x)$ があって，

解答のように，x，y，および，yの導関数y'，y''，...を用いた等式が与えられたとき，その関係を満足する$y = y(x)$が問題で示された関数（群）であるといえる．

このように，未知の関数に対して表された等式を“関数方程式”といい，例題5-1のように未知関数の導関数を含むものを微分方程式という．そして，微分方程式を満足する関数を，その微分方程式の“解”という．

＊ちなみに，積分を含む場合には積分方程式，導関数と積分を含む場合は，積分微分方程式，または微分積分微分方程式という．

微分方程式には，以下に示すような分類がある．

①未知関数が1変数の場合，“常微分方程式”という．ちなみに，未知関数が2変数以上で偏導関数を含む場合は“偏微分方程式”，未知関数と未知関数と変数の全微分で表されるものは“全微分方程式”という．本書では，常微分方程式のみを扱う．

②微分方程式における未知関数の微分の最高次数を，その微分方程式の“階数”という．

③例えば，未知関数$y = y(x)$に関して，$y^{(n)} + P_1(x)y^{(n-1)} + \cdots + P_n(x)y = Q(x)$のように，未知関数およびその導関数のすべてについて，微分方程式が1次方程式で表される場合を“線形微分方程式”といい，そうでなければ“非線形”という．

④線形微分方程式において，定数項が0のとき“同次（または斉次）”といい，0でないとき“非同次（または非斉次）”という．

例題5-1の問題で与えられた等式を見てもわかるように，常微分方程式を満足する解（関数）は一般に1個の任意定数を含む形で表され，n階常微分方程式の解は，n個の任意定数を含んだ関数となる．この任意定数を含んだ関数をその常微分方程式の“一般解”という．また，任意定数に特定の値を与えて得られた解を“特殊解”あるいは“特別解”という．

例題5-2 例題5-1で求めた(1)から(7)までの常微分方程式に関して，階数，線形性，同次性について調べよ．

(1) 1階線形非同次　(2) 1階線形同次　(3) 1階線形非同次

(4) 1階非線形　(5) 2階線形同次　(6) 2階線形非同次

(7) 2階線形同次

＊(5)，(6)の微分方程式では，未知関数 y とその導関数の係数がすべて定数であることから，特に，“定数係数2階線形非同次微分方程式”，“定数係数2階線形同次微分方程式”という場合もある．

5-2　変数分離形

例題 5-3　微分方程式 $y' = P(x)Q(y)$ を解け．

1階常微分方程式において，未知関数 $y(x)$ の導関数が x のみの関数 $P(x)$ と y のみの関数 $Q(y)$ との積に等しいとき，この形の微分方程式を変数分離形という．

いま，$Q(y)$ が恒等的に零でないとすると，$\dfrac{y'}{Q(y)} = P(x)$．両辺を x で積分すると，$\displaystyle\int \frac{y'}{Q(y)}\,dx = \int \frac{1}{Q(y)}\,\frac{dy}{dx}\,dx = \int P(x)\,dx + C$．ここで，$C$ は任意定数である．

さて，3章で述べたように，置換積分は，$x = u(t)$ とおいた場合，一般には $\displaystyle\int f(x)\,dx = \int f(u(t))u'(t)\,dt$ のように表される（P. 83参照）．あるいは，$u'(t) = \dfrac{dx}{dt}$ だから，$\displaystyle\int f(x)\,dx = \int f(u(t))\frac{dx}{dt}\,dt$ と表記することもできる．いま，この置換積分の公式に対して $f(x) \to \dfrac{1}{Q(x)}$，次に，$x \to y$，$t \to x$ と置き換え $u(\cdot)$ を用いずに表すと，$\displaystyle\int \frac{1}{Q(y)}\,dy = \int \frac{1}{Q(y)}\,\frac{dy}{dx}\,dx$ となる．この関係を与微分方程式の変形へ代入すると，$\displaystyle\int \frac{1}{Q(y)}\,dy = \int P(x)\,dx + C$ となり，これが一般解となる．

なお，$Q(y)$ が恒等的に零，すなわち $Q(y) \equiv 0$ も与微分方程式の解であるが，特殊解となる場合が多い．

例題 5-4　微分方程式 $(x-2)y' = y-2$ を解け．

i）$y \neq 2$ のとき，$\dfrac{y'}{y-2} = \dfrac{1}{x-2}$ なので変数分離形．したがって，$\displaystyle\int \frac{dy}{y-2} = \int \frac{dx}{x-2} + C'$ より，$\log|y-2| = \log|x-2| + C'$（$C'$：任意定数）．整理して，$\dfrac{y-2}{x-2} = \pm\, e^{C'}$ より，$y = C''(x-2) + 2$（$C''(=\pm e^{C'})$：0以外の任

意定数).

ii) $y=2$ のとき，明らかに与微分方程式は成り立つ．

∴　i)，ii) を合わせて，一般解は，$y=C(x-2)+2$ (C：任意定数).

＊　$y=2$ は i) の解において，任意定数を 0 としたときの解に等しい．

例題 5-5　微分方程式 $x^2\dfrac{dy}{dx}+y^2=0$ を解け．

i) $y\neq 0$ のとき，$\dfrac{1}{y^2}\cdot\dfrac{dy}{dx}=-\dfrac{1}{x^2}$ なので変数分離形．したがって，$\displaystyle\int\frac{dy}{y^2}=-\int\frac{dx}{x^2}+C$ より，$-\dfrac{1}{y}=\dfrac{1}{x}+C$ (C：任意定数)．整理して，$y=-\dfrac{x}{Cx+1}$

ii) $y=0$ のとき，明らかに与微分方程式は成り立つ．

∴　i)，ii) より，一般解は，$y=-\dfrac{x}{Cx+1}$ (C：任意定数) または，$y=0$.

＊$y=0$ は，どのような C の値に対しても $y=-\dfrac{x}{Cx+1}$ では表せない．すなわち，$y=0$ は特殊解ではない．このように，常微分方程式の解で特殊解でない解を“特異解”という．

例題 5-6　例題 5-4 に示した微分方程式の解の中で，$x=1$ のとき $y=0$ となる関数を求めよ．

未知関数 $y=y(x)$ に関する常微分方程式の解で，与えられた座標値 (x_0，y_0) を通る関数を求めることを“初期値問題”といい，与えられた座標値 (x_0，y_0) を“初期条件”あるいは“初期値”という．もし，微分方程式の一般解が求められた場合は，一般解に初期条件を代入し任意定数の値を定めることで解を求めることができる．

さて，本問に関して，例題 5-4 より，一般解は $y=C(x-2)+2$ (C：任意定数) で与えられる．よって，一般解に $x=1$，$y=0$ を代入して任意定数 C の値を求めると，$C=2$．したがって，解は，$y=2x-2$ となる．

5-3　1階線形微分方程式

例題 5-7　1階線形微分方程式 $y' + P(x)y = Q(x)$ の解を求めよ.

まず, $y' + P(x)y = 0$ の一般解を求める. この形は変数分離形であるから,

$$\int \frac{dy}{y} = -\int P(x)\,dx \Rightarrow \log|y| = C_1 - \int P(x)\,dx \Rightarrow y = \pm e^{C_1} e^{-\int P(x)dx} \text{ より},$$

$y = C_2 e^{-\int P(x)dx}$　(C_2：任意定数)

＊　$y = 0$ も自明解として, C_2 は 0 を含む任意定数としている.

さて, この解の中の任意定数 C_2 を関数 $u(x)$ で置き換え, 初めの線形方程式を満たすような $u(x)$ を求めることを考える. この方法を“定数変化法”という.

$y(x) = u(x)e^{-\int P(x)dx}$ を与微分方程式に代入すると,

$$y'(x) + P(x)y(x) = u'(x)e^{-\int P(x)dx} - P(x)u(x)e^{-\int P(x)dx} + P(x)u(x)e^{-\int P(x)dx}$$
$$= u'(x)e^{-\int P(x)dx} = Q(x)$$

すなわち, $u'(x) = Q(x)e^{\int P(x)dx}$ より, $u(x) = \int Q(x)e^{\int P(x)dx}dx + C$ (C：任意定数)

$$\therefore \quad y = e^{-\int P(x)dx}\left\{\int Q(x)e^{\int P(x)dx}dx + C\right\} \quad (C\text{：任意定数})$$

この式が, 1階線形微分方程式の解の公式となる. 具体的な1階線形微分方程式を解く場合には, この公式に代入するか, 本問で示した定数変化法を適用すればよい.

例題 5-8　微分方程式 $xy' + y = x\sin x$ の解を求めよ.

この微分方程式は1階線形微分方程式である.

i）公式を使うと,

$$y = e^{-\int \frac{1}{x}dx}\left\{\int e^{\int \frac{1}{x}dx}\sin x\,dx + C\right\} = \frac{1}{x}\left(\int x\sin x\,dx + C\right)$$
$$= \frac{1}{x}(-x\cos x + \sin x + C) \quad (C\text{：任意定数})$$

ii）定数変化法を使う.

$xy' + y = 0$ を解くと,

$$\frac{1}{y}\cdot\frac{dy}{dx} = -\frac{1}{x} \Rightarrow \log y = -\log x + C_1 \Rightarrow y = \frac{\pm e^{C_1}}{x} \quad (C_1：任意定数)$$

ここで，$y = \dfrac{u(x)}{x}$ とおいて元の方程式に代入すると，

$$u'(x) - \frac{u(x)}{x} + \frac{u(x)}{x} = u'(x) = x\sin x$$

$\therefore\ u(x) = -x\cos x + \sin x + C$ より，$y = \dfrac{-x\cos x + \sin x + C}{x}$

（C：任意定数）

5-4　定数係数 2 階線形同次微分方程式

例題 5-9　p，q が実定数のとき，次の定数係数 2 階線形同次微分方程式を解け．

(1)　$y'' - (p+q)y' + pqy = 0$　$(p \neq q)$　　(2)　$y'' - 2py' + p^2y = 0$

(3)　$y'' - 2py' + (p^2+q^2)y = 0$

定数係数の線形同次微分方程式においては，$y(x) = e^{rx}$（r：定数）の形の解をもつと仮定して与方程式に代入する．

(1)　$y'' - (p+q)y' + pqy = 0 \Rightarrow \{r^2 - (p+q)r + pq\}e^{rx} = 0$．この等式が任意の x に対して成り立つためには，$r^2 - (p+q)r + pq = 0$ でなければならない．この式を r について解くと，e^{px}，または e^{qx}．したがって，C_1，C_2 を任意の定数とすると，$y = C_1e^{px} + C_2e^{qx}$ は与方程式の解となる（与方程式に代入すれば成り立つことは明らか）．

ここで，与微分方程式の解に対する $y = C_1e^{px} + C_2e^{qx}$ の一意性，すなわち，e^{px}，e^{qx} は 1 次独立であり，かつ，与方程式の任意の解は全て $y = C_1e^{px} + C_2e^{qx}$ の形（“1 次結合” という）で表されることを示す．まず，1 次独立から示す．

1 次独立とは，どの x の区間においても $C_1 = 0$，$C_2 = 0$ 以外に $C_1e^{px} + C_2e^{qx} = 0$ を満足する C_1，C_2 がないことをいう（そうでない場合は 1 次従属という）．$C_1e^{px} + C_2e^{qx} = 0$ から両辺を微分すると，$pC_1e^{px} + qC_2e^{qx} = 0$．この 2 式から C_2 を消去すると，$(p-q)C_1e^{px} = 0$．$p \neq q$，かつ，任意の x に対して $e^{px} \neq 0$ であるから，$C_1 = 0$．したがって，$C_1 = 0$ を代入すると，$C_2 = 0$．すなわち，$C_1 = C_2 = 0$ となるので，e^{px}，e^{qx} は 1 次独立である．

次に，任意の解が $C_1e^{px} + C_2e^{qx}$ で表されることを示す．与微分方程式の解を y_0 とする．ここで，$y_0 = \dfrac{y_0' - qy_0}{p-q} + \dfrac{y_0' - py_0}{q-p}$ と表すことができるので，

$y_1 = \dfrac{y_0' - qy_0}{p - q}$，$y_2 = \dfrac{y_0' - py_0}{q - p}$ とすると，$y_1' - py_1 = \dfrac{y_0'' - qy_0' - py_0' + pqy_0}{p - q} = 0$.

すなわち，y_1 に関して定数係数の1次線形同次微分方程式となるので，これを変数分離形と見て解くと，$y_1 = C_1e^{px}$（C_1：任意定数）．同様に，y_2 に関しても，$y_2' - qy_2 = \dfrac{y_0'' - py_0' - qy_0' + qpy_0}{q - p} = 0$ より，$y_2 = C_2e^{qx}$（C_2：任意定数）．すなわち，与微分方程式の任意の解は，$C_1e^{px} + C_2e^{qx}$（C_1，C_2：任意定数）と表すことができる．

したがって，以上から，与微分方程式の一般解は，$y = C_1e^{px} + C_2e^{qx}$（$C_1$，$C_2$：任意定数）と求めることができる．

＊定数係数の線形同次微分方程式において，$y = e^{rx}$ を代入して得られる指数 r に関する多項式＝0とする方程式を，その微分方程式の“特性方程式”という．一般に，n 階の微分方程式に対しては n 次の特性方程式が対応する．そして，特性方程式の解を指数にもつ関数 e^{rx} をその微分方程式の“基本解”といい，方程式の一般解は，基本解の1次結合によって表される．(1)において，特性方程式は $r^2 - (p + q)r + pq = 0$，その解は $r = p$，q となるので，基本解は e^{px}，e^{qx}．よって，一般解は $y = C_1e^{px} + C_2e^{qx}$（$C_1$，$C_2$：任意定数）となる．

(2)　(1)と同様に考えて，特性方程式は $r^2 - 2pr + p^2 = 0$ となるので，解は $r = p$（重解）．したがって，基本解は e^{px} の1つしか求められない．C_1 を任意定数として，$y = C_1e^{px}$ は確かに与微分方程式の解であるから（代入すれば明らかに成り立つ），$u(x)$ を x の関数として，$y = u(x)e^{px}$ を与方程式に代入すると，$(u''e^{px} + 2pu'e^{px} + p^2ue^{px}) - 2p(u'e^{px} + pue^{px}) + p^2ue^{px} = u''e^{px} = 0$．任意の x に対して $e^{px} \neq 0$ であるから，$u'' = 0$．すなわち，$u(x) = Ax + B$（A，B：任意定数）より，方程式の解は $y = (Ax + B)e^{px}$ となる．これは，与微分方程式の任意の解が e^{px} と xe^{px} の1次結合で表されることを示している．したがって，e^{px} と xe^{px} が1次独立であれば，xe^{px} がもう一つの基本解と見ることができる．

いま，C_1，C_2 を任意の定数として $C_1e^{px} + C_2xe^{px} = 0$ が成り立っているとすると，両辺を x で微分して，$pC_1e^{px} + C_2(px + 1)e^{px} = 0$．ここで，$C_1$ を消去すると，$C_2e^{px} = 0$．すなわち，$C_2 = 0$．したがって，C_1 についても $C_1 = 0$ となるので．e^{px} と xe^{px} は1次独立である．

以上のことから，特性方程式の解が $r = p$（重解）のとき，基本解は，e^{px} と xe^{px} であり，一般解は，$y = C_1e^{px} + C_2xe^{px}$（$C_1$，$C_2$：任意定数）と表せる．

＊定数係数 n 階線形同次微分方程式に対する特性方程式の解が $r = p$（m 重解）をもつとき，それに対応する基本解は，e^{px}，xe^{px}，x^2e^{px}，…，$x^{m-1}e^{px}$ となる．

(3) 特性方程式は，$r^2 - 2pr + p^2 + q^2 = 0$ なので，解は，$r = p \pm qi$（i：虚数単位）．したがって，基本解は，$e^{(p+qi)x}$，$e^{(p-qi)x}$ であるが，指数が複素数になるので，オイラーの公式から，$e^{px}(\cos qx + i\sin qx)$，$e^{px}(\cos qx - i\sin qx)$ と表すことができる．よって，一般解は $y = Ae^{px}(\cos qx + i\sin qx) + Be^{px}(\cos qx - i\sin qx)$（$A$，$B$：任意定数）となる．ただし，$A$，$B$ は任意定数であるが，基本解が複素数を表すため y が実数値関数となるためには，A，B も一般には複素数の任意定数となる．そこで，

$$
\begin{aligned}
y &= Ae^{px}(\cos qx + i\sin qx) + Be^{px}(\cos qx - i\sin qx)\\
&= (A+B)e^{px}\cos qx + (A-B)ie^{px}\sin qx
\end{aligned}
$$

から，$C_1 = A + B$，$C_2 = (A-B)i$ として，$y = C_1e^{px}\cos qx + C_2e^{px}\sin qx$ と表す．すると，C_1，C_2 も任意定数を表すが，ともに実数の任意定数とすると，y は常に実数値関数の一般解となる．

以上のことから，特性方程式の解が $r = p \pm qi$（i：虚数単位）のとき，基本解は $e^{px}\cos qx$，$e^{px}\sin qx$ であり，一般解は，$y = e^{px}(C_1\cos qx + C_2\sin qx)$（$C_1$，$C_2$：任意定数）と表せる．

例題 5-10 次の定数係数2階線形同次微分方程式を解け．

(1) $y'' + 2y' - 3y = 0$ (2) $y'' - 4y' + 4y = 0$ (3) $y'' - 4y' + 7y = 0$

(1) 特性方程式：$r^2 + 2r - 3 = 0 \Rightarrow r = -3,\ 1$．基本解：$e^{-3x}$，$e^x$

$\therefore\ y = C_1e^{-3x} + C_2e^x$（$C_1$，$C_2$：任意定数）

(2) 特性方程式：$r^2 - 4r + 4 = 0 \Rightarrow r = 2$（重解）．基本解：$e^{2x}$，$xe^{2x}$

$\therefore\ y = (C_1 + C_2x)e^{2x}$（$C_1$，$C_2$：任意定数）

(3) 特性方程式：. $r^2 - 4r + 7 = 0 \Rightarrow r = 2 \pm \sqrt{3}i$.

基本解：$e^{2x}\cos\sqrt{3}x$，$e^{2x}\sin\sqrt{3}x$

$\therefore\ y = e^{2x}(C_1\cos\sqrt{3}x + C_2\sin\sqrt{3}x)$（$C_1$，$C_2$：任意定数）

5-5　定数係数2階線形非同次微分方程式

例題 5-11　p, q を実定数とするとき，定数係数2階線形非同次微分方程式 $y'' + py' + qy = f(x)$ の解法について調べよ．また，それに基づき，微分方程式 $y'' + y' - 2y = x + 1$ の一般解を求めよ．

$y'' + py' + qy = 0$ のように，定数係数線形非同次微分方程式に対し右辺を零とした方程式を，与方程式に対する“補助方程式”という．一般に，定数係数線形非同次微分方程式の一般解は，（補助方程式の一般解）＋（与方程式の特殊解）で与えられる．したがって，方程式の解法としては，一般解をそのまま求める解法と，補助方程式の一般解と与方程式の特殊解を別々に求める解法に大別される．ここでは，前者の解法について述べ，後者については例題5-12で述べることにする．

定数係数2階線形非同次微分方程式の一般解を求める方法としては，主に，定数変化法を用いる方法とラプラス変換を用いる方法がある．本書では，定数変化法を用いる方法について述べる．ラプラス変換については別書を参照されたい．

- 定数変化法

補助方程式の基本解を $y_1(x)$，$y_2(x)$ とし，一般解を $y_0(x) = u_1(x)y_1(x) + u_2(x)y_2(x)$ とする．両辺を微分すると，$y_0' = (u_1'y_1 + u_2'y_2) + (u_1y_1' + u_2y_2')$．ここで，$u_1'y_1 + u_2'y_2 = 0$ と仮定して，与方程式に代入すると，

$$y_0'' + py_0' + qy_0 = u_1'y_1' + u_2'y_2' + u_1y_1'' + u_2y_2'' + p(u_1y_1' + u_2y_2') + q(u_1y_1 + u_2y_2) = f(x)$$

$$\therefore\quad u_1'y_1' + u_2'y_2' + u_1(y_1'' + py_1' + qy_1) + u_2(y_2'' + py_2' + qy_2) = u_1'y_1' + u_2'y_2' = f(x)$$

$$\begin{cases} u_1'y_1 + u_2'y_2 = 0 \\ u_1'y_1' + u_2'y_2' = f(x) \end{cases} \text{より，} \begin{pmatrix} y_1 & y_2 \\ y_1' & y_2' \end{pmatrix}\begin{pmatrix} u_1' \\ u_2' \end{pmatrix} = \begin{pmatrix} 0 \\ f(x) \end{pmatrix} \Rightarrow \begin{pmatrix} u_1' \\ u_2' \end{pmatrix} = \begin{pmatrix} y_1 & y_2 \\ y_1' & y_2' \end{pmatrix}^{-1}\begin{pmatrix} 0 \\ f(x) \end{pmatrix}$$

したがって，
$$\begin{pmatrix} u_1' \\ u_2' \end{pmatrix} = \frac{1}{y_1y_2' - y_1'y_2}\begin{pmatrix} y_2' & -y_2 \\ -y_1' & y_1 \end{pmatrix}\begin{pmatrix} 0 \\ f(x) \end{pmatrix} = \frac{1}{y_1y_2' - y_1'y_2}\begin{pmatrix} -y_2f(x) \\ y_1f(x) \end{pmatrix}$$

$$\therefore\quad u_1 = \int\frac{-y_2f(x)}{y_1y_2' - y_1'y_2}dx,\quad u_2 = \int\frac{y_1f(x)}{y_1y_2' - y_1'y_2}dx$$ で求められる．

この定数変化法を用いて，$y'' + y' - 2y = x + 1$ の一般解を求める．補助方程式の基本解は，特性方程式 $r^2 + r - 2 = 0$ の解 $r = -2$, 1 より，$y_1 = e^{-2x}$，$y_2 = e^x$．$y_1y_2' - y_1'y_2 = 3e^{-x}$ より，

$$u_1 = \int \frac{-y_2 f}{y_1 y_2' - y_1' y_2} dx = -\int \frac{e^x}{3} e^x (x+1) dx = -\frac{1}{3}\int (x+1) e^{2x} dx$$

$$= -\frac{1}{6}(x+1)e^{2x} + \frac{1}{12}e^{2x} = -\frac{1}{12}(2x-1)e^{2x} + C_1$$

$$u_2 = \int \frac{y_1 f}{y_1 y_2' - y_1' y_2} dx = \int \frac{e^x}{3} e^{-2x}(x+1) dx = \frac{1}{3}\int (x+1) e^{-x} dx$$

$$= -\frac{1}{3}(x+1)e^{-x} - \frac{1}{3}e^{-x} = -\frac{1}{3}(x+2)e^{-x} + C_2$$

$$\therefore \quad y = \left\{-\frac{1}{12}(2x-1)e^{2x} + C_1\right\}e^{-2x} + \left\{-\frac{1}{3}(x+2)e^{-x} + C_2\right\}e^x$$

$$= C_1 e^{-2x} + C_2 e^x - \frac{x}{2} - \frac{3}{4}$$

（C_1，C_2：任意定数）

例題 5-12　次の定数係数2階線形非同次微分方程式の特殊解を求めよ．

(1)　$y'' - 2y' = x + \sin x + 1$　　　(2)　$y'' - 4y' + 4y = e^{2x} - e^x$

(3)　$y'' - 2y' + 2y = e^x \sin x$

$y'' + py' + qy = f(x)$ のように，定数係数線形非同次微分方程式の解法として，補助方程式の一般解と与方程式の特殊解を別々に求める方法がある．補助方程式の一般解は，例題5-9で示したように線形同次微分方程式の一般解を求めることに等しい．一方，与方程式の特殊解を求める方法としては，主として，$f(x)$ から特殊解の関数の形を推定して係数を求める方法と微分演算子を用いる方法がある．本書では，前者について説明する．微分演算子については別書を参照されたい．

以下に示す $f(x)$ の形に応じて，特殊解 y_0 を未定係数 A，A_i ($i = 1, 2, \ldots$) からなる以下に示す関数の形に設定して与方程式に代入し，両辺の各項の係数を比較することから特殊解 y_0 を定める．

ⅰ）$f(x)$ が n 次の整式のとき，

- 補助方程式の特性方程式の定数項が零でない：

$$y_0 = A_n x^n + A_{n-1} x^{n-1} + \cdots + A_1 x + A_0$$

- 特性方程式の定数項から第 k 次の項まで連続して係数が零である：

$$y_0 = x^{k+1}(A_n x^n + A_{n-1} x^{n-1} + \cdots + A_1 x + A_0)$$

ⅱ）$f(x) = ae^{\alpha x}$（a：定数）のとき，

- α が特性方程式の解でない：$y_0 = Ae^{\alpha x}$
- α が特性方程式の単解である：$y_0 = Axe^{\alpha x}$
- α が特性方程式の m 重解である：$y_0 = Ax^m e^{\alpha x}$

iii) $f(x)=ae^{\beta x}(a\cos\gamma x+b\sin\gamma x)$ （a, b：定数）のとき,

- $\beta\pm\gamma i$ が特性方程式の解でない：$y_0=e^{\beta x}(A_1\cos\gamma x+A_2\sin\gamma x)$
- $\beta\pm\gamma i$ が特性方程式の単解である：$y_0=xe^{\beta x}(A_1\cos\gamma x+A_2\sin\gamma x)$
- $\beta\pm\gamma i$ が特性方程式の m 重解である：$y_0=x^m e^{\beta x}(A_1\cos\gamma x+A_2\sin\gamma x)$

＊　β は 0 の値をとり得る.

以上の方法を利用して，(1)～(3)の微分方程式の特殊解を求める.

(1)　補助方程式の特性方程式は $r^2-2r=0$ なので，解は $r=2,\ 0$. したがって，特殊解を $y_0=Ax^2+Bx+C\cos x+D\sin x$ とおいて，与方程式に代入すると,

$(2A-C\cos x-D\sin x)-2(2Ax+B-C\sin x+D\cos x)=x+\sin x+1$

両辺の各項の係数を比較して A, B, C, D を求めると,

$$\begin{cases}-4A=1\\ 2A-2B=1\\ -C-2D=0\\ -D+2C=1\end{cases}\Rightarrow A=-\frac{1}{4},\ B=-\frac{3}{4},\ C=\frac{2}{5},\ D=-\frac{1}{5}$$

$\therefore$　特殊解は，$y_0=-\dfrac{1}{4}(x^2+3x)+\dfrac{1}{5}(2\cos x-\sin x)$

(2)　補助方程式の特性方程式は $r^2-4r+4=0$ なので，解は $r=2$（重解）. したがって，特殊解を $y_0=Ax^2e^{2x}+Be^x$ とおいて，与方程式に代入すると,

$(4Ax^2e^{2x}+8Axe^{2x}+2Ae^{2x}+Be^x)-4(2Ax^2e^{2x}+2Axe^{2x}+Be^x)$
$+4(Ax^2e^{2x}+Be^x)=2Ae^{2x}+Be^x=e^{2x}-e^x$

両辺の各項の係数を比較して A, B を求めると，$A=\dfrac{1}{2}$, $B=-1$.

$\therefore$　特殊解は，$y_0=\dfrac{1}{2}x^2e^{2x}-e^x$

(3)　$y''-2y'+2y=e^x\sin x$ 補助方程式の特性方程式は $r^2-2r+2=0$ なので，解は $r=1\pm i$. したがって，特殊解を $y_0=xe^x(A\cos x+B\sin x)$ とおいて，与方程式に代入すると,

$2xe^x(B\cos x-A\sin x)+2e^x\{(A+B)\cos x+(B-A)\sin x\}$
$-2\{xe^x((A+B)\cos x+(B-A)\sin x)+e^x(A\cos x+B\sin x)\}$
$+2xe^x(A\cos x+B\sin x)$
$=2e^x(B\cos x-A\sin x)=e^x\sin x$

両辺の各項の係数を比較して A，B を求めると，$A=\dfrac{1}{2}$，$B=0$.

∴　特殊解は，$y_0=-\dfrac{1}{2}xe^x\cos x$

◇5章　演習問題◇

STEP 1

1．次の微分方程式を解け．

(1)　$x(2y-1)\dfrac{dy}{dx}-2y=0$　(2)　$x^2y'+y^2=1$　(3)　$(x^2+1)y'+y^2=-1$

(4)　$(x^2+1)y'-2xy=1$　(5)　$x^3y'+3x^2y=\cos x$　(6)　$y''+5y'+6y=0$

(7)　$y''+4y'+13y=0$　(8)　$y''+5y'+6y=e^{-2x}$

(9)　$y''+4y'+13y=\sin x$

2．次の微分方程式を（　）内の初期条件の下で解け．

(1)　$\dfrac{dy}{dx}=\cos(x+y)+\cos(x-y)$　$(y(0)=0)$

(2)　$xy'-2y=2x^4e^{x^2}$　$(y(1)=0)$

(3)　$y''+2y'-3y=-9x^2$　$(y(0)=1,\ y'(0)=0)$

3．以下に示す微分方程式は，整理すると $\dfrac{dy}{dx}=f\left(\dfrac{y}{x}\right)$ の形で表される．このタイプの微分方程式を同次形といい，$u(x)=\dfrac{y}{x}$ なる新たな未知関数 $u(x)$ をおいて，$y=ux$，$\dfrac{dy}{dx}=u+x\dfrac{du}{dx}$ から y，$\dfrac{dy}{dx}$ を消去し，$u(x)$ に関する微分方程式にすると，$\dfrac{du}{dx}=\dfrac{1}{x}\{f(u)-u\}$ と変数分離形の微分方程式となり，解くことができる．以上の手順にしたがい，次の同次形微分方程式を解け．

(1)　$\dfrac{dy}{dx}=\dfrac{3x-y}{x+y}$　(2)　$y^2-x^2y'=2xyy'$

4．$P(x)$，$Q(x)$ を既知の関数とし，n を 0 および 1 以外の整数とするとき，$y(x)$ の 1 階微分方程式：$y'+P(x)y=Q(x)y^n$（$n\neq 0,\ 1$）をベルヌイ（Bernoulli）形の微分方程式という．このタイプの微分方程式では，両辺を y^n で割った式：$y^{-n}y'+P(x)y^{1-n}=Q(x)$ に対し，$u=y^{1-n}$ なる新たな未知関数 $u(x)$ をおくと，$u'=(1-n)y^{-n}y'$ から $u'+(1-n)P(x)u=(1-n)Q(x)$ と $u(x)$ に関する 1 階線形微分方程式となり解くことができる．以上の手順にしたがい，次のベルヌイ形微分方程式を解け．

(1)　$xy'-y=y^2xe^x$　(2)　$y'-y\cot x=y^3\cos x$

STEP 2

5．次の微分方程式を解け．

(1)　$y' = (x+y)^2$　（$u = x+y$ とおく）　(2)　$y' = \cos(x-y)$

(3)　$\dfrac{dy}{dx} = \dfrac{2x-4y-1}{x-2y+2}$（同次形の応用．$u = x-2y$ とおく）

(4)　$\dfrac{dy}{dx} = \dfrac{x+2y+1}{2x-y-3}$（同次形の応用．$x_0 + 2y_0 + 1 = 0$，$2x_0 - y_0 - 3 = 0$ となる x_0，y_0 を求め，$\xi = x - x_0$，$\Psi = y - y_0$ とおいて，$\Psi(\xi)$ に関する微分方程式を解く）

(5)　$x^2y'' + 3xy' - 3y = \log x$（$x > 0$）（$x = e^t$ とおく）

6．3階以上の定数係数同次線形微分方程式においても，定数係数2階同次線形方程式と同様に，特性方程式の解から微分方程式の基本解を求めることができる．以下の定数係数3階以上の同次線形微分方程式を解け．

(1)　$y''' - 7y' - 6y = 0$　(2)　$y''' + 3y'' - 3y' + y = 0$

(3)　$y''' - 4y'' - 2y' - 4y = 0$　(4)　$y^{(4)} + y'' + y = 0$

7．$P(x)$，$Q(x)$，$R(x)$ を既知の関数とするとき，$y(x)$ に関する1階微分方程式：$y' = P(x)y^2 + Q(x)y + R(x)$ をリカッチ（Riccati）形の微分方程式という．このタイプの微分方程式では，1つの特殊解 $y_0(x)$ が既知であるとき，解くことができる．すなわち，$u(x)^{-1} = y(x) - y_0(x)$ となる新たな未知関数 $u(x)$ をおくと，$y_0'u^2 - u' = P(x)(y_0u+1)^2 + Q(x)(y_0u^2 + u) + R(x)u^2$ が成り立つ．ここで，$y_0(x)$ はこの微分方程式の解なので，$y_0' = P(x)y_0^2 + Q(x)y_0 + R(x)$ を代入すると，$u' + \{2P(x)y_0 + Q(x)\}u = -P(x)$ と $u(x)$ に関する1階線形微分方程式となり，解くことができる．以上の手順にしたがい，次のリカッチ形微分方程式を解け．

(1)　$x^2y' = -x^3y^2 + (2x^2 + x)y - x - 2$（特殊解：$y_0(x) = x^{-1}$）

(2)　$y'\cos x = (1-y)(y + \sin x - 1)$

8．次の設問に答えよ．

(1)　2階同次線形微分方程式 $y'' + P(x)y' + Q(x)y = 0$ の1つの解を $u(x)$ とするとき，これと1次独立な解は $v(x) = \varsigma(x)u(x)$ と表せる．このとき，$\varsigma(x)$ と $u(x)$ の間で $\dfrac{\varsigma''}{\varsigma'} + \dfrac{2u'}{u} + P(x) = 0$ の関係が成り立つことを示せ．

(2) 微分方程式 $xy'' + (x + 3)y' + 2y = 0$ の解の1つが x^r (r：定数) として，その解を求めよ．

(3) (1)の結果を利用して，(2)の微分方程式のもう1つの1次独立な解を求めよ．

9．次の設問に答えよ．

(1) 2階線形微分方程式 $y'' + P(x)y' + Q(x)y = R(x)$ において，$y(x) = u(x)v(x)$，$v(x) = e^{\left(-\frac{1}{2}\int P(x)dx\right)}$ とおくと，$u(x)$ は，$u'' + \left(Q(x) - \frac{1}{2}P'(x) - \frac{1}{4}P(x)^2\right)u = \frac{R(x)}{v}$ を満たすことを示せ $\left(v'(x) = \frac{-P(x)v(x)}{2}\right.$ の関係を利用する$\left.\right)$．

＊これを2階線形微分方程式の標準形という．

(2) (1)の結果を利用して，次の微分方程式を解け．

(i) $x^2y'' - 4xy' + 3(x^2 + 2)y = 0$

(ii) $y'' - 4xy' + 2(2x^2 + 1)y = e^{x^2}\cos x$

◇5章　演習問題解答◇

STEP 1

1．

(1)　変数分離形

i）$y \neq 0$ のとき，$\left(\dfrac{1}{y} - 2\right)\dfrac{dy}{dx} = -\dfrac{2}{x} \Rightarrow \log|y| - 2y = -2\log|x| + C_1$（$C_1$：任意定数）

したがって，$x^2 y = \pm e^{C_1} e^{2y} = C_2 e^{2y}$（$C_2 (= \pm e^{C_1})$：0 以外の任意定数）

ii）$y = 0$ のとき，方程式は成り立つ．

∴　解は，$x^2 y = Ce^{2y}$（C：任意定数）

＊微分方程式の解は，y について解けない場合，できるだけ簡明な形にして表す．

(2)　変数分離形

i）$y \neq \pm 1$ のとき，$\dfrac{1}{y^2 - 1} \cdot \dfrac{dy}{dx} = -\dfrac{1}{x^2} \Rightarrow \dfrac{1}{2}\log\left|\dfrac{y-1}{y+1}\right| = \dfrac{1}{x} + C_1$（$C_1$：任意定数）

したがって，$\dfrac{y-1}{y+1} = \pm e^{2C_1} e^{\frac{2}{x}} \Rightarrow y = \dfrac{-2}{C_2 e^{\frac{2}{x}} - 1} - 1$

（$C_2 \ (= \pm e^{2C_1})$：0 以外の任意定数）

ii）$y = \pm 1$ のとき，方程式は成り立つ．

∴　解は，$y = \dfrac{-2}{Ce^{\frac{2}{x}} - 1} - 1$（$C$：(0 を含む) 任意定数）または $y = -1$

＊$y = 1$ は，$y = \dfrac{-2}{Ce^{\frac{2}{x}} - 1} - 1$ に $C = 0$ を代入することで表せるが，$y = -1$ は，どのような C の値に対しても本式では表せない．つまり，特異解である．

(3)　変数分離形

$$\frac{1}{1+y^2} \cdot \frac{dy}{dx} = -\frac{1}{1+x^2} \Rightarrow \tan^{-1} y = -\tan^{-1} x + C_1 \text{（C_1：任意定数）}$$

$$\therefore\ y = \tan(C_1 - \tan^{-1} x) = \frac{\tan C_1 - \tan(\tan^{-1} x)}{1 + \tan C_1 \cdot \tan(\tan^{-1} x)} = \frac{C - x}{1 + Cx} \text{（$C = \tan C_1$：任意定数）}$$

(4)　1階線形

i）公式を使うと，

$$y = e^{-\int \frac{-2x}{x^2+1} dx}\left(\int e^{\int \frac{-2x}{x^2+1} dx} \cdot 1 dx + C\right) = (x^2 + 1)\left(\int \frac{dx}{x^2 + 1} + C\right)$$

$$= (x^2 + 1)(\tan^{-1} x + C) \quad \text{（C：任意定数）}$$

ii）定数変化法を使う．

$(x^2 + 1)y' - 2xy = 0$ を解くと，

$$\frac{1}{y} \cdot \frac{dy}{dx} = \frac{2x}{x^2 + 1} \Rightarrow \log y = \log(x^2 + 1) + C_1 \Rightarrow y = \pm e^{C_1}(x^2 + 1) \text{（C_1：任意定数）}$$

ここで，$y = u(x)(x^2+1)$ とおいて元の方程式に代入すると，

$$(x^2+1)^2u'(x) + 2x(x^2+1)u(x) - 2x(x^2+1)u(x) = (x^2+1)^2u'(x)$$

$$= 1 \Rightarrow u'(x) = \frac{1}{x^2+1}$$

$\therefore$ $u(x) = \tan^{-1}x + C$ より，$y = (x^2+1)(\tan^{-1}x + C)$ （C：任意定数）

(5) 1 階線形

i) 公式を使うと，

$$y = e^{-\int\frac{3}{x}dx}\left(\int e^{\int\frac{3}{x}dx}\frac{\cos x}{x^3}dx + C\right) = \frac{1}{x^3}\left(\int \cos x dx + C\right) = \frac{\sin x + C}{x^3}$$ （C：任意定数）

ii) 定数変化法を使う．

$x^3y' + 3x^2y = 0$ を解くと，

$$\frac{1}{y}\cdot\frac{dy}{dx} = -\frac{3}{x} \Rightarrow \log y = -\log|x^3| + C_1 \Rightarrow y = \frac{\pm e^{C_1}}{x^3}$$ （C_1：任意定数）

ここで，$y = \dfrac{u(x)}{x^3}$ とおいて元の方程式に代入すると，$u'(x) = \cos x$

$\therefore$ $u(x) = \sin x + C$ より，$y = \dfrac{\sin x + C}{x^3}$ （C：任意定数）

iii) $(x^3y)' = x^3y' + 3x^2y$ なので，

$$(x^3y)' = \cos x \Rightarrow x^3y = \sin x + C \Rightarrow y = \frac{\sin x + C}{x^3}$$ （C：任意定数）

(6) 定数係数 2 階同次線形

特性方程式：$r^2 + 5r + 6 = 0 \Rightarrow r = -2,\ -3$

$\therefore$ $y = C_1e^{-2x} + C_2e^{-3x}$ （C_1，C_2：任意定数）

(7) 定数係数 2 階同次線形

特性方程式：$r^2 + 4r + 13 = 0 \Rightarrow r = -2 \pm 3i$

$\therefore$ $y = e^{-2x}(C_1\cos 3x + C_2\sin 3x)$ （C_1，C_2：任意定数）

(8) 定数係数 2 階非同次線形

補助方程式から基本解は(6)に同じ．一方，特殊解を $y_0 = Axe^{-2x}$ とおいて本方程式に代入すると，$y_0' = Ae^{-2x}(1-2x)$，$y_0'' = -Ae^{-2x}(4-4x)$ より，

$-Ae^{-2x}(4-4x) + 5Ae^{-2x}(1-2x) + 6Axe^{-2x} = Ae^{-2x} = e^{-2x}$ したがって，$A = 1$.

$\therefore$ 一般解は，$y = (x + C_1)e^{-2x} + C_2e^{-3x}$ （C_1，C_2：任意定数）

(9) 定数係数 2 階非同次線形

補助方程式から基本解は(7)に同じ．一方，特殊解を $y_0 = A\sin x + B\cos x$ とおいて本方程式に代入すると，$y_0' = -B\sin x + A\cos x$，$y_0'' = -A\sin x - B\cos x$ より，

$$(12A - 4B)\sin x + (4A + 12B)\cos x = \sin x$$

したがって，$\begin{cases} 12A - 4B = 1 \\ 4A + 12B = 0 \end{cases} \Rightarrow \begin{cases} A = \dfrac{3}{40} \\ B = -\dfrac{1}{40} \end{cases}$

$\therefore$　一般解は，$y = e^{-2x}(C_1 \cos 3x + C_2 \sin 3x) + \dfrac{3}{40}\sin x - \dfrac{1}{40}\cos x$

（C_1，C_2：任意定数）

2．

(1)　$\dfrac{dy}{dx} = \cos(x+y) + \cos(x-y) = \dfrac{1}{2}\cos x \cos y$ なので，変数分離形.

$\dfrac{1}{\cos y}\cdot\dfrac{dy}{dx} = \dfrac{1}{2}\cos x \Rightarrow \dfrac{1}{2}\log\dfrac{1+\sin y}{1-\sin y} = \dfrac{1}{2}\sin x + C$（$C$：任意定数）

（3章演習問題3(1)参照）

$y(0) = 0$ より，$C = 0$. $\therefore$　$\dfrac{1}{2}\log\dfrac{1+\sin y}{1-\sin y} = \dfrac{1}{2}\sin x \Rightarrow y = \sin^{-1}\dfrac{e^{\sin x}-1}{e^{\sin x}+1}$

(2)　1階線形

ｉ）公式を使うと，

$y = e^{-\int\frac{-2}{x}dx}\left(\int e^{\int\frac{-2}{x}dx}\cdot 2x^3e^{x^2}dx + C\right) = x^2\left(\int 2xe^{x^2}dx + C\right) = x^2(e^{x^2} + C)$

（C：任意定数）

$y(1) = 0$ より，$C = -e$.　　$\therefore y = x^2(e^{x^2} - e)$

ii）定数変化法を使う.

$xy' - 2y = 0$ を解くと，

$\dfrac{1}{y}\cdot\dfrac{dy}{dx} = \dfrac{2}{x} \Rightarrow \log y = 2\log x + C_1 \Rightarrow y = \pm e^{C_1}x^2$（$C_1$：任意定数）

ここで，$y = u(x)x^2$ とおいて元の方程式に代入すると，

$x^3u'(x) = 2x^4e^{x^2} \Rightarrow u'(x) = 2xe^{x^2}$

$\therefore$　$u(x) = e^{x^2}$ より，$y = x^2(e^{x^2} + C)$（C：任意定数）

(3)　定数係数2階非同次線形なので，補助方程式の特性方程式：$r^2 + 2r - 3 = 0$

$\Rightarrow r = -3,\ 1$ より，基本解は，e^{-3x}，e^x

一方，特殊解を $y_0 = Ax^2 + Bx + C$ とおいて本方程式に代入すると，

$2A + 2(2Ax + B) - 3(Ax^2 + Bx + C) = -3Ax^2 + (4A - 3B)x + 2A + 2B - 3C$

$= -9x^2$

したがって，$\begin{cases} -3A = -9 \\ 4A - 3B = 0 \\ 2A + 2B - 3C = 0 \end{cases} \Rightarrow \begin{cases} A = 3 \\ B = 4 \\ C = \dfrac{14}{3} \end{cases}$

$\therefore$　一般解は，$y = C_1e^{-3x} + C_2e^x + 3x^2 + 4x + \dfrac{14}{3}$（$C_1$，$C_2$：任意定数）

また，$y' = -3C_1e^{-3x} + C_2e^x + 6x + 4$ であるから，$y(0) = 1$，$y'(0) = 0$ を代入すると，

$\begin{cases} C_1 + C_2 + \dfrac{14}{3} = 1 \\ -3C_1 + C_2 + 4 = 0 \end{cases} \Rightarrow \begin{cases} C_1 = \dfrac{1}{12} \\ C_2 = -\dfrac{15}{4} \end{cases}$

$\therefore \quad y = \dfrac{1}{12}e^{-3x} - \dfrac{15}{4}e^{x} + 3x^2 + 4x + \dfrac{14}{3}$

3．

(1) $\dfrac{dy}{dx} = \dfrac{3x-y}{x+y} = \dfrac{3-\dfrac{y}{x}}{1+\dfrac{y}{x}}$ より，$u + xu' = \dfrac{3-u}{1+u} \Rightarrow u' = \dfrac{1}{x}\cdot\dfrac{3-2u-u^2}{1+u}$

$= \dfrac{1}{x}\cdot\dfrac{(3+u)(1-u)}{1+u}$

ｉ）$u \neq 1,\ -3$ のとき，

$\displaystyle\int\frac{1}{2}\left(\frac{1}{u-1}+\frac{1}{u+3}\right)du = -\int\frac{dx}{x} \Rightarrow \frac{1}{2}\log|u^2+2u-3| = -\log|x| + C_1$（$C_1$：任意定数）.

したがって，$u^2 + 2u - 3 = \dfrac{\pm e^{2C_1}}{x^2}$

ii）$u = 1,\ -3$ のとき，方程式は成り立つ.

$\therefore$ i），ii）より，$\dfrac{y^2}{x^2} + 2\dfrac{y}{x} - 3 = \dfrac{C}{x^2} \Rightarrow y^2 + 2xy = 3x^2 + C$（$C$：任意定数）

(2) $\dfrac{y^2}{x^2} - y' = 2\dfrac{y}{x}y'$ より，$u^2 - u - xu' = 2u(u + xu') \Rightarrow u' = \dfrac{1}{x}\cdot\dfrac{-u^2-u}{2u+1}$

ｉ）$u \neq 0,\ -1$ のとき，

$\displaystyle\int\left(\frac{1}{u}+\frac{1}{u+1}\right)du = -\int\frac{dx}{x} \Rightarrow \log|u^2+u| = -\log|x| + C_1$（$C_1$：任意定数）.

したがって，$u^2 + u = \dfrac{\pm e^{C_1}}{x}$

ii）$u = 0,\ -1$ のとき，方程式は成り立つ.

$\therefore$ i），ii）より，$\dfrac{y^2}{x^2} + \dfrac{y}{x} = \dfrac{C}{x} \Rightarrow y^2 + xy = Cx$（$C$：任意定数）

4．

(1) $y^{-2}y' - \dfrac{y^{-1}}{x} = e^x$ より，$u = y^{-1}$ とおくと $u' = -y^{-2}y'$ なので，$u' + \dfrac{u}{x} = -e^x$.

したがって，1 階線形微分方程式の公式を用いると，

$u = \dfrac{1}{x}\left(\displaystyle\int -xe^x dx + C\right) = \dfrac{1}{x}\{(1-x)e^x + C\}$（$C$：任意定数）　$\therefore \quad y = \dfrac{x}{(1-x)e^x + C}$

(2) 両辺を y^3 で割り $u = y^{-2}$ とおくと $u' = -2y^{-3}y'$ なので，$u' + 2u\cot x = -2\cos x$.

したがって，1 階線形微分方程式の公式を用いると，

$u = e^{-2\int\frac{\cos x}{\sin x}dx}\left\{\displaystyle\int e^{2\int\frac{\cos x}{\sin x}dx}(-2\cos x)dx + C\right\} = \dfrac{1}{\sin^2 x}\left(\displaystyle\int -2\sin^2 x\cos x dx + C\right)$

$= \dfrac{C}{\sin^2 x} - \dfrac{2}{3}\sin x$（$C$：任意定数）

$\therefore \quad y^2 = \left(\dfrac{C}{\sin^2 x} - \dfrac{2}{3}\sin x\right)^{-1}$

STEP 2

5．

(1)　$u' = 1 + y' = 1 + u^2$ より変数分離形．

したがって，$\displaystyle\int \frac{du}{1+u^2} = \int dx \Rightarrow \tan^{-1} u = x + C$（$C$：任意定数）

$\therefore\quad u = \tan(x + C)\qquad \therefore\quad y = -x + \tan(x + C)$

(2)　$u = x - y$ とおくと，$u' = 1 - y' = 1 - \cos u$ より変数分離形．

よって，$\displaystyle\int \frac{du}{1-\cos u} = \int dx \Rightarrow \int \frac{du}{2\sin^2\frac{u}{2}} = \int dx \Rightarrow -\cot\frac{u}{2} = x + C_1$

（C_1：任意定数）

$\therefore\quad u = 2\cot^{-1}(C - x)$（$C$：任意定数）　$\therefore\quad y = x - 2\cot^{-1}(C - x)$

(3)　$\displaystyle u' = 1 - 2y' = 1 - \frac{4u-2}{u+2} = \frac{-3u+4}{u+2}$ より変数分離形．

i）$u \neq \dfrac{4}{3}$ のとき，

$$\int\left(\frac{1}{3} + \frac{\frac{10}{3}}{3u-4}\right)du = -\int\frac{dx}{x} \Rightarrow \frac{u}{3} + \frac{10}{9}\log|3u-4| = -\log|x| + C_1$$（C_1：任意定数）

ii）$u = \dfrac{4}{3}$ のとき，方程式は成り立つ．

$\therefore$　i），ii）より，$3u + 10\log|3xu - 4x| = 9C_1$

$\therefore\quad 3x - 6y + 10\log|3x^2 - 6xy - 4x| = C$（$C$：任意定数）

(4)　$\begin{cases} x_0 + 2y_0 + 1 = 0 \\ 2x_0 - y_0 - 3 = 0 \end{cases} \Rightarrow \begin{cases} x_0 = 1 \\ y_0 = -1 \end{cases} \Rightarrow \begin{cases} \xi = x - 1,\ d\xi = dx \\ \Psi = y + 1,\ d\Psi = dy \end{cases}$ より，

$\displaystyle\frac{d\Psi}{d\xi} = \frac{\xi + 2\Psi}{2\xi - \Psi} = \frac{1 + 2\frac{\Psi}{\xi}}{2 - \frac{\Psi}{\xi}}$ となり同次形．$\Psi = \xi u$ とおくと，

$\displaystyle\xi u' = \frac{1+2u}{2-u} - u = \frac{u^2+1}{2-u}$ より，

$\displaystyle\int\frac{2-u}{1+u^2}du = \int\frac{d\xi}{\xi} \Rightarrow 2\tan^{-1}u - \frac{1}{2}\log(1+u^2) = \log|\xi| + C_1$（$C_1$：任意定数）

$\displaystyle\therefore\quad 4\tan^{-1}\frac{y+1}{x-1} = \log\{(x-1)^2 + (y+1)^2\} + C$

(5)　$x = e^t$ とすると，$\displaystyle\frac{dy}{dx} = \frac{dy}{dt}\cdot\frac{dt}{dx} = e^{-t}\frac{dy}{dt}$

$$\frac{d^2y}{dx^2} = \frac{d}{dx}\left(e^{-t}\frac{dy}{dt}\right) = \frac{d}{dt}\left(e^{-t}\frac{dy}{dt}\right)\cdot\frac{dt}{dx} = \left(e^{-t}\frac{d^2y}{dt^2} - e^{-t}\frac{dy}{dt}\right)e^{-t} = e^{-2t}\left(\frac{d^2y}{dt^2} - \frac{dy}{dt}\right)$$

これらを代入すると，$\displaystyle e^{2t}e^{-2t}\left(\frac{d^2y}{dt^2} - \frac{dy}{dt}\right) + 3e^te^{-t}\frac{dy}{dt} - 3y = \frac{d^2y}{dt^2} + 2\frac{dy}{dt} - 3y = t$

すなわち，定数係数２階非同次線形方程式となる．

補助方程式の基本解は，$r^2+2r-3=0 \Rightarrow r=1,\ -3$ より，e^t，e^{-3t}．

一方，特殊解 y_0 は．$y_0=At+B$ とおいて代入し，両辺の係数比較を行うと，

$A=-\frac{1}{3}$，$B=-\frac{2}{9}$ を得る．すなわち，$y_0=-\frac{1}{3}t-\frac{2}{9}$．

$\therefore$　解は，$y=C_1e^t+C_2e^{-3t}-\frac{1}{3}t-\frac{2}{9}=C_1x+C_2x^{-3}-\frac{1}{3}\log x-\frac{2}{9}$

（C_1，C_2：任意定数）

6．

(1)　特性方程式：$r^3-7r-6=0 \Rightarrow (r-1)(r-2)(r+3)=0 \Rightarrow r=1,\ 2,\ -3$

$\therefore$　$y=C_1e^x+C_2e^{2x}+C_3e^{-3x}$（$C_1$，$C_2$，$C_3$：任意定数）

(2)　特性方程式：$r^3+3r^2-3r+1=0 \Rightarrow (r+1)^3=0 \Rightarrow r=-1$（３重根）

$\therefore$　$y=(C_1+C_2x+C_3x^2)e^{-x}$（$C_1$，$C_2$，$C_3$：任意定数）

(3)　特性方程式：$r^3-4r^2-2r-4=0 \Rightarrow (r-2)(r^2-2r+2)=0 \Rightarrow r=2,\ 1\pm i$

$\therefore$　$y=C_1e^{2x}+(C_2\cos x+C_3\sin x)e^x$（$C_1$，$C_2$，$C_3$：任意定数）

(4)　特性方程式：$r^4+r^2+1=0 \Rightarrow (r^2-r+1)(r^2+r+1)=0$

$$\Rightarrow r=\frac{1\pm\sqrt{3}i}{2},\ \frac{-1\pm\sqrt{3}i}{2}$$

$$\therefore\quad y=\left(C_1\cos\frac{\sqrt{3}}{2}x+C_2\sin\frac{\sqrt{3}}{2}x\right)e^{\frac{x}{2}}+\left(C_3\cos\frac{\sqrt{3}}{2}x+C_4\sin\frac{\sqrt{3}}{2}x\right)e^{-\frac{x}{2}}$$

（C_1，C_2，C_3，C_4：任意定数）

7．

(1)　$u^{-1}=y-x^{-1}$ とおくと，$P(x)=-x$，$Q(x)=2+\frac{1}{x}$，$R(x)=-\frac{x+2}{x^2}$ より，

$u'+\left(-2+2+\frac{1}{x}\right)u=x \Rightarrow u'+\frac{u}{x}=x$．

$\therefore$　$y=e^{-\int\frac{dx}{x}}\left(\int e^{\int\frac{dx}{x}}xdx+C\right)=\frac{1}{x}\left(\int x^2\,dx+C\right)=\frac{x^2}{3}+\frac{C}{x}$（$C$：任意定数）

(2)　式から明らかに，$y=1$ は特殊解の一つ．よって，$u^{-1}=y-1$ とおくと，

$P(x)=-\frac{1}{\cos x}$，$Q(x)=\frac{2-\sin x}{\cos x}$，$R(x)=\frac{\sin x-1}{\cos x}$ より，

$u'+\left(-\frac{2}{\cos x}+\frac{2-\sin x}{\cos x}\right)u=\frac{1}{\cos x} \Rightarrow u'-u\tan x=\frac{1}{\cos x}$

$\therefore$　$u=e^{\int\tan x dx}\left(\int e^{-\int\tan x dx}\frac{1}{\cos x}dx+C\right)=\frac{1}{\cos x}\left(\int dx+C\right)=\frac{x+C}{\cos x}$（$C$：任意定数）

8．

(1)　$y''+P(x)y'+Q(x)y=0$ に $v(x)=\varsigma(x)u(x)$ を代入すると，

$$(\varsigma''u + 2\varsigma'u' + \varsigma u'') + P(x)(\varsigma'u + \varsigma u') + Q(x)\varsigma u$$
$$= (\varsigma''u + 2\varsigma'u' + P(x)\varsigma'u) + \varsigma(u'' + P(x)u' + Q(x)u) = \varsigma''u + 2\varsigma'u' + P(x)\varsigma'u = 0$$
$$\therefore\quad \frac{\varsigma''}{\varsigma'} + \frac{2u'}{u} + P(x) = 0$$

(2)　$xy'' + (x+3)y' + 2y = 0$ に $y = x^r$ を代入すると，

$$r(r-1)x^{r-1} + r(x^r + 3x^{r-1}) + 2x^r = r(r+2)x^{r-1} + (r+2)x^r = 0.$$

恒等的に成り立つには，$r = -2$．すなわち，$y = x^{-2}$.

(3)　(1)の式に対して，$u = x^{-2}$，$P(x) = 1 + \dfrac{3}{x}$ を代入して ς を求めると，

$$\frac{\varsigma''}{\varsigma'} + \frac{2u'}{u} + P(x) = \frac{\varsigma''}{\varsigma'} - \frac{4x^{-3}}{x^{-2}} + 1 + \frac{3}{x} = \frac{\varsigma''}{\varsigma'} + 1 - \frac{1}{x} = 0$$

$\log|\varsigma'| = \displaystyle\int\left(\frac{1}{x} - 1\right)dx = \log|x| - x + C$ なので，$\varsigma' = \pm e^C xe^{-x} = C'xe^{-x}$

（C，C'：任意定数）

したがって，$\varsigma = \displaystyle\int C'xe^{-x}dx = -C'xe^{-x} + \int C'e^{-x}dx = -C'(x+1)e^{-x} + C_0$

（C_0：任意定数）

$\therefore$　C'，C_0 は定数であるので，$C' = 1$，$C_0 = 0$ として，独立解 $v(x)$ は

$$v(x) = -\left(\frac{x+1}{x^2}\right)e^{-x}$$

＊$\dfrac{v(x)}{u(x)}$ は定数にはならないので確かにお互い独立な解であり，一般解は $y = C_1u + C_2v$（C_1，C_2：任意定数）で表される．$C_0 \neq 0$ のときの $v(x)$ も $u(x)$ に対し独立な解ではあるが，$u(x)$ に対する独立解といった場合には，$u(x)$ を含まない形で表すのが一般的である．

9．

(1)　$y = uv$ を方程式に代入すると，$v' = -\dfrac{1}{2}P(x)v$ であるから，

$$y'' + P(x)y' + Q(x)y = (u''v + 2u'v' + uv'') + P(x)(u'v + uv') + Q(x)uv$$
$$= vu'' + (2v' + P(x)v)u' + (v'' + P(x)v' + Q(x)v)u = vu'' + (v'' + P(x)v' + Q(x)v)u$$
$$= vu'' + \left(-\frac{1}{2}P'(x)v - \frac{1}{2}P(x)v' + P(x)v' + Q(x)v\right)u$$
$$= vu'' + \left(Q(x)v - \frac{1}{2}P'(x)v - \frac{1}{4}P(x)^2v\right)u$$
$$= \left\{u'' + \left(Q(x) - \frac{1}{2}P'(x) - \frac{1}{4}P(x)^2\right)u\right\}v = R(x)$$
$$\therefore\quad u'' + \left(Q(x) - \frac{1}{2}P'(x) - \frac{1}{4}P(x)^2\right)u = \frac{R(x)}{v}$$

(2)

(i) $P(x) = -\dfrac{4}{x}$，$Q(x) = 3 + \dfrac{6}{x^2}$，$R(x) = 0$ より，$v = e^{-\frac{1}{2}\int\left(-\frac{4}{x}\right)dx} = e^{2\log x} = x^2$.

したがって，u に関する微分方程式は，

$$u'' + \left(3 + \frac{6}{x^2} - \frac{1}{2}\left(-\frac{4}{x}\right)' - \frac{1}{4}\left(-\frac{4}{x}\right)^2\right)u = u'' + \left(3 + \frac{6}{x^2} - \frac{2}{x^2} - \frac{4}{x^2}\right)u = u'' + 3u = 0$$

定数係数同次線形なので，特性方程式：$r^2 + 3 = 0 \Rightarrow r = \pm\sqrt{3}$ より，

$u = C_1 \cos\sqrt{3}x + C_2 \sin\sqrt{3}x$（$C_1$，$C_2$：任意定数）

$\therefore$ 一般解は，$y = x^2(C_1 \cos\sqrt{3}x + C_2 \sin\sqrt{3}x)$（$C_1$，$C_2$：任意定数）

(ii) $P(x) = -4x$，$Q(x) = 4x^2 + 2$，$R(x) = e^{x^2}\cos x$ より，$v = e^{-\frac{1}{2}\int(-4x)dx} = e^{x^2}$.

したがって，u に関する微分方程式は，

$$u'' + \left(4x^2 + 2 - \frac{1}{2}(-4x)' - \frac{1}{4}(-4x)^2\right)u = u'' + (4x^2 + 2 + 2 - 4x^2)u$$

$$= u'' + 4u = \frac{e^{x^2}\cos x}{e^{x^2}} = \cos x$$

定数係数非同次線形なので，補助方程式の特性方程式：$r^2 + 4 = 0 \Rightarrow r = \pm 2$より，

基本解は，$\cos 2x$，$\sin 2x$

特殊解は，$u = A\cos x$（A：定数）とおくと，$u'' = -A\cos x$ だから $A = \dfrac{1}{3}$.

$\therefore$ 一般解は，$y = e^{x^2}\left(C_1 \cos 2x + C_2 \sin 2x + \dfrac{1}{3}\cos x\right)$（$C_1$，$C_2$：任意定数）

6. ベクトルの基礎

6-1　空間ベクトルとベクトルの基本的な性質（加減算，スカラー倍，内積，外積）

例題 6-1　xyz 空間上に底面が正六角形である斜角柱 ABCDEF − A′B′C′D′E′F′ があり，A(2, 0, 0) B(1, $\sqrt{3}$, 0) D(−2, 0, 0) A′(2, 1, 3) B′(1, $\sqrt{3}+1$, 3) D′(−2, 1, 3) である．原点を O とするとき，以下の問いに答えよ．

(1)　$\overrightarrow{\mathrm{OC'}}$ に等しいベクトルをすべて求めよ．

(2)　位置ベクトルをすべて求めよ．

(3)　$2\overrightarrow{\mathrm{BA}}+\overrightarrow{\mathrm{DC'}}$ に等しいベクトルを求めよ．

(4)　$\overrightarrow{\mathrm{AC'}}$，$\overrightarrow{\mathrm{B'E}}$ を成分表示せよ．また，$|\overrightarrow{\mathrm{AC'}}|$，$|\overrightarrow{\mathrm{B'E}}|$ を求めよ．

(5)　$\boldsymbol{a}=-\sqrt{3}\,\boldsymbol{i}+\left(1+\dfrac{1}{\sqrt{3}}\right)\boldsymbol{j}+\sqrt{3}\,\boldsymbol{k}$ に平行なベクトルをすべて求めよ．

(6)　線分 FC′ を 2 : 1 に内分する点を G とするとき，$\overrightarrow{\mathrm{OG}}$ を求めよ．

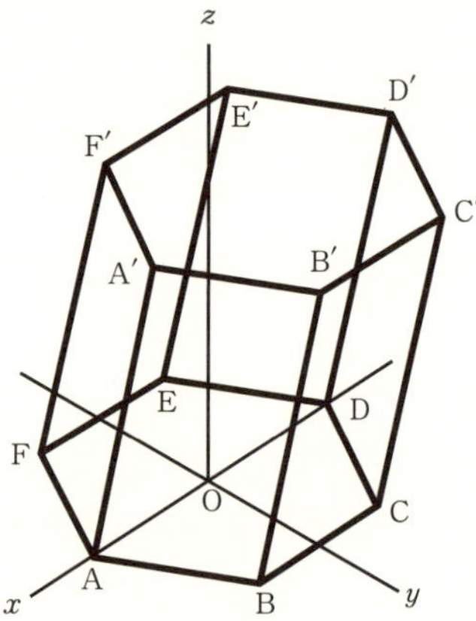

図 6-1

(1)　**【空間ベクトル・ベクトルの相等】**

力，速度，加速度，電界，磁界など大きさとその向きの両方をもつものをベクトルといい，その量をベクトル量という．ちなみに，長さ，質量，温度，電位など 1 つの数値で表される量をスカラー(量)という．

一般に，ベクトルは，$\vec{a}$，$\boldsymbol{a}$ のように，1 つの文字に矢印を冠するか肉太字として表す（本書では，$\boldsymbol{a}$ の表記法を採用する）．また，本問のように，空間上の 2 点を用いた有向線分（例えば $\overrightarrow{\mathrm{OC'}}$）として表すこともできる．ただし，有向線分では，始点（O）と終点（C′）は意味を持つが，ベクトルは始点終点を問わない．

したがって，2 つのベクトル $\boldsymbol{a}$，$\boldsymbol{b}$ に対して，互いに向きと大きさのどちらも等しければ，ベクトル $\boldsymbol{a}$，$\boldsymbol{b}$ は等しいといい，$\boldsymbol{a}=\boldsymbol{b}$ と表す．いま，幾何学的関係から，有向線分 $\overrightarrow{\mathrm{AB'}}$，$\overrightarrow{\mathrm{ED'}}$ は $\overrightarrow{\mathrm{OC'}}$ と向きが等しく大きさが同じであるので，$\overrightarrow{\mathrm{AB'}}$，$\overrightarrow{\mathrm{ED'}}$ は，ともに $\overrightarrow{\mathrm{OC'}}$ に等しいベクトルとなる．

(2)　**【位置ベクトル】**

xyz-座標系において，ベクトルの始点を原点に一致させたベクトルを位置ベクトルという．このとき，座標系の任意のベクトルは，位置ベクトルの終点の座標によって一意的に表すことができるので，質点の運動の表記などによく用いられる．

本問では，原点を始点とするすべての有向線分が位置ベクトルとなる．つまり，$\overrightarrow{OA}$，$\overrightarrow{OB}$，$\overrightarrow{OC}$，$\overrightarrow{OD}$，$\overrightarrow{OE}$，$\overrightarrow{OF}$，$\overrightarrow{OA'}$，$\overrightarrow{OB'}$，$\overrightarrow{OC'}$，$\overrightarrow{OD'}$，$\overrightarrow{OE'}$，$\overrightarrow{OF'}$．

(3)　**【ベクトルの和・スカラー倍】**

2つのベクトル $\boldsymbol{a}$，$\boldsymbol{b}$ に対する和を $\boldsymbol{a}+\boldsymbol{b}$ と表記し，次のように定義する．$\boldsymbol{a}$，$\boldsymbol{b}$ の始点をOに合わせたベクトルを $\overrightarrow{OP}$，$\overrightarrow{OQ}$ とし，OP，OQを2辺とする平行四辺形OPRQを考えたとき，$\overrightarrow{OR}$ に相等するベクトルを $\boldsymbol{a}$，$\boldsymbol{b}$ の和とし，$\overrightarrow{OR}$ に相等するベクトルを $\boldsymbol{c}$ とすれば，$\boldsymbol{c}=\boldsymbol{a}+\boldsymbol{b}$ と表す．この定義から明らかなように，ベクトルの和に関して，交換法則および結合法則は成り立つ．

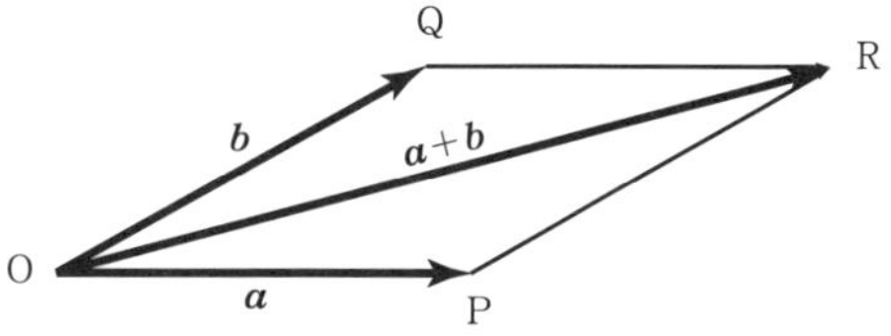

図 6-2

また，λ をスカラーとするとき，ベクトル $\boldsymbol{a}$ の λ 倍をベクトル $\boldsymbol{a}$ のスカラー倍といい $\lambda\boldsymbol{a}$ と表記し，次のように定義する．

i）$\lambda>0$ のとき，$\lambda\boldsymbol{a}$ は $\boldsymbol{a}$ と同じ向きをもち，大きさは $\boldsymbol{a}$ の λ 倍．

ii）$\lambda<0$ のとき，$\lambda\boldsymbol{a}$ は $\boldsymbol{a}$ と反対の向きをもち，大きさは $\boldsymbol{a}$ の $|\lambda|$ 倍．

iii）$\lambda=0$ のとき，$\lambda\boldsymbol{a}$ は $\boldsymbol{o}$（零ベクトル）となる．

＊零ベクトル（$\boldsymbol{o}$）とは大きさが0のベクトルであり，向きは定まらない．

したがって，本問において，$2\overrightarrow{BA}$ に相等するベクトルは $\overrightarrow{CF}$，$\overrightarrow{C'F'}$．また，$\overrightarrow{DC'}$ に相等するベクトルは $\overrightarrow{FA'}$ であるから，$2\overrightarrow{BA}+\overrightarrow{DC'}$ に相等するベクトルは，$\overrightarrow{DF'}$，$\overrightarrow{CA'}$ である．

(4)　**【ベクトルの成分・ベクトルの大きさ】**

xyz-座標系において，あるベクトル $\boldsymbol{a}$ に相等する位置ベクトルを $\bar{\boldsymbol{a}}$ とし，その終点の座標を $(a_1,\ a_2,\ a_3)$ とする．いま，x 軸，y 軸，z 軸の正の方向に大きさ1のベクトル（これを単位ベクトルという）をとり，それぞれを $\boldsymbol{i}$，$\boldsymbol{j}$，$\boldsymbol{k}$（これらのベクトルを基本ベクトルと呼ぶ．$\boldsymbol{e}_1$，$\boldsymbol{e}_2$，$\boldsymbol{e}_3$ と表記する場合もある）とする．

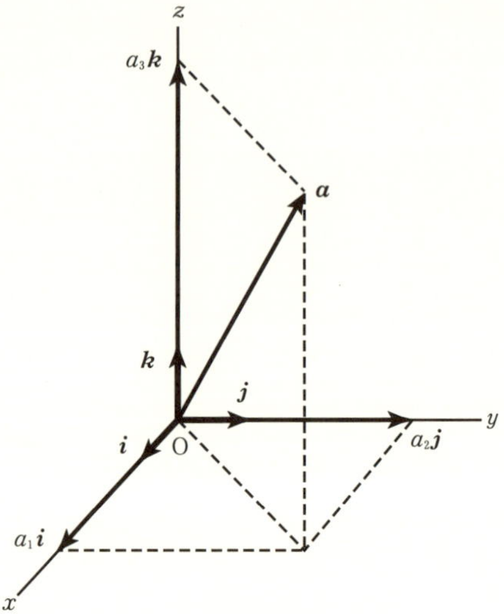

図 6-3

ここで，$\overline{\boldsymbol{a}}$を$\boldsymbol{i}$，$\boldsymbol{j}$，$\boldsymbol{k}$を用いて表すと，$\overline{\boldsymbol{a}} = a_1\boldsymbol{i} + a_2\boldsymbol{j} + a_3\boldsymbol{k}$と表されるので，$\boldsymbol{a}$に対しても，$\boldsymbol{a} = a_1\boldsymbol{i} + a_2\boldsymbol{j} + a_3\boldsymbol{k}$が成り立つ．そして，座標系の任意のベクトルは，位置ベクトルの終点の座標によって一意的に表すことができるので，$\boldsymbol{a}$に対して$(a_1,\ a_2,\ a_3)$は唯一定まる．このa_1，a_2，a_3をそれぞれ$\boldsymbol{a}$のx成分，y成分，z成分といい，$\boldsymbol{a} = a_1\boldsymbol{i} + a_2\boldsymbol{j} + a_3\boldsymbol{k}$，または，$\boldsymbol{a} = (a_1,\ a_2,\ a_3)$を$\boldsymbol{a}$の成分表示という（本書では，原則$\boldsymbol{a} = a_1\boldsymbol{i} + a_2\boldsymbol{j} + a_3\boldsymbol{k}$の表示法を採用する⇒**図 6-3** 参照）．

また，$\boldsymbol{a} = a_1\boldsymbol{i} + a_2\boldsymbol{j} + a_3\boldsymbol{k}$，$\boldsymbol{b} = b_1\boldsymbol{i} + b_2\boldsymbol{j} + b_3\boldsymbol{k}$，スカラー$\lambda$とするとき，ベクトルの和およびスカラー倍の成分表示は，$\boldsymbol{a} + \boldsymbol{b} = (a_1 + b_1)\boldsymbol{i} + (a_2 + b_2)\boldsymbol{j} + (a_3 + b_3)\boldsymbol{k}$，$\lambda\boldsymbol{a} = \lambda a_1\boldsymbol{i} + \lambda a_2\boldsymbol{j} + \lambda a_3\boldsymbol{k}$と表せる．

したがって，本問において$\overrightarrow{\mathrm{AC'}} = \overrightarrow{\mathrm{OC'}} - \overrightarrow{\mathrm{OA}}$，$\overrightarrow{\mathrm{B'E}} = \overrightarrow{\mathrm{OE}} - \overrightarrow{\mathrm{OB'}}$，$\overrightarrow{\mathrm{OA}} = 2\boldsymbol{i}$，$\overrightarrow{\mathrm{OE}} = -\boldsymbol{i} - \sqrt{3}\,\boldsymbol{j}$，$\overrightarrow{\mathrm{OB'}} = \boldsymbol{i} + (\sqrt{3} + 1)\boldsymbol{j} + 3\boldsymbol{k}$，$\overrightarrow{\mathrm{OC'}} = -\boldsymbol{i} + (\sqrt{3} + 1)\boldsymbol{j} + 3\boldsymbol{k}$より，

$\overrightarrow{\mathrm{AC'}} = -3\boldsymbol{i} + (\sqrt{3} + 1)\boldsymbol{j} + 3\boldsymbol{k}$，$\overrightarrow{\mathrm{B'E}} = -2\boldsymbol{i} - (2\sqrt{3} + 1)\boldsymbol{j} - 3\boldsymbol{k}$.

一方，ベクトル$\boldsymbol{a}$の大きさは$|\boldsymbol{a}|$で表し，$\boldsymbol{a} = a_1\boldsymbol{i} + a_2\boldsymbol{j} + a_3\boldsymbol{k}$ならば，
$|\boldsymbol{a}| = \sqrt{a_1^2 + a_2^2 + a_3^2}$で表せる．したがって，
$|\overrightarrow{\mathrm{AC'}}| = \sqrt{9 + 4 + 2\sqrt{3} + 9} = \sqrt{22 + 2\sqrt{3}}$，$|\overrightarrow{\mathrm{B'E}}| = \sqrt{4 + 13 + 4\sqrt{3} + 9} = \sqrt{26 + 4\sqrt{3}}$.

(5) **【ベクトルの平行】**

2つのベクトル $\boldsymbol{a}$, $\boldsymbol{b}$ の向きが同じか逆向きのとき，$\boldsymbol{a}$, $\boldsymbol{b}$ は平行であるといい，$\boldsymbol{a}/\!/\boldsymbol{b}$ と表す．また，このとき，$\boldsymbol{b} = \lambda\boldsymbol{a}$ を満足する0でないスカラー λ が存在する．

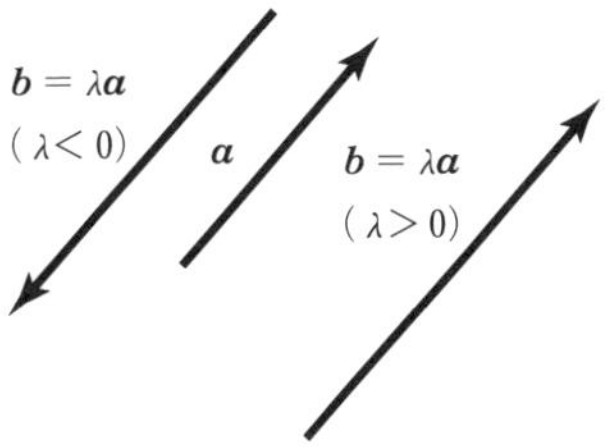

図 6-4

(4)より，$\overrightarrow{\mathrm{AC'}} = -3\boldsymbol{i} + (\sqrt{3}+1)\boldsymbol{j} + 3\boldsymbol{k}$ だから，$\overrightarrow{\mathrm{AC'}} = \sqrt{3}\boldsymbol{a}$ より $\overrightarrow{\mathrm{AC'}}/\!/\boldsymbol{a}$. 同様に，幾何学的な関係から $\boldsymbol{a}$ に平行なベクトルは，$\overrightarrow{\mathrm{C'A}}$, $\overrightarrow{\mathrm{D'F}}$, $\overrightarrow{\mathrm{FD'}}$ である．

(6) **【線分の内分点】**

$$\overrightarrow{\mathrm{OG}} = \overrightarrow{\mathrm{OF}} + \frac{2}{3}\overrightarrow{\mathrm{FC'}} = \overrightarrow{\mathrm{OF}} + \frac{2}{3}(\overrightarrow{\mathrm{OC'}} - \overrightarrow{\mathrm{OF}})$$
$$= \frac{1}{3}\overrightarrow{\mathrm{OF}} + \frac{2}{3}\overrightarrow{\mathrm{OC'}}.$$

$\overrightarrow{\mathrm{OF}} = \boldsymbol{i} - \sqrt{3}\boldsymbol{j}$, $\overrightarrow{\mathrm{OC'}} = -\boldsymbol{i} + (\sqrt{3}+1)\boldsymbol{j} + 3\boldsymbol{k}$ より，

$$\overrightarrow{\mathrm{OG}} = -\frac{1}{3}\boldsymbol{i} + \frac{\sqrt{3}+2}{3}\boldsymbol{j} + 2\boldsymbol{k}.$$

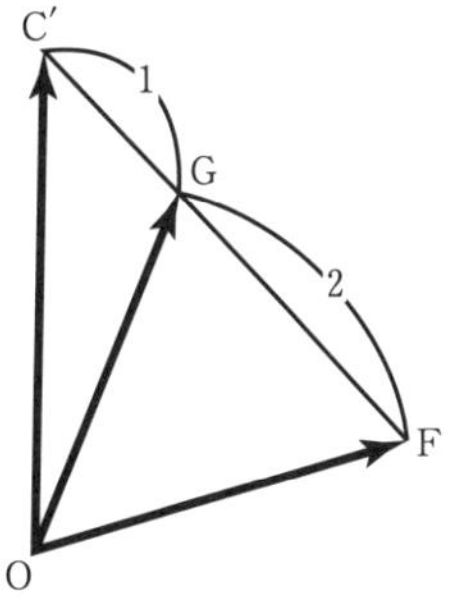

図 6-5

例題 6-2 2つのベクトル $\boldsymbol{a}$, $\boldsymbol{b}$ において，以下の問いに答えよ．
(1) $\boldsymbol{a}$, $\boldsymbol{b}$ の内積を求めよ．
(2) $\boldsymbol{a}\cdot\boldsymbol{b} = \boldsymbol{b}\cdot\boldsymbol{a}$ を示せ．
(3) $\boldsymbol{a}\cdot(\boldsymbol{b}+\boldsymbol{c}) = \boldsymbol{a}\cdot\boldsymbol{b} + \boldsymbol{a}\cdot\boldsymbol{c}$ を示せ．

(1) **【ベクトルの内積】**

2つのベクトル $\boldsymbol{a}$, $\boldsymbol{b}$ に対して，$|\boldsymbol{a}||\boldsymbol{b}|\cos\theta$ を $\boldsymbol{a}$, $\boldsymbol{b}$ の内積（スカラー積）といい，$\boldsymbol{a}\cdot\boldsymbol{b}$, または，$(\boldsymbol{a}, \boldsymbol{b})$ で表す（本書では，$\boldsymbol{a}\cdot\boldsymbol{b}$ を用いる）．ここで，θ は $\boldsymbol{a}$, $\boldsymbol{b}$ のなす角（$0 \leqq \theta \leqq \pi$）を表す．

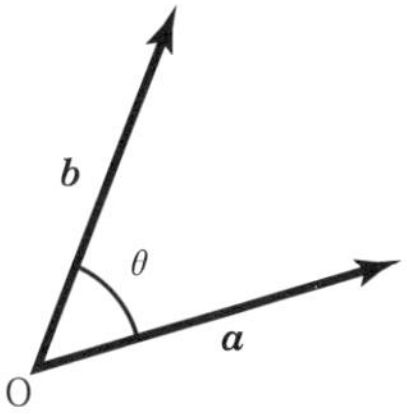

図 6-6

(2) **【内積の基本的性質 1】**

内積の定義より，

$$\boldsymbol{a}\cdot\boldsymbol{b} = |\boldsymbol{a}||\boldsymbol{b}|\cos\theta = |\boldsymbol{b}||\boldsymbol{a}|\cos\theta = \boldsymbol{b}\cdot\boldsymbol{a}$$

(3) **【内積の基本的性質 2】**

$\boldsymbol{a}$, $\boldsymbol{b}$, $\boldsymbol{c}$ の始点を点Oに合わせて，各々のベクトルの終点をA, B, Cとする．また，OB, OCを2辺とする平行四辺形をつくり，点Oの対角の点をDとし，点B, C, Dから直線OAに下ろした垂線の足をそれぞれF, G, Hとする．

いま，$\boldsymbol{a}$と同じ向きで大きさが1のベクトルを$\boldsymbol{e}$とすると，スカラーλを用いて，$\overrightarrow{\mathrm{OF}} = \lambda \boldsymbol{e}$と表すことができる．$\boldsymbol{a}$，$\boldsymbol{b}$のなす角を$\theta$とすると，$0 \leqq \theta \leqq \dfrac{\pi}{2}$のとき，点Fは点Oに対して点Aと同じ側にあるので$\lambda > 0$．

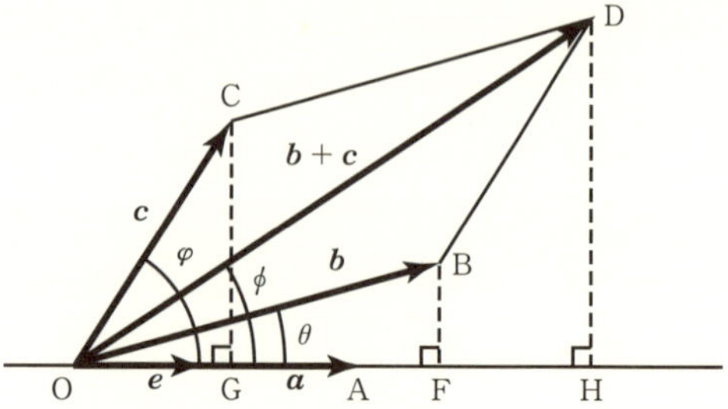

図 6-7

$|\overrightarrow{\mathrm{OF}}| = |\boldsymbol{b}|\cos\theta$より$\lambda = |\boldsymbol{b}|\cos\theta$．一方，$\dfrac{\pi}{2} < \theta \leqq \pi$のとき，点Fは点Oに対して点Aの反対側にあるので$\lambda < 0$．$|\overrightarrow{\mathrm{OF}}| = -|\boldsymbol{b}|\cos\theta$（$\because \cos\theta < 0$）より$\lambda = |\boldsymbol{b}|\cos\theta$．すなわち，いずれの場合においても，$\overrightarrow{\mathrm{OF}} = (|\boldsymbol{b}|\cos\theta)\boldsymbol{e}$と表せる．同様に，点G，Hにおいても，$\overrightarrow{\mathrm{OG}} = (|\boldsymbol{c}|\cos\varphi)\boldsymbol{e}$，$\overrightarrow{\mathrm{OH}} = (|\boldsymbol{b}+\boldsymbol{c}|\cos\phi)\boldsymbol{e}$が成り立つ（ただし，$\varphi$，$\phi$は，$\boldsymbol{a}$，$\boldsymbol{c}$および$\boldsymbol{a}$，$\boldsymbol{b}+\boldsymbol{c}$のなす角を表す）．

さて，$\overline{\mathrm{OC}} /\!/ \overline{\mathrm{BD}}$，$\overline{\mathrm{OC}} = \overline{\mathrm{BD}}$より$\overline{\mathrm{OG}} = \overline{\mathrm{FH}}$．また，$\overrightarrow{\mathrm{OG}}$と$\overrightarrow{\mathrm{FH}}$は同じ向きなので$\overrightarrow{\mathrm{OG}} = \overrightarrow{\mathrm{FH}}$．したがって，$\overrightarrow{\mathrm{OH}} = \overrightarrow{\mathrm{OF}} + \overrightarrow{\mathrm{FH}} = \overrightarrow{\mathrm{OF}} + \overrightarrow{\mathrm{OG}}$．ここに上の関係を代入すると，$(|\boldsymbol{b}+\boldsymbol{c}|\cos\phi)\boldsymbol{e} = (|\boldsymbol{b}|\cos\theta)\boldsymbol{e} + (|\boldsymbol{c}|\cos\varphi)\boldsymbol{e}$．すなわち，$(|\boldsymbol{b}+\boldsymbol{c}|\cos\phi - |\boldsymbol{b}|\cos\theta - |\boldsymbol{c}|\cos\varphi)\boldsymbol{e} = \boldsymbol{o}$．$\boldsymbol{e}$は大きさ1のベクトルなので，この等式が成り立つには，スカラーが0，つまり，$|\boldsymbol{b}+\boldsymbol{c}|\cos\phi = |\boldsymbol{b}|\cos\theta + |\boldsymbol{c}|\cos\varphi$が成り立たねばならない．この等式の両辺にスカラー$|\boldsymbol{a}|$を掛けると，$|\boldsymbol{a}||\boldsymbol{b}+\boldsymbol{c}|\cos\phi = |\boldsymbol{a}||\boldsymbol{b}|\cos\theta + |\boldsymbol{a}||\boldsymbol{c}|\cos\varphi$，すなわち，$\boldsymbol{a}\cdot(\boldsymbol{b}+\boldsymbol{c}) = \boldsymbol{a}\cdot\boldsymbol{b} + \boldsymbol{a}\cdot\boldsymbol{c}$が成り立つ．

＊この他にも，次のような内積の基本的性質がよく用いられる．

i）$\lambda\boldsymbol{a}\cdot\boldsymbol{b} = \boldsymbol{a}\cdot\lambda\boldsymbol{b} = \lambda(\boldsymbol{a}\cdot\boldsymbol{b})$（$\lambda$：スカラー）

ii）$\boldsymbol{a}\cdot\boldsymbol{a} = |\boldsymbol{a}|^2$

iii）$\boldsymbol{a}\cdot\boldsymbol{b} = 0 \Leftrightarrow \boldsymbol{a}\perp\boldsymbol{b}$

例題 6-3　互いに平行でない2つのベクトル$\boldsymbol{a}$，$\boldsymbol{b}$において，以下の問いに答えよ．ただし，$\boldsymbol{a}$，$\boldsymbol{b}$のなす角$\theta = \dfrac{\pi}{3}$，$|\boldsymbol{a}| = |\boldsymbol{b}| = \sqrt{14}$とする．

(1)　$\boldsymbol{a}$，$\boldsymbol{b}$の外積を求めよ．　(2)　$\boldsymbol{a}\times\boldsymbol{b} = -\boldsymbol{b}\times\boldsymbol{a}$を示せ．

(3)　$\boldsymbol{a}\times(\boldsymbol{b}+\boldsymbol{c}) = \boldsymbol{a}\times\boldsymbol{b} + \boldsymbol{a}\times\boldsymbol{c}$を示せ．

(4)　$\boldsymbol{a} = a_1\boldsymbol{i} + a_2\boldsymbol{j} + a_3\boldsymbol{k}$，$\boldsymbol{b} = b_1\boldsymbol{i} + b_2\boldsymbol{j} + b_3\boldsymbol{k}$とするとき，$\boldsymbol{a}\times\boldsymbol{b}$を成分で示せ．

(1)　**【ベクトルの外積】**

2つのベクトル $\boldsymbol{a}$, $\boldsymbol{b}$ に対して始点をOで合わせて，$\boldsymbol{a}=\overrightarrow{\mathrm{OA}}$, $\boldsymbol{b}=\overrightarrow{\mathrm{OB}}$ とするとき，この $\boldsymbol{a}$, $\boldsymbol{b}$ から次の(i)，(ii)を満たすベクトル $\boldsymbol{c}=\overrightarrow{\mathrm{OC}}$ をつくる．

(i)　$\boldsymbol{c}$ の大きさ $|\boldsymbol{c}|$ は，$\overrightarrow{\mathrm{OA}}$, $\overrightarrow{\mathrm{OB}}$ を隣り合う2辺とする平行四辺形の面積に等しい．すなわち，$|\boldsymbol{c}|=|\boldsymbol{a}||\boldsymbol{b}|\sin\theta$（ここで，$\theta$ は $\boldsymbol{a}$, $\boldsymbol{b}$ のなす角を表す）．

(ii)　$\boldsymbol{c}$ の向きは，3点O，A，Bを含む平面に垂直で，$\boldsymbol{a}$, $\boldsymbol{b}$, $\boldsymbol{c}$ が右手系であるようにとる（図6-8参照）．このとき，$\boldsymbol{c}$ を $\boldsymbol{a}$ と $\boldsymbol{b}$ の外積（ベクトル積）といい，$\boldsymbol{c}=\boldsymbol{a}\times\boldsymbol{b}$ と表す．

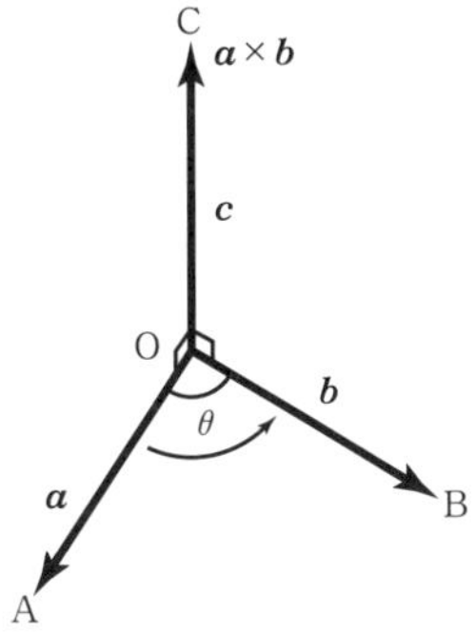

図6-8

本問において，$|\boldsymbol{a}||\boldsymbol{b}|\sin\theta=14\cdot\dfrac{\sqrt{3}}{2}=7\sqrt{3}$ より，$\boldsymbol{a}\times\boldsymbol{b}$ は大きさ $7\sqrt{3}$ で，向きは，始点を合わせて $\boldsymbol{a}\to\boldsymbol{b}$ に回転したとき，右ねじが進む向きとなるベクトルである．

(2)　**【外積の基本的性質1】**

$\boldsymbol{c}=\boldsymbol{a}\times\boldsymbol{b}$, $\boldsymbol{d}=\boldsymbol{b}\times\boldsymbol{a}$ とする．外積の定義より，$|\boldsymbol{c}|=|\boldsymbol{d}|$ は明らか．また，$\boldsymbol{a}\to\boldsymbol{b}$ に回転したときと $\boldsymbol{b}\to\boldsymbol{a}$ に回転したときとで，右ねじが進む向きは正反対になるから，$\boldsymbol{c}=-\boldsymbol{d}$. すなわち，$\boldsymbol{a}\times\boldsymbol{b}=-\boldsymbol{b}\times\boldsymbol{a}$ が成り立つ．

(3)　**【外積の基本的性質2】**

始点をOで合わせて，$\boldsymbol{a}=\overrightarrow{\mathrm{OA}}$, $\boldsymbol{b}=\overrightarrow{\mathrm{OB}}$, $\boldsymbol{c}=\overrightarrow{\mathrm{OC}}$, $\boldsymbol{b}+\boldsymbol{c}=\overrightarrow{\mathrm{OD}}$ とする．また，点Oを含み $\overrightarrow{\mathrm{OA}}$ に垂直な平面を π とし，点B，C，Dから π へ下ろした垂線の足を，それぞれB′，C′，D′とする．いま，$\boldsymbol{b}'=\overrightarrow{\mathrm{OB'}}$, $\boldsymbol{c}'=\overrightarrow{\mathrm{OC'}}$ とすれば，$\overrightarrow{\mathrm{OD'}}=\boldsymbol{b}'+\boldsymbol{c}'$ と表せる．ここで，$\boldsymbol{a}\times\boldsymbol{b}$ と $\boldsymbol{a}\times\boldsymbol{b}'$ を考えると，$\overrightarrow{\mathrm{OA}}$, $\overrightarrow{\mathrm{OB}}$ を隣り合う2辺とする平行四辺形の面積と $\overrightarrow{\mathrm{OA}}$, $\overrightarrow{\mathrm{OB'}}$ を隣り合う2辺とする長方形の面積とは等しい．さらに，明らかに $\boldsymbol{a}\times\boldsymbol{b}$ と $\boldsymbol{a}\times\boldsymbol{b}'$ は同じ向きとなる．したがって，$\boldsymbol{a}\times\boldsymbol{b}=\boldsymbol{a}\times\boldsymbol{b}'$ が成り立つ．同様に，$\boldsymbol{a}\times\boldsymbol{c}=\boldsymbol{a}\times\boldsymbol{c}'$, $\boldsymbol{a}\times(\boldsymbol{b}+\boldsymbol{c})=\boldsymbol{a}\times(\boldsymbol{b}'+\boldsymbol{c}')$ が成り立つ．

さて，$\boldsymbol{a}\times\boldsymbol{b}'=\overrightarrow{\mathrm{OE}}$, $\boldsymbol{a}\times\boldsymbol{c}'=\overrightarrow{\mathrm{OF}}$, $\boldsymbol{a}\times(\boldsymbol{b}'+\boldsymbol{c}')=\overrightarrow{\mathrm{OG}}$ とすると，点E，F，Gは π 上の点であり，各点は，点B′，C′，D′をそれぞれ点Oを中心として，点Aから π を見て反時計回りに90°回転し，点Oからの距離をそれぞれ $|\boldsymbol{a}|$ 倍した点となる．すなわち，四辺形OB′D′C′と四辺形OEGFは相

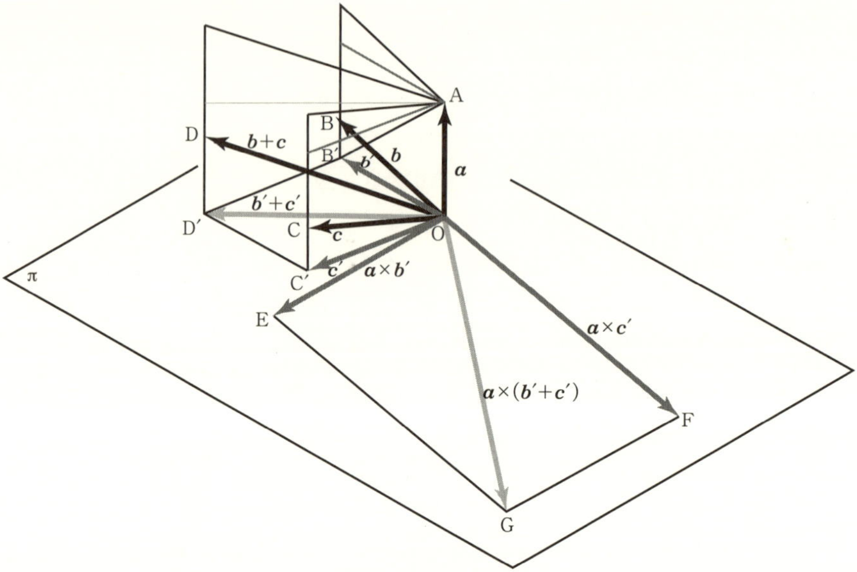

図 6-9

似となるので，$\overrightarrow{OG} = \overrightarrow{OE} + \overrightarrow{OF} \Rightarrow \boldsymbol{a} \times (\boldsymbol{b}' + \boldsymbol{c}') = \boldsymbol{a} \times \boldsymbol{b}' + \boldsymbol{a} \times \boldsymbol{c}'$. ゆえに，$\boldsymbol{a} \times (\boldsymbol{b} + \boldsymbol{c}) = \boldsymbol{a} \times \boldsymbol{b} + \boldsymbol{a} \times \boldsymbol{c}$ が成り立つ．

＊この他にも，次のような外積の基本的性質がよく用いられる．

i）$\boldsymbol{a} /\!/ \boldsymbol{b}$ のとき，$\boldsymbol{a} \times \boldsymbol{b} = \boldsymbol{o}$ と定める．

ii）$\boldsymbol{a} \times \boldsymbol{a} = \boldsymbol{o}$

iii）$\lambda \boldsymbol{a} \times \boldsymbol{b} = \boldsymbol{a} \times \lambda \boldsymbol{b} = \lambda(\boldsymbol{a} \times \boldsymbol{b})$　（λ：スカラー）

(4)　**【外積の成分表示】**

xyz 座標系における基本ベクトル $\boldsymbol{i}$, $\boldsymbol{j}$, $\boldsymbol{k}$ 間の外積において，明らかに次式が成り立つ．

$$\boldsymbol{i} \times \boldsymbol{j} = -\boldsymbol{j} \times \boldsymbol{i} = \boldsymbol{k},\ \boldsymbol{j} \times \boldsymbol{k} = -\boldsymbol{k} \times \boldsymbol{j} = \boldsymbol{i}$$
$$\boldsymbol{k} \times \boldsymbol{i} = -\boldsymbol{i} \times \boldsymbol{k} = \boldsymbol{j}$$
$$\boldsymbol{i} \times \boldsymbol{i} = \boldsymbol{j} \times \boldsymbol{j} = \boldsymbol{k} \times \boldsymbol{k} = \boldsymbol{o}$$

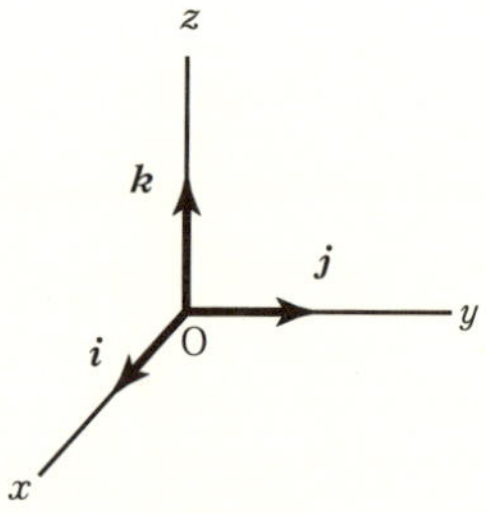

図 6-10

したがって，前問(3)を利用して，$\boldsymbol{a} \times \boldsymbol{b}$ の成分表示を求めると，

$$\begin{aligned}\boldsymbol{a} \times \boldsymbol{b} &= (a_1\boldsymbol{i} + a_2\boldsymbol{j} + a_3\boldsymbol{k}) \times (b_1\boldsymbol{i} + b_2\boldsymbol{j} + b_3\boldsymbol{k}) \\ &= a_1b_1\boldsymbol{i} \times \boldsymbol{i} + a_1b_2\boldsymbol{i} \times \boldsymbol{j} + a_1b_3\boldsymbol{i} \times \boldsymbol{k} + a_2b_1\boldsymbol{j} \times \boldsymbol{i} + a_2b_2\boldsymbol{j} \times \boldsymbol{j}\end{aligned}$$

$$+ a_2b_3\boldsymbol{j}\times\boldsymbol{k} + a_3b_1\boldsymbol{k}\times\boldsymbol{i} + a_3b_2\boldsymbol{k}\times\boldsymbol{j} + a_3b_3\boldsymbol{k}\times\boldsymbol{k}$$

$$= \boldsymbol{o} + a_1b_2\boldsymbol{k} - a_1b_3\boldsymbol{j} - a_2b_1\boldsymbol{k} + \boldsymbol{o} + a_2b_3\boldsymbol{i} + \boldsymbol{a}_3b_1\boldsymbol{j} - a_3b_2\boldsymbol{i} + \boldsymbol{o}$$

$$= (a_2b_3 - a_3b_2)\boldsymbol{i} + (a_3b_1 - a_1b_3)\boldsymbol{j} + (a_1b_2 - a_2b_1)\boldsymbol{k}$$

あるいは，行列式を用いて，

$$\boldsymbol{a}\times\boldsymbol{b} = \begin{vmatrix} a_2 & a_3 \\ b_2 & b_3 \end{vmatrix}\boldsymbol{i} + \begin{vmatrix} a_3 & a_1 \\ b_3 & b_1 \end{vmatrix}\boldsymbol{j} + \begin{vmatrix} a_1 & a_2 \\ b_1 & b_2 \end{vmatrix}\boldsymbol{k} = \begin{vmatrix} \boldsymbol{i} & \boldsymbol{j} & \boldsymbol{k} \\ a_1 & a_2 & a_3 \\ b_1 & b_2 & b_3 \end{vmatrix}$$

と表記することもできる．

6-2　空間内での直線と平面のベクトル方程式

例題 6-4　次に示す空間上の直線の方程式を求めよ．

(1)　定点 $P_0\,(x_0,\ y_0,\ z_0)$ を通りベクトル $\boldsymbol{d} = a\boldsymbol{i} + b\boldsymbol{j} + c\boldsymbol{k}$ に平行な直線 l

(2)　定点 P_0 と異なるもう一つの定点 $P_1\,(x_1,\ y_1,\ z_1)$を通る直線 m

(1)　**【空間上の直線の方程式 1】**

直線 l 上の任意の点を $P\,(x,\ y,\ z)$ とすると，$\overrightarrow{P_0P}/\!/\boldsymbol{d}$ だから，スカラー t を用いて，$\overrightarrow{P_0P} = t\boldsymbol{d}$ と表せる．この等式から各成分の関係を求めると，

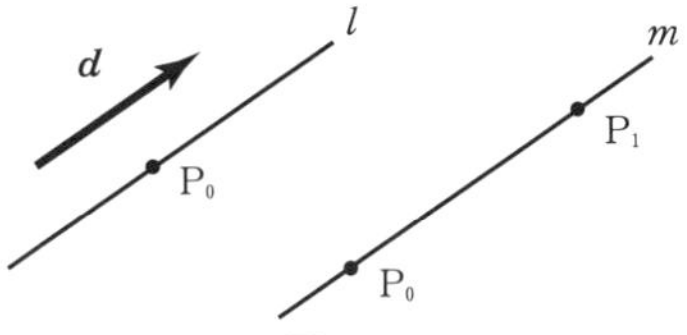

図 6-11

$$x = x_0 + at,\ y = y_0 + bt,\ z = z_0 + ct$$

これを直線 l の媒介変数表示という．一方，この式から t を消去して，

$$\frac{x - x_0}{a} = \frac{y - y_0}{b} = \frac{z - z_0}{c}$$

これを直線 l の方程式という．

また，点 P，P_0 に対する位置ベクトルをそれぞれ $\boldsymbol{x}$，$\boldsymbol{x}_0$ とすると，

$$(\boldsymbol{x} - \boldsymbol{x}_0)\times\boldsymbol{d} = \boldsymbol{o}$$

が成り立つ．これを直線 l のベクトル方程式という場合もある．

(2)　**【空間上の直線の方程式 2】**

(1)と同様に，直線 m 上の任意の点を $P\,(x,\ y,\ z)$ とすると，$\overrightarrow{P_0P}/\!/\overrightarrow{P_0P_1}$ だから，$\boldsymbol{d}$ の代わりに $\overrightarrow{P_0P_1}$ を用いればよい．したがって，直線 m の方程式は，

$$\frac{x - x_0}{x_1 - x_0} = \frac{y - y_0}{y_1 - y_0} = \frac{z - z_0}{z_1 - z_0}$$

媒介変数表示は，

$x = x_0 + (x_1 - x_0)t,\ y = y_0 + (y_1 - y_0)t,\ z = z_0 + (z_1 - z_0)t$

ベクトル方程式は，点 P_1 の位置ベクトルを $\boldsymbol{x}_1$ とすれば，

$$(\boldsymbol{x} - \boldsymbol{x}_0) \times (\boldsymbol{x}_1 - \boldsymbol{x}_0) = \boldsymbol{o}$$

とそれぞれ表すことができる．

例題 6-5　次に示す空間上の平面の方程式を求めよ．

(1)　定点 $P_0\ (x_0,\ y_0,\ z_0)$ を含みベクトル $\boldsymbol{h} = a\boldsymbol{i} + b\boldsymbol{j} + c\boldsymbol{k}$ に垂直な平面 π

(2)　定点 P_0 と異なるもう二つの定点 $P_1\ (x_1,\ y_1,\ z_1)$，$P_2\ (x_2,\ y_2,\ z_2)$ を含む平面 σ（ただし，P_0，P_1，P_2 は同一直線上にはないものとする）

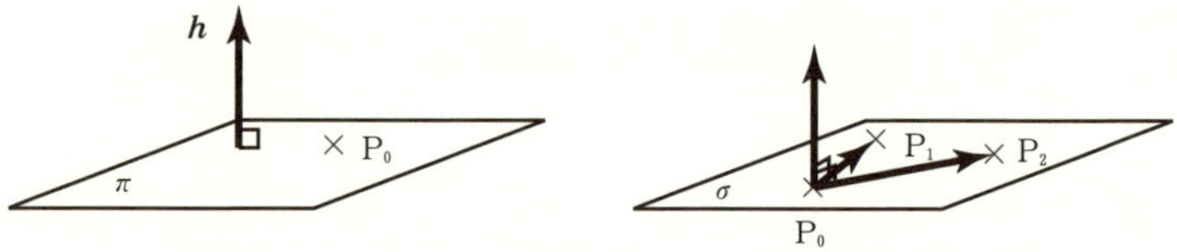

図 6-12

(1)　**【空間上の平面の方程式 1】**

π 上の任意の点を $P\ (x,\ y,\ z)$ とすると，$\overrightarrow{P_0P} \perp \boldsymbol{h}$ より $\overrightarrow{P_0P} \cdot \boldsymbol{h} = 0$．ゆえに，

$$(x - x_0)a + (y - y_0)b + (z - z_0)c = ax + by + cz - (ax_0 + by_0 + cz_0) = 0$$

これを平面 π の方程式という．ただし，上式左辺第 4 項は定数になるので，一般的な平面の方程式は，$ax_0 + by_0 + cz_0 = d$ とおいて，

$$ax + by + cz = d$$

と表示する．なお，$\boldsymbol{h}$ に平行なベクトルを法線ベクトルという．

また，点 P，P_0 に対する位置ベクトルをそれぞれ $\boldsymbol{x}$，$\boldsymbol{x}_0$ とすると，

$$(\boldsymbol{x} - \boldsymbol{x}_0) \cdot \boldsymbol{h} = 0$$

が成り立つ．これを平面 π のベクトル方程式という場合もある．

(2)　**【空間上の平面の方程式 2】**

P_0，P_1，P_2 は同一直線上にはないので平面 σ が唯一定まる．平面 σ の法線ベクトルを求めることを考えると，σ に平行であり，互いには平行ではない 2 つのベクトル $\overrightarrow{P_0P_1}$，$\overrightarrow{P_0P_2}$ に対し，ともに垂直なベクトルが σ の法線ベクトルとなる．したがって，$\overrightarrow{P_0P_1} \times \overrightarrow{P_0P_2}$ は σ の法線ベクトルとなり得る．

平面 σ 上の任意の点を $P\ (x,\ y,\ z)$ とすると，$\overrightarrow{P_0P} \cdot (\overrightarrow{P_0P_1} \times \overrightarrow{P_0P_2}) = 0$ より，平面 σ の方程式は，

$$(x-x_0)\begin{vmatrix} y_1-y_0 & z_1-z_0 \\ y_2-y_0 & z_2-z_0 \end{vmatrix}+(y-y_0)\begin{vmatrix} z_1-z_0 & x_1-x_0 \\ z_2-z_0 & x_2-x_0 \end{vmatrix}+(z-z_0)\begin{vmatrix} x_1-x_0 & y_1-y_0 \\ x_2-x_0 & y_2-y_0 \end{vmatrix}=0$$

また，ベクトル方程式は，点 P_1，P_2 に対する位置ベクトルをそれぞれ $\boldsymbol{x}_1$，$\boldsymbol{x}_2$ とすると，$(\boldsymbol{x}-\boldsymbol{x}_0)\cdot\{(\boldsymbol{x}_1-\boldsymbol{x}_0)\times(\boldsymbol{x}_2-\boldsymbol{x}_0)\}=0$．整理すると，

$$(\boldsymbol{x}-\boldsymbol{x}_0)\cdot(\boldsymbol{x}_0\times\boldsymbol{x}_1+\boldsymbol{x}_1\times\boldsymbol{x}_2+\boldsymbol{x}_2\times\boldsymbol{x}_0)=0$$

$$\boldsymbol{x}\cdot(\boldsymbol{x}_0\times\boldsymbol{x}_1+\boldsymbol{x}_1\times\boldsymbol{x}_2+\boldsymbol{x}_2\times\boldsymbol{x}_0)=\boldsymbol{x}_0\cdot(\boldsymbol{x}_1\times\boldsymbol{x}_2)$$

と表せる．

例題 6-6　xyz 座標系において，直線 l：$\dfrac{x+2}{1}=\dfrac{y-4}{2}=\dfrac{z-1}{-3}$，平面 π：$x+y+2z=6$ および σ：$x+2y+z=1$ があるとき，次のものを求めよ．

(1)　直線 l と平面 π との交点　　　(2)　平面 π と σ との交線

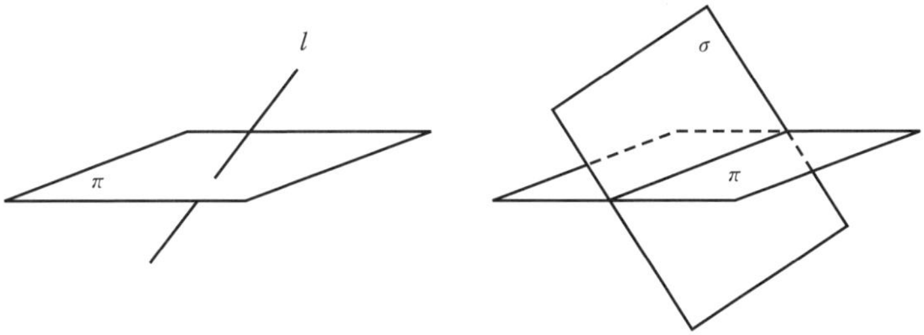

図 6-13

(1)　**【直線と平面の交点】**

直線 l を媒介変数表示すると，$x=t-2$，$y=2t+4$，$z=-3t+1$．これを平面 π の方程式に代入すると，$(t-2)+(2t+4)+2(-3t+1)=6$ より，$t=-\dfrac{2}{3}$．

$\therefore$　交点は，$\left(-\dfrac{8}{3},\ \dfrac{8}{3},\ 3\right)$

(別解)　直線 l，平面 π の方程式から，$\begin{cases} x+y+2z=6 \\ \dfrac{x+2}{1}=\dfrac{y-4}{2} \\ \dfrac{y-4}{2}=\dfrac{z-1}{-3}\ \text{or}\ \dfrac{x+2}{1}=\dfrac{z-1}{-3} \end{cases}$

の 3 元連立方程式を解いてもよい．

(2) **【平面と平面の交線】**

平面 π，σ の方程式から $\begin{cases} x+y+2z=6 \\ x+2y+z=1 \end{cases}$ の連立方程式を解いて，y を x および z で表すと，$y=z-5$，$y=\dfrac{-x-4}{3}$.

$\therefore$　交線の方程式は，$\dfrac{-x-4}{3}=y=z-5\left(\dfrac{x+4}{-3}=\dfrac{y}{1}=\dfrac{z-5}{1}\right)$. あるいは，$x=-3t-4$，$y=t$，$z=t+5$.

6-3　ベクトル関数（1変数）

例題 6-7　t を変数とするベクトル関数
$\boldsymbol{a}(t)=(t^3-t^2+2t)\boldsymbol{i}+(\sin t+\cos 2t)\boldsymbol{j}+e^t\boldsymbol{k}$ の導関数 $\dfrac{d\boldsymbol{a}(t)}{dt}$ を求めよ.

【ベクトル関数と微分】

t を変数とするとき，t に対してベクトル $\boldsymbol{a}(t)$ が定まるとき，$\boldsymbol{a}(t)$ をベクトル関数という．xyz 座標系での成分表示で考えると，$\boldsymbol{a}(t)$ の各成分も t の実数値関数ということになり，一般に，$\boldsymbol{a}(t)=a_1(t)\boldsymbol{i}+a_2(t)\boldsymbol{j}+a_3(t)\boldsymbol{k}$ と表せる.

また，ベクトル関数 $\boldsymbol{a}(t)$ について，$\displaystyle\lim_{\Delta t\to 0}\frac{\boldsymbol{a}(t+\Delta t)-\boldsymbol{a}(t)}{\Delta t}$ が極限値を持つとき，この極限値を $\dfrac{d\boldsymbol{a}(t)}{dt}$ または $\dfrac{d\boldsymbol{a}}{dt}$，あるいは，$\boldsymbol{a}'(t)$ または $\boldsymbol{a}'$ で表し，$\boldsymbol{a}(t)$ の t における微分係数，あるいは，$\boldsymbol{a}(t)$ の導関数という．$\dfrac{d\boldsymbol{a}(t)}{dt}$ を成分表示すると，

$$\begin{aligned}\frac{d\boldsymbol{a}(t)}{dt}&=\lim_{\Delta t\to 0}\frac{\boldsymbol{a}(t+\Delta t)-\boldsymbol{a}(t)}{\Delta t}\\&=\lim_{\Delta t\to 0}\frac{\{a_1(t+\Delta t)\boldsymbol{i}+a_2(t+\Delta t)\boldsymbol{j}+a_3(t+\Delta t)\boldsymbol{k}\}-\{a_1(t)\boldsymbol{i}+a_2(t)\boldsymbol{j}+a_3(t)\boldsymbol{k}\}}{\Delta t}\\&=\lim_{\Delta t\to 0}\frac{a_1(t+\Delta t)-a_1(t)}{\Delta t}\boldsymbol{i}+\lim_{\Delta t\to 0}\frac{a_2(t+\Delta t)-a_2(t)}{\Delta t}\boldsymbol{j}+\lim_{\Delta t\to 0}\frac{a_3(t+\Delta t)-a_3(t)}{\Delta t}\boldsymbol{k}\\&=\frac{da_1(t)}{dt}\boldsymbol{i}+\frac{da_2(t)}{dt}\boldsymbol{j}+\frac{da_3(t)}{dt}\boldsymbol{k}\ (=a_1'(t)\boldsymbol{i}+a_2'(t)\boldsymbol{j}+a_3'(t)\boldsymbol{k})\end{aligned}$$

となるので，$\boldsymbol{a}(t)$ の導関数が存在するためには，$\boldsymbol{a}(t)$ の各成分の導関数が存在することが必要十分である．なお，高次の導関数 $\dfrac{d^2\boldsymbol{a}(t)}{dt^2}$，$\dfrac{d^3\boldsymbol{a}(t)}{dt^3}$，…も実

数値関数と同様に次式で定義される．

$$\frac{d^n\boldsymbol{a}(t)}{dt^n} = \frac{d^n a_1(t)}{dt^n}\boldsymbol{i} + \frac{d^n a_2(t)}{dt^n}\boldsymbol{j} + \frac{d^n a_3(t)}{dt^n}\boldsymbol{k} \quad (n = 0,\ 1,\ 2,\ \cdots)$$

以上のことから，本問における $\dfrac{d\boldsymbol{a}(t)}{dt}$ は次式で表せる．

$$\frac{d\boldsymbol{a}(t)}{dt} = (3t^2 - 2t + 2)\boldsymbol{i} + (\cos t - 2\sin 2t)\boldsymbol{j} + e^t\boldsymbol{k}$$

例題 6-8 $\boldsymbol{a}(t)$，$\boldsymbol{b}(t)$ をベクトル関数とするとき，次の公式が成り立つことを示せ．

(1) $\dfrac{d}{dt}(\alpha\boldsymbol{a}(t) + \beta\boldsymbol{b}(t)) = \alpha\dfrac{d\boldsymbol{a}(t)}{dt} + \beta\dfrac{d\boldsymbol{b}(t)}{dt}$ （α，β：定スカラー）

(2) $\dfrac{d}{dt}(f(t)\boldsymbol{a}(t)) = \dfrac{df(t)}{dt}\boldsymbol{a}(t) + f(t)\dfrac{d\boldsymbol{a}(t)}{dt}$ （$f(t)$：スカラー関数）

(3) $\dfrac{d}{dt}(\boldsymbol{a}(t)\cdot\boldsymbol{b}(t)) = \dfrac{d\boldsymbol{a}(t)}{dt}\cdot\boldsymbol{b}(t) + \boldsymbol{a}(t)\cdot\dfrac{d\boldsymbol{b}(t)}{dt}$

(4) $\dfrac{d}{dt}(\boldsymbol{a}(t)\times\boldsymbol{b}(t)) = \dfrac{d\boldsymbol{a}(t)}{dt}\times\boldsymbol{b}(t) + \boldsymbol{a}(t)\times\dfrac{d\boldsymbol{b}(t)}{dt}$

(1) **【ベクトル関数の微分公式 1】**

$$\frac{d}{dt}(\alpha\boldsymbol{a}(t) + \beta\boldsymbol{b}(t)) = \lim_{\Delta t\to\infty}\frac{(\alpha\boldsymbol{a}(t+\Delta t) + \beta\boldsymbol{b}(t+\Delta t)) - (\alpha\boldsymbol{a}(t) + \beta\boldsymbol{b}(t))}{\Delta t}$$

$$= \alpha\lim_{\Delta t\to\infty}\frac{\boldsymbol{a}(t+\Delta t) - \boldsymbol{a}(t)}{\Delta t} + \beta\lim_{\Delta t\to\infty}\frac{\boldsymbol{b}(t+\Delta t) - \boldsymbol{b}(t)}{\Delta t} = \alpha\frac{d\boldsymbol{a}(t)}{dt} + \beta\frac{d\boldsymbol{b}(t)}{dt}$$

(2) **【ベクトル関数の微分公式 2】**

$$\frac{d}{dt}(f(t)\boldsymbol{a}(t)) = \lim_{\Delta t\to 0}\frac{f(t+\Delta t)\boldsymbol{a}(t+\Delta t) - f(t)\boldsymbol{a}(t)}{\Delta t}$$

$$= \lim_{\Delta t\to 0}\frac{f(t+\Delta t)\boldsymbol{a}(t+\Delta t) - f(t)\boldsymbol{a}(t+\Delta t) + f(t)\boldsymbol{a}(t+\Delta t) - f(t)\boldsymbol{a}(t)}{\Delta t}$$

$$= \lim_{\Delta t\to 0}\frac{(f(t+\Delta t) - f(t))\boldsymbol{a}(t+\Delta t)}{\Delta t} + \lim_{\Delta t\to 0}\frac{f(t)(\boldsymbol{a}(t+\Delta t) - \boldsymbol{a}(t)}{\Delta t}$$

$$= \lim_{\Delta t\to 0}\frac{f(t+\Delta t) - f(t)}{\Delta t}\cdot\boldsymbol{a}(t+\Delta t) + \lim_{\Delta t\to 0}f(t)\cdot\frac{\boldsymbol{a}(t+\Delta t) - \boldsymbol{a}(t)}{\Delta t}$$

$$= \frac{df(t)}{dt}\boldsymbol{a}(t) + f(t)\frac{d\boldsymbol{a}(t)}{dt}$$

(3) **【ベクトル関数の微分公式 3】**

$$\frac{d}{dt}(\boldsymbol{a}(t)\cdot\boldsymbol{b}(t)) = \lim_{\Delta t\to 0}\frac{\boldsymbol{a}(t+\Delta t)\cdot\boldsymbol{b}(t+\Delta t) - \boldsymbol{a}(t)\cdot\boldsymbol{b}(t)}{\Delta t}$$

$$= \lim_{\Delta t \to 0} \frac{\boldsymbol{a}(t+\Delta t)\cdot\boldsymbol{b}(t+\Delta t) - \boldsymbol{a}(t)\cdot\boldsymbol{b}(t+\Delta t) + \boldsymbol{a}(t)\cdot\boldsymbol{b}(t+\Delta t) - \boldsymbol{a}(t)\cdot\boldsymbol{b}(t)}{\Delta t}$$

$$= \lim_{\Delta t \to 0} \frac{(\boldsymbol{a}(t+\Delta t) - \boldsymbol{a}(t))\cdot\boldsymbol{b}(t+\Delta t)}{\Delta t} + \lim_{\Delta t \to 0} \frac{\boldsymbol{a}(t)\cdot(\boldsymbol{b}(t+\Delta t) - \boldsymbol{b}(t)}{\Delta t}$$

$$= \lim_{\Delta t \to 0} \frac{\boldsymbol{a}(t+\Delta t) - \boldsymbol{a}(t)}{\Delta t}\cdot\boldsymbol{b}(t+\Delta t) + \lim_{\Delta t \to 0} \boldsymbol{a}(t)\cdot\frac{\boldsymbol{b}(t+\Delta t) - \boldsymbol{b}(t)}{\Delta t}$$

$$= \frac{d\boldsymbol{a}(t)}{dt}\cdot\boldsymbol{b}(t) + \boldsymbol{a}(t)\cdot\frac{d\boldsymbol{b}(t)}{dt}$$

(4)　**【ベクトル関数の微分公式 4】**

$$\frac{d}{dt}(\boldsymbol{a}(t) \times \boldsymbol{b}(t)) = \lim_{\Delta t \to 0} \frac{\boldsymbol{a}(t+\Delta t) \times \boldsymbol{b}(t+\Delta t) - \boldsymbol{a}(t) \times \boldsymbol{b}(t)}{\Delta t}$$

$$= \lim_{\Delta t \to 0} \frac{\boldsymbol{a}(t+\Delta t) \times \boldsymbol{b}(t+\Delta t) - \boldsymbol{a}(t) \times \boldsymbol{b}(t+\Delta t) + \boldsymbol{a}(t) \times \boldsymbol{b}(t+\Delta t) - \boldsymbol{a}(t) \times \boldsymbol{b}(t)}{\Delta t}$$

$$= \lim_{\Delta t \to 0} \frac{(\boldsymbol{a}(t+\Delta t) - \boldsymbol{a}(t)) \times \boldsymbol{b}(t+\Delta t)}{\Delta t} + \lim_{\Delta t \to 0} \frac{\boldsymbol{a}(t) \times (\boldsymbol{b}(t+\Delta t) - \boldsymbol{b}(t))}{\Delta t}$$

$$= \lim_{\Delta t \to 0} \frac{\boldsymbol{a}(t+\Delta t) - \boldsymbol{a}(t)}{\Delta t} \times \boldsymbol{b}(t+\Delta t) + \lim_{\Delta t \to 0} \boldsymbol{a}(t) \times \frac{\boldsymbol{b}(t+\Delta t) - \boldsymbol{b}(t)}{\Delta t}$$

$$= \frac{d\boldsymbol{a}(t)}{dt} \times \boldsymbol{b}(t) + \boldsymbol{a}(t) \times \frac{d\boldsymbol{b}(t)}{dt}$$

例題 6-9　曲線 $\boldsymbol{r}(t) = (\sin t + 2)\boldsymbol{i} + (t^3 + t - 1)\boldsymbol{j} + e^t \cos t\cdot\boldsymbol{k}$ において，接線ベクトルと $t = 0$ における接線の方程式を求めよ．

【ベクトル関数と曲線・接線ベクトル】

$\boldsymbol{r}(t)$ を空間座標系での位置ベクトルのベクトル関数とするとき，$\boldsymbol{r}(t)$ は空間内の曲線を表す．そして，$\boldsymbol{r}(t)$ の導関数ベクトルは，図からも明らかなように，曲線の接線ベクトルを表す．

したがって，接線ベクトルは，

$$\frac{d\boldsymbol{r}(t)}{dt} = \cos t\cdot\boldsymbol{i} + (3t^2 + 1)\boldsymbol{j} + e^t(\cos t - \sin t)\boldsymbol{k}.$$

また，$\boldsymbol{r}(0) = 2\boldsymbol{i} - \boldsymbol{j} + \boldsymbol{k}$，$\dfrac{d\boldsymbol{r}(0)}{dt} = \boldsymbol{i} + \boldsymbol{j} + \boldsymbol{k}$ より，$t = 0$ における接線の方程式は，

$$\frac{x-2}{1} = \frac{y+1}{1} = \frac{z-1}{1}$$

$(x = s + 2,\ y = s - 1,\ z = s + 1)$ と表せる．

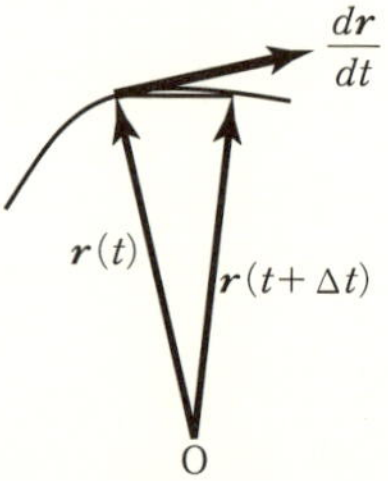

図 6-14

6-4　線積分

例題 6-10　$\boldsymbol{F}(x,\ y,\ z) = xy\boldsymbol{i} + yz\boldsymbol{j} + zx\boldsymbol{k},\ \boldsymbol{r}(t) = (t+1)\boldsymbol{i} + t^2\boldsymbol{j} + (t-1)\boldsymbol{k}$ とするとき，次の積分を計算せよ．

$$\int_0^1 \boldsymbol{F}(x(t),\ y(t),\ z(t)) \cdot \frac{d\boldsymbol{r}(t)}{dt}\,dt$$

ここで，$x(t)$，$y(t)$，$z(t)$ は，$\boldsymbol{r}(t)$ の x，y，z の各成分を表す．

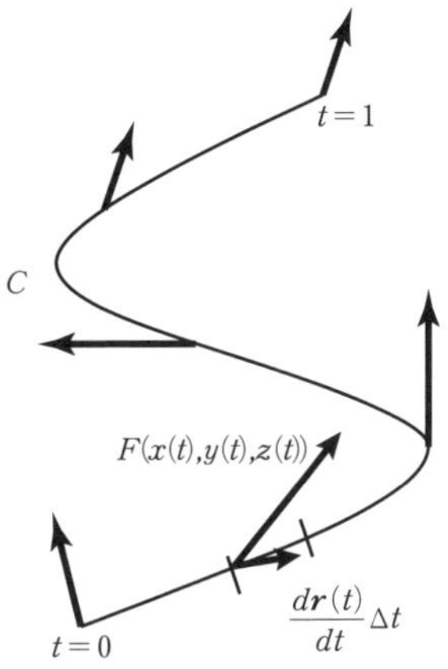

図 6-15

【線積分】

$\boldsymbol{F}(x,\ y,\ z)$ は，xyz 座標系上の任意の点に対して一つのベクトルを定める3変数のベクトル関数を表し，このように点の座標でベクトルが定まる空間をベクトル場と呼ぶ．一方，$\boldsymbol{r}(t)$ は空間上の曲線を表すが，Δt を t の微小分割要素とすると，$\dfrac{d\boldsymbol{r}(t)}{dt}\Delta t$ は，曲線を微小線分に分割した際の微小線分に対する微小変位ベクトルを表す．$\boldsymbol{F}(x(t),\ y(t),\ z(t))$ は，この曲線上での t に対するベクトル場のベクトル関数を表すので，$\boldsymbol{F}(x(t),\ y(t),\ z(t)) \cdot \dfrac{d\boldsymbol{r}(t)}{dt}\Delta t$ は，ある微小線分における微小変位ベクトルと微小線分上のベクトル場のベクトル（一定と見なす）の内積を表す．したがって，$\displaystyle\int_0^1 \boldsymbol{F}(x(t),\ y(t),\ z(t)) \cdot \frac{d\boldsymbol{r}(t)}{dt}\,dt$ は，$0 \leqq t \leqq 1$ の範囲内での曲線（の一部）に対し，微小変位ベクトルとベクトル場のベクトルの内積の総和を表す．これをベクトル場の線積分という．一般には，積分範囲内の曲線（$\boldsymbol{r}(t)$，$0 \leqq t \leqq 1$）をCとし，曲線を表す媒介変数 t を表記せずに，$\displaystyle\int_C \boldsymbol{F}(x,\ y,\ z) \cdot d\boldsymbol{r}$，あるいは，$\displaystyle\int_C \boldsymbol{F} \cdot d\boldsymbol{r}$ と表す．

さて，本問における線積分の計算を行う．$\boldsymbol{r}(t) = (t+1)\boldsymbol{i} + t^2\boldsymbol{j} + (t-1)\boldsymbol{k}$ より，$\dfrac{d\boldsymbol{r}(t)}{dt} = \boldsymbol{i} + 2t\boldsymbol{j} + \boldsymbol{k}$．また，$\boldsymbol{r}(t)$ の成分より，$x(t) = t+1$，$y(t) = t^2$，$z(t) = t-1$ だから，$\boldsymbol{F}(x,\ y,\ z) = xy\boldsymbol{i} + yz\boldsymbol{j} + zx\boldsymbol{k} = (t^3+t^2)\boldsymbol{i} + (t^3-t^2)\boldsymbol{j} + (t^2-1)\boldsymbol{k}$．したがって，

$$\int_0^1 \boldsymbol{F}(x(t),\ y(t),\ z(t)) \cdot \frac{d\boldsymbol{r}(t)}{dt}\,dt$$
$$= \int_0^1 \{(t^3 + t^2)\boldsymbol{i} + (t^3 - t^2)\boldsymbol{j} + (t^2 - 1)\boldsymbol{k}\} \cdot (\boldsymbol{i} + 2t\boldsymbol{j} + \boldsymbol{k})\,dt$$
$$= \int_0^1 \{(t^3 + t^2) + (2t^4 - 2t^3) + (t^2 - 1)\}\,dt = \int_0^1 \{(2t^4 - t^3 + 2t^2 - 1)\,dt$$
$$= \left[\frac{2}{5}t^5 - \frac{1}{4}t^4 + \frac{2}{3}t^3 - t\right]_0^1 = -\frac{11}{60}$$

となる.

◇6章　演習問題◇

STEP 1

1．空間ベクトル $\boldsymbol{a}$，$\boldsymbol{b}$ を $\boldsymbol{a} = (a_1,\ a_2,\ a_3)$，$\boldsymbol{b} = (b_1,\ b_2,\ b_3)$ とするとき，$\boldsymbol{a}\cdot\boldsymbol{b} = a_1b_1 + a_2b_2 + a_3b_3$ となることを示せ．

2．△ABC において，∠A の二等分線と BC との交点を D とするとき，BD：DC = AB：AC となることをベクトルを用いて証明せよ．

3．辺の長さ 1 の正四面体 OABC において，$\boldsymbol{a} = \overrightarrow{OA}$，$\boldsymbol{b} = \overrightarrow{OB}$，$\boldsymbol{c} = \overrightarrow{OC}$ とおき，線分 OA の中点を P，線分 BC の中点を Q，線分 OC の中点を R，線分 AB の中点を S とするとき，以下の問いに答えよ．

(1)　点 P，Q，R，S が同一平面上にあることを示し，PQ，RS の交点を G として，$\overrightarrow{OG}$ を $\boldsymbol{a}$，$\boldsymbol{b}$，$\boldsymbol{c}$ で表せ．

(2)　G は正四面体 OABC に外接する球の中心であることを示し，その球の半径を求めよ．

4．△ABC と 1 点 G がある．G が △ABC の重心となるための必要十分条件は，$\overrightarrow{GA} + \overrightarrow{GB} + \overrightarrow{GC} = \boldsymbol{o}$ となることである．これを証明せよ．

5．相異なる 3 点 A，B，C の位置ベクトルをそれぞれ $\boldsymbol{a}$，$\boldsymbol{b}$，$\boldsymbol{c}$ とする．3 点 A，B，C が同一直線上にある必要十分条件は，すべて 0 でないスカラー p，q，r が存在して，$p\boldsymbol{a} + q\boldsymbol{b} + r\boldsymbol{c} = \boldsymbol{o}$ かつ $p + q + r = 0$ となることである．これを証明せよ．

6．2 つのベクトル $\boldsymbol{a}$，$\boldsymbol{b}$ に対し，始点を O で合わせて，$\boldsymbol{a} = \overrightarrow{OA}$，$\boldsymbol{b} = \overrightarrow{OB}$ とする．いま，点 A から直線 OB へ下ろした垂線の足を A′ とするとき，$\overline{OA'}$ を $\boldsymbol{a}$ の $\boldsymbol{b}$ 上への正射影といい，$\overrightarrow{OA'}$ を $\boldsymbol{a}$ の $\boldsymbol{b}$ 上への正射影ベクトルという．次に示すベクトル $\boldsymbol{a}$，$\boldsymbol{b}$ に対して，$\boldsymbol{a}$ の $\boldsymbol{b}$ 上および $\boldsymbol{b}$ の $\boldsymbol{a}$ 上への正射影と正射影ベクトルを求めよ．

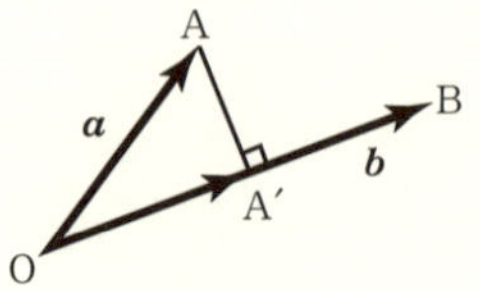

図 6-16

(1)　$\boldsymbol{a} = \boldsymbol{i} - 3\boldsymbol{j} + 2\boldsymbol{k}$, $\boldsymbol{b} = 2\boldsymbol{i} + 3\boldsymbol{j} + 4\boldsymbol{k}$

(2)　$\boldsymbol{a} = \boldsymbol{i} + 3\boldsymbol{j} - 4\boldsymbol{k}$, $\boldsymbol{b} = -2\boldsymbol{i} + \boldsymbol{j} + 3\boldsymbol{k}$

7．以下のベクトル $\boldsymbol{a}$, $\boldsymbol{b}$ に対して，内積 $\boldsymbol{a}\cdot\boldsymbol{b}$ および外積 $\boldsymbol{a}\times\boldsymbol{b}$ を求めよ．

(1)　$\boldsymbol{a} = \boldsymbol{i} - 2\boldsymbol{j} + 4\boldsymbol{k}$, $\boldsymbol{b} = -3\boldsymbol{i} + \boldsymbol{j} + 2\boldsymbol{k}$

(2)　$\boldsymbol{a} = -\boldsymbol{i} + 5\boldsymbol{j} - 2\boldsymbol{k}$, $\boldsymbol{b} = -4\boldsymbol{i} + 3\boldsymbol{j} + 2\boldsymbol{k}$

(3)　$\boldsymbol{a} = -7\boldsymbol{i} + 2\boldsymbol{j} - 4\boldsymbol{k}$, $\boldsymbol{b} = \boldsymbol{i} - 3\boldsymbol{j} - 2\boldsymbol{k}$

(4)　$\boldsymbol{a} = -3\boldsymbol{i} + 4\boldsymbol{j} - \boldsymbol{k}$, $\boldsymbol{b} = -\boldsymbol{i} - \boldsymbol{j} + 2\boldsymbol{k}$

8．$\boldsymbol{a} = 5\boldsymbol{i} + \boldsymbol{j} + 2\boldsymbol{k}$, $\boldsymbol{b} = 3\boldsymbol{i} - 2\boldsymbol{j} + 7\boldsymbol{k}$, $\boldsymbol{c} = -2\boldsymbol{i} - \boldsymbol{j} + 4\boldsymbol{k}$ のとき，次の計算を行え．

(1)　$\boldsymbol{a} \times \boldsymbol{b}$　　(2)　$\boldsymbol{b} \times \boldsymbol{c}$　　(3)　$(\boldsymbol{a} \times \boldsymbol{b}) \times \boldsymbol{c}$　　(4)　$\boldsymbol{a} \times (\boldsymbol{b} \times \boldsymbol{c})$

9．$\boldsymbol{a} = \boldsymbol{i} + 2\boldsymbol{j} - 2\boldsymbol{k}$, $\boldsymbol{b} = -\boldsymbol{i} + 2\boldsymbol{j} - 3\boldsymbol{k}$ に垂直で，大きさ3のベクトル $\boldsymbol{c}$ を求めよ．

10．次の等式を証明せよ．

(1)　$\boldsymbol{a} \times (\boldsymbol{b} \times \boldsymbol{c}) = (\boldsymbol{a}\cdot\boldsymbol{c})\boldsymbol{b} - (\boldsymbol{a}\cdot\boldsymbol{b})\boldsymbol{c}$　　(2)　$(\boldsymbol{a} \times \boldsymbol{b}) \times \boldsymbol{c} = -(\boldsymbol{b}\cdot\boldsymbol{c})\boldsymbol{a} + (\boldsymbol{a}\cdot\boldsymbol{c})\boldsymbol{b}$

11．次の直線および平面の方程式を求めよ．

(1)　点 A (3, −2, 1) を通りベクトル $\boldsymbol{a} = -2\boldsymbol{i} + 3\boldsymbol{j} + \boldsymbol{k}$ に平行な直線 l

(2)　2点 B (2, 1, 6) と C(−7, 4, −6) を通る直線 m

(3)　点 P (−2, 1, −1) を含みベクトル $\boldsymbol{h} = \boldsymbol{i} + 2\boldsymbol{j} - \boldsymbol{k}$ に垂直な平面 π

(4)　3点 Q (1, 3, −3)，R (2, −3, 1)，S (−2, 5, 1) を含む平面 σ

12．11.で求めた直線 l, m と平面 π, σ に対して，以下のものを求めよ．

(1)　直線 l 平面 π の交点　　(2)　直線 m と平面 σ の交点

(3)　平面 π, σ の交線　　(4)　平面 π, σ のなす角（鋭角で表す）

13．$\boldsymbol{a}(t) = (t + 2)\boldsymbol{i} + t^2\boldsymbol{j} - t\boldsymbol{k}$, $\boldsymbol{b}(t) = -t^2\boldsymbol{i} - \boldsymbol{j} + (t + 1)\boldsymbol{k}$ のとき，次の計算を行え．

(1)　$\dfrac{d}{dt}(\boldsymbol{a}\cdot\boldsymbol{b})$　　(2)　$\dfrac{d}{dt}(\boldsymbol{a} \times \boldsymbol{b})$　　(3)　$\dfrac{d}{dt}|\boldsymbol{a} \times \boldsymbol{b}|^2$

14．2つのベクトル関数 $\boldsymbol{a}(t)$, $\boldsymbol{b}(t)$ において，$\boldsymbol{a}(t) \perp \boldsymbol{b}(t)$，かつ $\boldsymbol{a}'(t) \perp \boldsymbol{b}(t)$ ならば，$\boldsymbol{a}(t) \perp \boldsymbol{b}'(t)$ が成り立つことを示せ．

STEP 2

15. 四面体 OABC において，$\overrightarrow{\mathrm{OA}} \perp \overrightarrow{\mathrm{BC}}$，$\overrightarrow{\mathrm{OB}} \perp \overrightarrow{\mathrm{CA}}$ が成り立ち，かつ，四面体の各面の面積が相等しいとき，四面体 OABC は正四面体であることを示せ．

16. $\boldsymbol{a} = 3\boldsymbol{i} - 2\boldsymbol{j} - \boldsymbol{k}$，$\boldsymbol{b} = 2\boldsymbol{i} + \boldsymbol{j} - 2\boldsymbol{k}$ とするとき，$\boldsymbol{a}$ を $\boldsymbol{b}$ に平行なベクトルと $\boldsymbol{b}$ に垂直なベクトルに分解せよ．

17. 3 つのベクトル $\boldsymbol{a}$，$\boldsymbol{b}$，$\boldsymbol{c}$ に対し $\boldsymbol{a}\cdot(\boldsymbol{b} \times \boldsymbol{c})$ をスカラー三重積といい，$[\boldsymbol{a},\ \boldsymbol{b},\ \boldsymbol{c}]$ で表す（ちなみに，$\boldsymbol{a} \times (\boldsymbol{b} \times \boldsymbol{c})$ はベクトル三重積という）．いま，四面体 OABC において，$\overrightarrow{\mathrm{OA}} = \boldsymbol{a}$，$\overrightarrow{\mathrm{OB}} = \boldsymbol{b}$，$\overrightarrow{\mathrm{OC}} = \boldsymbol{c}$ とするとき，四面体 OABC の体積 V は，$V = \dfrac{1}{6}\left|[\boldsymbol{a},\ \boldsymbol{b},\ \boldsymbol{c}]\right|$ で表されることを示せ．

18. 次の等式を証明せよ．
 (1) $[\boldsymbol{a},\ \boldsymbol{b},\ \boldsymbol{c}] = [\boldsymbol{b},\ \boldsymbol{c},\ \boldsymbol{a}] = [\boldsymbol{c},\ \boldsymbol{a},\ \boldsymbol{b}]$
 (2) $\boldsymbol{a} \times (\boldsymbol{b} \times \boldsymbol{c}) + \boldsymbol{b} \times (\boldsymbol{c} \times \boldsymbol{a}) + \boldsymbol{c} \times (\boldsymbol{a} \times \boldsymbol{b}) = \boldsymbol{o}$
 (3) $(\boldsymbol{a} \times \boldsymbol{b}) \times (\boldsymbol{c} \times \boldsymbol{d}) = [\boldsymbol{a},\ \boldsymbol{c},\ \boldsymbol{d}]\boldsymbol{b} - [\boldsymbol{b},\ \boldsymbol{c},\ \boldsymbol{d}]\boldsymbol{a}$

19. 次の設問に答えよ．
 (1) 平面 $\sigma : x - y + 2z = 2$ と平面 $\pi : x + y + z = 2$ との交線と点 $(2,\ -1,\ 3)$ を含む平面の方程式を求めよ．
 (2) 直線 $l : \dfrac{x-6}{4} = \dfrac{y+1}{-3} = \dfrac{z-4}{-1}$ と直線 $m : \dfrac{x-1}{2} = y - 3 = \dfrac{z-1}{2}$ との最短距離を求めよ．
 (3) 直線 m を平面 σ へ正射影したときの像 m' の方程式を求めよ．

20. 互いに平行でない直線 $l : (\boldsymbol{x} - \boldsymbol{a}) \times \boldsymbol{d} = \boldsymbol{o}$ と平面 $\sigma : (\boldsymbol{x} - \boldsymbol{b})\cdot\boldsymbol{h} = 0$ との交点を，直線 l 上の交点の位置ベクトルを $\boldsymbol{p} = \boldsymbol{a} + t\boldsymbol{d}$（$t$：スカラー）とおくことで，$\boldsymbol{p}$ を $\boldsymbol{a}$，$\boldsymbol{b}$，$\boldsymbol{d}$，$\boldsymbol{h}$ を用いて表せ．

21. 相異なる 3 点 A，B，C の位置ベクトルをそれぞれ $\boldsymbol{a}$，$\boldsymbol{b}$，$\boldsymbol{c}$ とするとき，点 A から直線 BC に下ろした垂線の長さは

$$\frac{|\boldsymbol{a} \times \boldsymbol{b} + \boldsymbol{b} \times \boldsymbol{c} + \boldsymbol{c} \times \boldsymbol{a}|}{|\boldsymbol{b} - \boldsymbol{c}|}$$ であることを示せ．

（ヒント：垂線の足を H とすると，$\overrightarrow{\mathrm{AH}} \perp \overrightarrow{\mathrm{BC}}$ より $|\overrightarrow{\mathrm{AH}} \times \overrightarrow{\mathrm{BC}}| = |\overrightarrow{\mathrm{AH}}|\cdot|\overrightarrow{\mathrm{BC}}|$）

22. ベクトル関数 $\boldsymbol{a} = \boldsymbol{a}(t)$ について，次の成り立つことを証明せよ．

(1)　$(\boldsymbol{a} \times \boldsymbol{a}')' = \boldsymbol{a} \times \boldsymbol{a}''$　　(2)　$\left(\dfrac{\boldsymbol{a}}{|\boldsymbol{a}|}\right)' = \dfrac{1}{|\boldsymbol{a}|}\boldsymbol{a}' - \dfrac{|\boldsymbol{a}|'}{|\boldsymbol{a}|^2}\boldsymbol{a}$　　(3)　$\boldsymbol{a}\cdot\boldsymbol{a}' = |\boldsymbol{a}|\cdot|\boldsymbol{a}|'$

23. $\boldsymbol{o}$ にはならないベクトル関数 $\boldsymbol{a}(t)$ の長さ $|\boldsymbol{a}(t)|$ が一定値であるための必要十分条件は，$\boldsymbol{a}(t)\cdot\dfrac{d\boldsymbol{a}(t)}{dt} = 0$ であることを示せ．

24. $\boldsymbol{o}$ にはならないベクトル関数 $\boldsymbol{a}(t)$ が定方向であるための必要十分条件は $\boldsymbol{a}(t) \times \dfrac{d\boldsymbol{a}(t)}{dt} = \boldsymbol{o}$ であることを示せ．

25. 曲線 $\boldsymbol{r}(t) = (t^2 + 2t)\boldsymbol{i} + (t^3 - t^2 + 1)\boldsymbol{j} + (t^2 - 3t + 3)\boldsymbol{k}$ において，$t = 1$ における接線の方程式を求めよ．

26. $\boldsymbol{r}(t) = \boldsymbol{a}\cos\omega t + \boldsymbol{b}\sin\omega t$ とするとき，$\left[\boldsymbol{r},\ \dfrac{d\boldsymbol{r}}{dt},\ \dfrac{d^2\boldsymbol{r}}{dt^2}\right]$ を計算せよ．ただし，ω は定数，$\boldsymbol{a}$，$\boldsymbol{b}$ は定ベクトルとする．

27. 次の線積分を求めよ．

(1)　$\displaystyle\int_C (x^2\boldsymbol{i} - y\boldsymbol{j} + xy\boldsymbol{k})\,d\boldsymbol{r}$，$C : \boldsymbol{r}(t) = \cos t\cdot\boldsymbol{i} + \sin t\cdot\boldsymbol{j} + t\boldsymbol{k}$　$(t : 0 \to \pi)$

(2)　$\displaystyle\int_C \{(2x + 3y + 2z)\boldsymbol{i} - (x^3 + y - z)\boldsymbol{j} - (x^2 - y)\boldsymbol{k}\}\,d\boldsymbol{r}$,

$C : \boldsymbol{r}(t) = t\boldsymbol{i} + (t^2 + 1)\boldsymbol{j} + (t^3 - t)\boldsymbol{k}$　$(t : 0 \to 1)$

◇6章　演習問題解答◇

STEP 1

1．$\overrightarrow{OA}=\boldsymbol{a}$，$\overrightarrow{OB}=\boldsymbol{b}$とし，$\triangle OAB$において余弦定理を適用すると，

$\overline{AB}^2=\overline{OA}^2+\overline{OB}^2-2\overline{OA}\cdot\overline{OB}\cos\angle AOB=|\overrightarrow{OA}|^2+|\overrightarrow{OB}|^2-2\overrightarrow{OA}\cdot\overrightarrow{OB}$ より，

$\boldsymbol{a}\cdot\boldsymbol{b}=\overrightarrow{OA}\cdot\overrightarrow{OB}=\dfrac{\overline{OA}^2+\overline{OB}^2-\overline{AB}^2}{2}$．一方，

$\overline{OA}^2=a_1^2+a_2^2+a_3^2$，$\overline{OB}^2=b_1^2+b_2^2+b_3^2$，$\overline{AB}^2=(b_1-a_1)^2+(b_2-a_2)^2+(b_3-a_3)^2$

から，

$$\boldsymbol{a}\cdot\boldsymbol{b}=\frac{\overline{OA}^2+\overline{OB}^2-\overline{AB}^2}{2}=\frac{2a_1b_1+2a_2b_2+2a_3b_3}{2}=a_1b_1+a_2b_2+a_3b_3$$

2．$\overrightarrow{AB}=\boldsymbol{a}$，$\overrightarrow{AC}=\boldsymbol{b}$とすると，$\angle A$の二等分線のベクトルは，$\dfrac{\boldsymbol{a}}{|\boldsymbol{a}|}+\dfrac{\boldsymbol{b}}{|\boldsymbol{b}|}$と表せる．したがって，$\overrightarrow{AD}=k\left(\dfrac{\boldsymbol{a}}{|\boldsymbol{a}|}+\dfrac{\boldsymbol{b}}{|\boldsymbol{b}|}\right)=t\boldsymbol{a}+(1-t)\boldsymbol{b}$（$0<k<1$，$0<t<1$）と表されるから，

$\left(\dfrac{k}{|\boldsymbol{a}|}-t\right)\boldsymbol{a}+\left(\dfrac{k}{|\boldsymbol{b}|}+t-1\right)\boldsymbol{b}=\boldsymbol{o}$．$\boldsymbol{a}$，$\boldsymbol{b}$は平行でないので，

$\dfrac{k}{|\boldsymbol{a}|}-t=0$，$\dfrac{k}{|\boldsymbol{b}|}+t-1=0\Rightarrow k=\dfrac{|\boldsymbol{a}||\boldsymbol{b}|}{|\boldsymbol{a}|+|\boldsymbol{b}|}$，$t=\dfrac{|\boldsymbol{b}|}{|\boldsymbol{a}|+|\boldsymbol{b}|}$．$\therefore BD:DC=AB:AC$

3．

(1)　$\overrightarrow{OP}=\dfrac{\boldsymbol{a}}{2}$，$\overrightarrow{OQ}=\dfrac{\boldsymbol{b}+\boldsymbol{c}}{2}$，$\overrightarrow{OR}=\dfrac{\boldsymbol{c}}{2}$，$\overrightarrow{OS}=\dfrac{\boldsymbol{a}+\boldsymbol{b}}{2}$より，

$\overrightarrow{PQ}=\dfrac{-\boldsymbol{a}+\boldsymbol{b}+\boldsymbol{c}}{2}$，$\overrightarrow{PR}=\dfrac{-\boldsymbol{a}+\boldsymbol{c}}{2}$，$\overrightarrow{PS}=\dfrac{\boldsymbol{b}}{2}$．明らかに，$\overrightarrow{PQ}=\overrightarrow{PR}+\overrightarrow{PS}$.

$\therefore$　P，Q，R，Sは同一平面上にある．

したがって，$\overrightarrow{OG}=p\overrightarrow{OP}+(1-p)\overrightarrow{OQ}=q\overrightarrow{OR}+(1-q)\overrightarrow{OS}$（$0<p<1$，$0<q<1$）

とすると，

$\overrightarrow{OG}=\dfrac{p\boldsymbol{a}+(1-p)\boldsymbol{b}+(1-p)\boldsymbol{c}}{2}=\dfrac{(1-q)\boldsymbol{a}+(1-q)\boldsymbol{b}+q\boldsymbol{c}}{2}$．$\boldsymbol{a}$，$\boldsymbol{b}$，$\boldsymbol{c}$は互いに平行ではないので，

$$\begin{cases}p=1-q\\1-p=1-q\Rightarrow p=q=\dfrac{1}{2}\\1-p=q\end{cases}\qquad\therefore\overrightarrow{OG}=\frac{\boldsymbol{a}+\boldsymbol{b}+\boldsymbol{c}}{4}$$

(2)　一辺の長さが1なので，$|\boldsymbol{a}|=|\boldsymbol{b}|=|\boldsymbol{c}|=1$，$\boldsymbol{a}\cdot\boldsymbol{b}=\boldsymbol{b}\cdot\boldsymbol{c}=\boldsymbol{c}\cdot\boldsymbol{a}=1\cdot1\cos60^\circ=\dfrac{1}{2}$

よって，$|\overrightarrow{OG}|^2=\dfrac{|\boldsymbol{a}+\boldsymbol{b}+\boldsymbol{c}|^2}{16}=\dfrac{|\boldsymbol{a}|^2+|\boldsymbol{b}|^2+|\boldsymbol{c}|^2+2\boldsymbol{a}\cdot\boldsymbol{b}+2\boldsymbol{b}\cdot\boldsymbol{c}+2\boldsymbol{c}\cdot\boldsymbol{a}}{16}$

$=\dfrac{3+1+1+1}{16}=\dfrac{6}{16}$

同様に,

$$|\overrightarrow{\mathrm{AG}}|^2=\frac{|3\boldsymbol{a}-\boldsymbol{b}-\boldsymbol{c}|^2}{16}=\frac{6}{16},\quad |\overrightarrow{\mathrm{BG}}|^2=\frac{|-\boldsymbol{a}+3\boldsymbol{b}-\boldsymbol{c}|^2}{16}=\frac{6}{16},$$

$$|\overrightarrow{\mathrm{CG}}|^2=\frac{|-\boldsymbol{a}-\boldsymbol{b}+3\boldsymbol{c}|^2}{16}=\frac{6}{16}$$

∴　G は正四面体 OABC に外接する球の中心であり，その球の半径は $\frac{\sqrt{6}}{4}$.

4．(必要性) △ABC の重心 G は，適当な点 O をとると $\overrightarrow{\mathrm{OG}}=\frac{1}{3}(\overrightarrow{\mathrm{OA}}+\overrightarrow{\mathrm{OB}}+\overrightarrow{\mathrm{OC}})$ である.

∴　$\overrightarrow{\mathrm{GA}}+\overrightarrow{\mathrm{GB}}+\overrightarrow{\mathrm{GC}}=(\overrightarrow{\mathrm{OA}}-\overrightarrow{\mathrm{OG}})+(\overrightarrow{\mathrm{OB}}-\overrightarrow{\mathrm{OG}})+(\overrightarrow{\mathrm{OC}}-\overrightarrow{\mathrm{OG}})$

$=\overrightarrow{\mathrm{OA}}+\overrightarrow{\mathrm{OB}}+\overrightarrow{\mathrm{OC}}-3\overrightarrow{\mathrm{OG}}=\boldsymbol{o}$

(十分性) 適当な点 O をとれば，$\overrightarrow{\mathrm{GA}}+\overrightarrow{\mathrm{GB}}+\overrightarrow{\mathrm{GC}}=\boldsymbol{o}$ から,

$\overrightarrow{\mathrm{GA}}+\overrightarrow{\mathrm{GB}}+\overrightarrow{\mathrm{GC}}=\overrightarrow{\mathrm{OA}}+\overrightarrow{\mathrm{OB}}+\overrightarrow{\mathrm{OC}}-3\overrightarrow{\mathrm{OG}}=\boldsymbol{o}$. すなわち，$\overrightarrow{\mathrm{OG}}=\frac{1}{3}(\overrightarrow{\mathrm{OA}}+\overrightarrow{\mathrm{OB}}+\overrightarrow{\mathrm{OC}})$

∴　G は △ABC の重心を表す.

5．(必要性) $\boldsymbol{a}$, $\boldsymbol{b}$, $\boldsymbol{c}$ が一直線上 ⇒ $\boldsymbol{c}=t\boldsymbol{a}+(1-t)\boldsymbol{b}$ を満足する 0 でない実数 t が存在する.

∴　$t\boldsymbol{a}+(1-t)\boldsymbol{b}+\boldsymbol{c}=\boldsymbol{o}$ で，かつ $p=t$, $q=1-t$, $r=1$ とすれば，$p+q+r=0$.

(十分性) $r\neq 0$ だから，$\boldsymbol{c}=-\frac{p}{r}\boldsymbol{a}-\frac{q}{r}\boldsymbol{b}=-\frac{p}{r}\boldsymbol{a}+\left(1+\frac{p}{r}\right)\boldsymbol{b}$ (∵　$q=-p-r$).

∴　$t=-\frac{p}{r}$ とすれば，上の必要性から $\boldsymbol{a}$, $\boldsymbol{b}$, $\boldsymbol{c}$ が一直線上にある.

6．$\boldsymbol{a}$ の $\boldsymbol{b}$ 上への正射影および正射影ベクトルは，$\boldsymbol{a}\cdot\frac{\boldsymbol{b}}{|\boldsymbol{b}|}$, $\left(\boldsymbol{a}\cdot\frac{\boldsymbol{b}}{|\boldsymbol{b}|}\right)\frac{\boldsymbol{b}}{|\boldsymbol{b}|}$ で求められる.

(1)　$\boldsymbol{a}$ の $\boldsymbol{b}$ 上への正射影：$\boldsymbol{a}\cdot\frac{\boldsymbol{b}}{|\boldsymbol{b}|}=(\boldsymbol{i}-3\boldsymbol{j}+2\boldsymbol{k})\cdot\frac{1}{\sqrt{29}}(2\boldsymbol{i}+3\boldsymbol{j}+4\boldsymbol{k})=\frac{1}{\sqrt{29}}$

$\boldsymbol{a}$ の $\boldsymbol{b}$ 上への正射影ベクトル：$\left(\boldsymbol{a}\cdot\frac{\boldsymbol{b}}{|\boldsymbol{b}|}\right)\frac{\boldsymbol{b}}{|\boldsymbol{b}|}=\frac{1}{\sqrt{29}}\cdot\frac{1}{\sqrt{29}}(2\boldsymbol{i}+3\boldsymbol{j}+4\boldsymbol{k})$

$$=\frac{2}{29}\boldsymbol{i}+\frac{3}{29}\boldsymbol{j}+\frac{4}{29}\boldsymbol{k}$$

$\boldsymbol{b}$ の $\boldsymbol{a}$ 上への正射影：$\boldsymbol{b}\cdot\frac{\boldsymbol{a}}{|\boldsymbol{a}|}=(2\boldsymbol{i}+3\boldsymbol{j}+4\boldsymbol{k})\cdot\frac{1}{\sqrt{14}}(\boldsymbol{i}-3\boldsymbol{j}+2\boldsymbol{k})=\frac{1}{\sqrt{14}}$

$\boldsymbol{b}$ の $\boldsymbol{a}$ 上への正射影ベクトル：$\left(\boldsymbol{b}\cdot\frac{\boldsymbol{a}}{|\boldsymbol{a}|}\right)\frac{\boldsymbol{a}}{|\boldsymbol{a}|}=\frac{1}{\sqrt{14}}\cdot\frac{1}{\sqrt{14}}(\boldsymbol{i}-3\boldsymbol{j}+2\boldsymbol{k})$

$$=\frac{1}{14}\boldsymbol{i}-\frac{3}{14}\boldsymbol{j}+\frac{1}{7}\boldsymbol{k}$$

(2)　$\boldsymbol{a}$ の $\boldsymbol{b}$ 上への正射影：$\boldsymbol{a}\cdot\frac{\boldsymbol{b}}{|\boldsymbol{b}|}=(\boldsymbol{i}+3\boldsymbol{j}-4\boldsymbol{k})\cdot\frac{1}{\sqrt{14}}(-2\boldsymbol{i}+\boldsymbol{j}+3\boldsymbol{k})=\frac{-11}{\sqrt{14}}$

$\boldsymbol{a}$ の $\boldsymbol{b}$ 上への正射影ベクトル：$\left(\boldsymbol{a}\cdot\dfrac{\boldsymbol{b}}{|\boldsymbol{b}|}\right)\dfrac{\boldsymbol{b}}{|\boldsymbol{b}|}=\dfrac{-11}{\sqrt{14}}\cdot\dfrac{1}{\sqrt{14}}(-2\boldsymbol{i}+\boldsymbol{j}+3\boldsymbol{k})$

$$=\frac{11}{7}\boldsymbol{i}-\frac{11}{14}\boldsymbol{j}-\frac{33}{14}\boldsymbol{k}$$

$\boldsymbol{b}$ の $\boldsymbol{a}$ 上への正射影：$\boldsymbol{b}\cdot\dfrac{\boldsymbol{a}}{|\boldsymbol{a}|}=(-2\boldsymbol{i}+\boldsymbol{j}+3\boldsymbol{k})\cdot\dfrac{1}{\sqrt{26}}(\boldsymbol{i}+3\boldsymbol{j}-4\boldsymbol{k})=\dfrac{-11}{\sqrt{26}}$

$\boldsymbol{b}$ の $\boldsymbol{a}$ 上への正射影ベクトル：$\left(\boldsymbol{b}\cdot\dfrac{\boldsymbol{a}}{|\boldsymbol{a}|}\right)\dfrac{\boldsymbol{a}}{|\boldsymbol{a}|}=\dfrac{-11}{\sqrt{26}}\cdot\dfrac{1}{\sqrt{26}}(\boldsymbol{i}+3\boldsymbol{j}-4\boldsymbol{k})$

$$=\frac{-11}{26}\boldsymbol{i}-\frac{33}{26}\boldsymbol{j}+\frac{22}{13}\boldsymbol{k}$$

7.

(1)　$\boldsymbol{a}\cdot\boldsymbol{b}=3,\ \boldsymbol{a}\times\boldsymbol{b}=\begin{vmatrix}\boldsymbol{i}&\boldsymbol{j}&\boldsymbol{k}\\1&-2&4\\-3&1&2\end{vmatrix}=\begin{vmatrix}-2&4\\1&2\end{vmatrix}\boldsymbol{i}-\begin{vmatrix}1&4\\-3&2\end{vmatrix}\boldsymbol{j}+\begin{vmatrix}1&-2\\-3&1\end{vmatrix}\boldsymbol{k}=-8\boldsymbol{i}-14\boldsymbol{j}-5\boldsymbol{k}$

(2)　$\boldsymbol{a}\cdot\boldsymbol{b}=15,\ \boldsymbol{a}\times\boldsymbol{b}=\begin{vmatrix}\boldsymbol{i}&\boldsymbol{j}&\boldsymbol{k}\\-1&5&-2\\-4&3&2\end{vmatrix}=\begin{vmatrix}5&-2\\3&2\end{vmatrix}\boldsymbol{i}-\begin{vmatrix}-1&-2\\-4&2\end{vmatrix}\boldsymbol{j}+\begin{vmatrix}-1&5\\-4&3\end{vmatrix}\boldsymbol{k}=16\boldsymbol{i}+10\boldsymbol{j}+17\boldsymbol{k}$

(3)　$\boldsymbol{a}\cdot\boldsymbol{b}=-5,\ \boldsymbol{a}\times\boldsymbol{b}=\begin{vmatrix}\boldsymbol{i}&\boldsymbol{j}&\boldsymbol{k}\\-7&2&-4\\1&-3&-2\end{vmatrix}=\begin{vmatrix}2&-4\\-3&-2\end{vmatrix}\boldsymbol{i}-\begin{vmatrix}-7&-4\\1&-2\end{vmatrix}\boldsymbol{j}+\begin{vmatrix}-7&2\\1&-3\end{vmatrix}\boldsymbol{k}=-16\boldsymbol{i}-18\boldsymbol{j}+19\boldsymbol{k}$

(4)　$\boldsymbol{a}\cdot\boldsymbol{b}=-3,\ \boldsymbol{a}\times\boldsymbol{b}=\begin{vmatrix}\boldsymbol{i}&\boldsymbol{j}&\boldsymbol{k}\\-3&4&-1\\-1&-1&2\end{vmatrix}=\begin{vmatrix}4&-1\\-1&2\end{vmatrix}\boldsymbol{i}-\begin{vmatrix}-3&-1\\-1&2\end{vmatrix}\boldsymbol{j}+\begin{vmatrix}-3&4\\-1&-1\end{vmatrix}\boldsymbol{k}=7\boldsymbol{i}+7\boldsymbol{j}+7\boldsymbol{k}$

8.

(1)　$\boldsymbol{a}\times\boldsymbol{b}=\begin{vmatrix}\boldsymbol{i}&\boldsymbol{j}&\boldsymbol{k}\\5&1&2\\3&-2&7\end{vmatrix}=\begin{vmatrix}1&2\\-2&7\end{vmatrix}\boldsymbol{i}-\begin{vmatrix}5&2\\3&7\end{vmatrix}\boldsymbol{j}+\begin{vmatrix}5&1\\3&-2\end{vmatrix}\boldsymbol{k}=11\boldsymbol{i}-29\boldsymbol{j}-13\boldsymbol{k}$

(2)　$\boldsymbol{b}\times\boldsymbol{c}=\begin{vmatrix}\boldsymbol{i}&\boldsymbol{j}&\boldsymbol{k}\\3&-2&7\\-2&-1&4\end{vmatrix}=\begin{vmatrix}-2&7\\-1&4\end{vmatrix}\boldsymbol{i}-\begin{vmatrix}3&7\\-2&4\end{vmatrix}\boldsymbol{j}+\begin{vmatrix}3&-2\\-2&-1\end{vmatrix}\boldsymbol{k}=-\boldsymbol{i}-26\boldsymbol{j}-7\boldsymbol{k}$

(3)　$(\boldsymbol{a}\times\boldsymbol{b})\times\boldsymbol{c}=\begin{vmatrix}\boldsymbol{i}&\boldsymbol{j}&\boldsymbol{k}\\11&-29&-13\\-2&-1&4\end{vmatrix}=\begin{vmatrix}-29&-13\\-1&4\end{vmatrix}\boldsymbol{i}-\begin{vmatrix}11&-13\\-2&4\end{vmatrix}\boldsymbol{j}+\begin{vmatrix}11&-29\\-2&-1\end{vmatrix}\boldsymbol{k}=-129\boldsymbol{i}-18\boldsymbol{j}-69\boldsymbol{k}$

(4)　$\boldsymbol{a}\times(\boldsymbol{b}\times\boldsymbol{c})=\begin{vmatrix}\boldsymbol{i}&\boldsymbol{j}&\boldsymbol{k}\\5&1&2\\-1&-26&-7\end{vmatrix}=\begin{vmatrix}1&2\\-26&-7\end{vmatrix}\boldsymbol{i}-\begin{vmatrix}5&2\\-1&-7\end{vmatrix}\boldsymbol{j}+\begin{vmatrix}5&1\\-1&-26\end{vmatrix}\boldsymbol{k}$

$=45\boldsymbol{i}+33\boldsymbol{j}-129\boldsymbol{k}$

9．$\boldsymbol{c}/\!/(\boldsymbol{a}\times\boldsymbol{b})$ なので，$\boldsymbol{c}=\pm 3\dfrac{\boldsymbol{a}\times\boldsymbol{b}}{|\boldsymbol{a}\times\boldsymbol{b}|}$．$\boldsymbol{a}\times\boldsymbol{b}=\begin{vmatrix}\boldsymbol{i} & \boldsymbol{j} & \boldsymbol{k}\\ 1 & 2 & -2\\ -1 & 2 & -3\end{vmatrix}=-2\boldsymbol{i}+5\boldsymbol{j}+4\boldsymbol{k}$ より，

$$\therefore\quad \boldsymbol{c}=\pm 3\cdot\frac{1}{3\sqrt{5}}(-2\boldsymbol{i}+5\boldsymbol{j}+4\boldsymbol{k})=\mp\frac{2}{\sqrt{5}}\boldsymbol{i}\pm\frac{5}{\sqrt{5}}\boldsymbol{j}\pm\frac{4}{\sqrt{5}}\boldsymbol{k}$$ （複号同順）

10.

(1)（証明）$\boldsymbol{a}=a_1\boldsymbol{i}+a_2\boldsymbol{j}+a_3\boldsymbol{k}$，$\boldsymbol{b}=b_1\boldsymbol{i}+b_2\boldsymbol{j}+b_3\boldsymbol{k}$，$\boldsymbol{c}=c_1\boldsymbol{i}+c_2\boldsymbol{j}+c_3\boldsymbol{k}$ とおいて，左辺の x 成分について演算すると，

$\boldsymbol{b}\times\boldsymbol{c}=(b_2c_3-b_3c_2)\boldsymbol{i}+(b_3c_1-b_1c_3)\boldsymbol{j}+(b_1c_2-b_2c_1)\boldsymbol{k}$ より，

$a_2(b_1c_2-b_2c_1)-(b_3c_1-b_1c_3)a_3=a_2b_1c_2-a_2b_2c_1-a_3b_3c_1+a_3b_1c_3$

$=(a_2c_2+a_3c_3)b_1-(a_2b_2+a_3b_3)c_1+a_1b_1c_1-a_1b_1c_1$

$=(a_1c_1+a_2c_2+a_3c_3)b_1-(a_1b_1+a_2b_2+a_3b_3)c_1=(\boldsymbol{a}\cdot\boldsymbol{c})b_1-(\boldsymbol{a}\cdot\boldsymbol{b})c_1$

と右辺の x 成分に等しい．左辺の y 成分，z 成分についても同様に

$(\boldsymbol{a}\cdot\boldsymbol{c})b_2-(\boldsymbol{a}\cdot\boldsymbol{b})c_2$，$(\boldsymbol{a}\cdot\boldsymbol{c})b_3-(\boldsymbol{a}\cdot\boldsymbol{b})c_3$ と表されるので，

$\therefore\quad \boldsymbol{a}\times(\boldsymbol{b}\times\boldsymbol{c})=(\boldsymbol{a}\cdot\boldsymbol{c})\boldsymbol{b}-(\boldsymbol{a}\cdot\boldsymbol{b})\boldsymbol{c}$ が成り立つ．（証明終）

(2) (1)の結果を用いると，

$(\boldsymbol{a}\times\boldsymbol{b})\times\boldsymbol{c}=-\boldsymbol{c}\times(\boldsymbol{a}\times\boldsymbol{b})=(-\boldsymbol{c}\cdot\boldsymbol{b})\boldsymbol{a}-(-\boldsymbol{c}\cdot\boldsymbol{a})\boldsymbol{b}=-(\boldsymbol{b}\cdot\boldsymbol{c})\boldsymbol{a}+(\boldsymbol{a}\cdot\boldsymbol{c})\boldsymbol{b}$

11.

(1) $\dfrac{x-3}{-2}=\dfrac{y+2}{3}=\dfrac{z-1}{1}$ または，媒介変数 t を用いて，$x=-2t+3$，$y=3t-2$，$z=t+1$

(2) $\dfrac{x-2}{2+7}=\dfrac{y-1}{1-4}=\dfrac{z-6}{6+6}\Rightarrow\dfrac{x-2}{9}=\dfrac{y-1}{-3}=\dfrac{z-6}{12}\Rightarrow\dfrac{x-2}{3}=\dfrac{y-1}{-1}=\dfrac{z-6}{4}$

または，$\dfrac{x+7}{2+7}=\dfrac{y-4}{1-4}=\dfrac{z+6}{6+6}\Rightarrow\dfrac{x+7}{3}=\dfrac{y-4}{-1}=\dfrac{z+6}{4}$ でも構わない．

前問同様，媒介変数 t を用いて，$x=3t+2$，$y=-t+1$，$z=4t+6$ または，$x=3t-7$，$y=-t+4$，$z=4t-6$ でもよい．

(3) $\{(x+2)\boldsymbol{i}+(y-1)\boldsymbol{j}+(z+1)\boldsymbol{k}\}\cdot(\boldsymbol{i}+2\boldsymbol{j}-\boldsymbol{k})=0\Rightarrow x+2y-z=1$

(4) $\overrightarrow{\mathrm{QR}}=\boldsymbol{i}-6\boldsymbol{j}+4\boldsymbol{k}$，$\overrightarrow{\mathrm{QS}}=-3\boldsymbol{i}+2\boldsymbol{j}+4\boldsymbol{k}$ より，

法線ベクトルを $\boldsymbol{g}$ とすると，$\boldsymbol{g}=\overrightarrow{\mathrm{QR}}\times\overrightarrow{\mathrm{QS}}=(\boldsymbol{i}-6\boldsymbol{j}+4\boldsymbol{k})\times(-3\boldsymbol{i}+2\boldsymbol{j}+4\boldsymbol{k})$

$=-32\boldsymbol{i}-16\boldsymbol{j}-16\boldsymbol{k}$.

$\therefore\quad \{(x-1)\boldsymbol{i}+(y-3)\boldsymbol{j}+(z+3)\boldsymbol{k}\}\cdot(-32\boldsymbol{i}-16\boldsymbol{i}-16\boldsymbol{k})=0\Rightarrow 2x+y+z=2$

（別解）$\boldsymbol{g}=p\boldsymbol{i}+q\boldsymbol{j}+r\boldsymbol{k}$ とおいて，$\boldsymbol{g}\cdot\overrightarrow{\mathrm{QR}}=0$，$\boldsymbol{g}\cdot\overrightarrow{\mathrm{QS}}=0$ から求めてもよい．

12.

(1)　媒介変数表示された直線 l の方程式を平面 π の方程式に代入すると，

$(-2t+3)+2(3t-2)-(t+1)=3t-2=1$ より $t=1$. ∴ 交点は $(1,\ 1,\ 2)$

(別解)　直線 l，平面 π の方程式から，$\begin{cases} x+2y-z=1 \\ \dfrac{x-3}{-2}=\dfrac{y+2}{3} \\ \dfrac{y+2}{3}=\dfrac{z-1}{1} \text{ or } \dfrac{x-3}{-2}=\dfrac{z-1}{1} \end{cases}$

の3元連立方程式を解いてもよい.

(2)　(1)と同様に，$2(3t+2)+(-t+1)+(4t+6)=9t+11=2$ より $t=-1$.

∴　交点は $(-1,\ 2,\ 2)$

(3)　平面 π，σ の方程式から $\begin{cases} x+2y-z=1 \\ 2x+y+z=2 \end{cases}$ の連立方程式を解くと，

$x=-y+1$，$x=-z+1$.

∴　交線の方程式は，$x=-y+1=-z+1$ or $x=\dfrac{y-1}{-1}=\dfrac{z-1}{-1}$. あるいは，

$x=t$，$y=-t+1$，$z=-t+1$

(4)　平面 π，σ のなす角は，各々の平面の法線ベクトル $\boldsymbol{h}$，$\boldsymbol{g}$ のなす角，あるいはその補角に等しい. $\boldsymbol{h}$，$\boldsymbol{g}$ のなす角を θ とすると，

$$\cos\theta=\frac{\boldsymbol{h}\cdot\boldsymbol{g}}{|\boldsymbol{h}||\boldsymbol{g}|}=\frac{(\boldsymbol{i}+2\boldsymbol{j}-\boldsymbol{k})\cdot(2\boldsymbol{i}+\boldsymbol{j}+\boldsymbol{k})}{\sqrt{6}\cdot\sqrt{6}}=\frac{1}{2}. \qquad \therefore\quad \theta=\frac{\pi}{3}$$

13.

(1)　$\dfrac{d}{dt}(\boldsymbol{a}\cdot\boldsymbol{b})=\dfrac{d}{dt}\{-t^2(t+2)-t^2-t(t+1)\}=\dfrac{d}{dt}(-t^3-4t^2-t)=-3t^2-8t-1$

(2)　$\dfrac{d}{dt}(\boldsymbol{a}\times\boldsymbol{b})=\dfrac{d}{dt}[\{t^2(t+1)-t\}\boldsymbol{i}+\{t^3-(t+2)(t+1)\}\boldsymbol{j}+\{-(t+2)+t^4\}\boldsymbol{k}]$

$=\dfrac{d}{dt}\{(t^3+t^2-t)\boldsymbol{i}+(t^3-t^2-3t-2)\boldsymbol{j}+(t^4-t-2)\boldsymbol{k}\}$

$=(3t^2+2t-1)\boldsymbol{i}+(3t^2-2t-3)\boldsymbol{j}+(4t^3-1)\boldsymbol{k}$

(3)　$\dfrac{d}{dt}|\boldsymbol{a}\times\boldsymbol{b}|^2=\dfrac{d}{dt}\{(\boldsymbol{a}\times\boldsymbol{b})\cdot(\boldsymbol{a}\times\boldsymbol{b})\}$

$=2(\boldsymbol{a}\times\boldsymbol{b})\cdot\dfrac{d}{dt}(\boldsymbol{a}\times\boldsymbol{b})$

$=2\{(t^3+t^2-t)\boldsymbol{i}+(t^3-t^2-3t-2)\boldsymbol{j}+(t^4-t-2)\boldsymbol{k}\}$

$\cdot\{(3t^2+2t-1)\boldsymbol{i}+(3t^2-2t-3)\boldsymbol{j}+(4t^3-1)\boldsymbol{k}\}$

$= 2\{(t^3 + t^2 - t)(3t^2+2t - 1) + (t^3 - t^2 - 3t - 2)(3t^2 - 2t - 3)$
$\quad + (t^4 - t - 2)(4t^3 - 1)\}$
$= 8t^7 + 12t^5 - 10t^4 - 40t^3 + 30t + 16$

14. $\boldsymbol{a}(t) \perp \boldsymbol{b}(t)$ より，$\boldsymbol{a}(t)\cdot\boldsymbol{b}(t) = 0$. 両辺を t で微分すると，$\boldsymbol{a}'(t)\cdot\boldsymbol{b}(t) + \boldsymbol{a}(t)\cdot\boldsymbol{b}'(t) = 0$. 一方，$\boldsymbol{a}'(t) \perp \boldsymbol{b}(t)$ より，$\boldsymbol{a}'(t)\cdot\boldsymbol{b}(t) = 0$ なので，$\boldsymbol{a}(t)\cdot\boldsymbol{b}'(t) = 0$. ∴　$\boldsymbol{a}(t) \perp \boldsymbol{b}'(t)$.

STEP 2

15. $\overrightarrow{\mathrm{OA}} = \boldsymbol{a}$, $\overrightarrow{\mathrm{OB}} = \boldsymbol{b}$, $\overrightarrow{\mathrm{OC}} = \boldsymbol{c}$ とすると，$\overrightarrow{\mathrm{OA}} \perp \overrightarrow{\mathrm{BC}}$ より，$\boldsymbol{a}\cdot(\boldsymbol{c} - \boldsymbol{b}) = \boldsymbol{a}\cdot\boldsymbol{c} - \boldsymbol{a}\cdot\boldsymbol{b} = 0$ から，$\boldsymbol{a}\cdot\boldsymbol{c} = \boldsymbol{a}\cdot\boldsymbol{b}$. 同様に，$\overrightarrow{\mathrm{OB}} \perp \overrightarrow{\mathrm{CA}}$ より，$\boldsymbol{b}\cdot\boldsymbol{c} = \boldsymbol{b}\cdot\boldsymbol{a}$. すなわち，$\boldsymbol{a}\cdot\boldsymbol{b} = \boldsymbol{b}\cdot\boldsymbol{c} = \boldsymbol{c}\cdot\boldsymbol{a}$……① が成り立つ．一方，$\triangle\mathrm{OAB} = \triangle\mathrm{OBC} = \triangle\mathrm{OCA}$ より，

$\dfrac{1}{2}\sqrt{|\boldsymbol{a}|^2|\boldsymbol{b}|^2 - (\boldsymbol{a}\cdot\boldsymbol{b})^2} = \dfrac{1}{2}\sqrt{|\boldsymbol{b}|^2|\boldsymbol{c}|^2 - (\boldsymbol{b}\cdot\boldsymbol{c})^2} = \dfrac{1}{2}\sqrt{|\boldsymbol{c}|^2|\boldsymbol{a}|^2 - (\boldsymbol{c}\cdot\boldsymbol{a})^2}$ より，

$|\boldsymbol{a}|^2|\boldsymbol{b}|^2 - (\boldsymbol{a}\cdot\boldsymbol{b})^2 = |\boldsymbol{b}|^2|\boldsymbol{c}|^2 - (\boldsymbol{b}\cdot\boldsymbol{c})^2 = |\boldsymbol{c}|^2|\boldsymbol{a}|^2 - (\boldsymbol{c}\cdot\boldsymbol{a})^2$. ここで，①の関係を用いると，

$|\boldsymbol{a}||\boldsymbol{b}| = |\boldsymbol{b}||\boldsymbol{c}| = |\boldsymbol{c}||\boldsymbol{a}| \Rightarrow |\boldsymbol{a}| = |\boldsymbol{b}| = |\boldsymbol{c}|$……②

一方，$\triangle\mathrm{ABC} = \triangle\mathrm{OCA}$ より，

$\dfrac{1}{2}\sqrt{|\boldsymbol{b} - \boldsymbol{a}|^2|\boldsymbol{c} - \boldsymbol{a}|^2 - \{(\boldsymbol{b} - \boldsymbol{a})\cdot(\boldsymbol{c} - \boldsymbol{a})\}^2} = \dfrac{1}{2}\sqrt{|\boldsymbol{a}|^2|\boldsymbol{c}|^2 - (\boldsymbol{a}\cdot\boldsymbol{c})^2}$.

ここで，①および②の関係を用いると，

$(|\boldsymbol{b}|^2 - 2\boldsymbol{b}\cdot\boldsymbol{a} + |\boldsymbol{a}|^2)(|\boldsymbol{c}|^2 - 2\boldsymbol{c}\cdot\boldsymbol{a} + |\boldsymbol{a}|^2) - \{-\boldsymbol{a}\cdot(\boldsymbol{c} - \boldsymbol{a})\}^2 = |\boldsymbol{a}|^4 - (\boldsymbol{a}\cdot\boldsymbol{c})^2$

$(2|\boldsymbol{a}|^2 - 2\boldsymbol{c}\cdot\boldsymbol{a})^2 - (|\boldsymbol{a}|^2 - \boldsymbol{c}\cdot\boldsymbol{a})^2 = 3(|\boldsymbol{a}|^2 - \boldsymbol{c}\cdot\boldsymbol{a})^2 = (|\boldsymbol{a}|^2 - (\boldsymbol{a}\cdot\boldsymbol{c}))(|\boldsymbol{a}|^2 + (\boldsymbol{a}\cdot\boldsymbol{c}))$

$3(|\boldsymbol{a}|^2 - \boldsymbol{c}\cdot\boldsymbol{a}) = |\boldsymbol{a}|^2 + (\boldsymbol{a}\cdot\boldsymbol{c})$

したがって，$\boldsymbol{a}$, $\boldsymbol{c}$ のなす角を θ とすると，$\boldsymbol{a}\cdot\boldsymbol{c} = |\boldsymbol{a}||\boldsymbol{c}|\cos\theta = |\boldsymbol{a}|^2\cos\theta = \dfrac{1}{4}\cdot 2|\boldsymbol{a}|^2$ $= \dfrac{1}{2}|\boldsymbol{a}|^2$. すなわち，$\cos\theta = \dfrac{1}{2} \Rightarrow \theta = \dfrac{\pi}{3}$. ゆえに，$\triangle\mathrm{OCA}$ は正三角形．同様にすれば，$\triangle\mathrm{OAB}$, $\triangle\mathrm{OBC}$ についても正三角形であることが求められる．ゆえに，四面体 OABC は正四面体である．

16. $\boldsymbol{a}$ の $\boldsymbol{b}$ に平行なベクトル $\boldsymbol{a}_h$ は，$\boldsymbol{b}$ 上への正射影ベクトルに等しい．

したがって，$\boldsymbol{a}_h = \left(\boldsymbol{a}\cdot\dfrac{\boldsymbol{b}}{|\boldsymbol{b}|}\right)\dfrac{\boldsymbol{b}}{|\boldsymbol{b}|} = \dfrac{2}{3}(2\boldsymbol{i} + \boldsymbol{j} - 2\boldsymbol{k})$

$\boldsymbol{b}$ に垂直なベクトル $\boldsymbol{a}_v$ は $\boldsymbol{a} - \boldsymbol{a}_h$ で求められる．∴　$\boldsymbol{a}_v = \dfrac{1}{3}(5\boldsymbol{i} - 8\boldsymbol{j} + \boldsymbol{k})$

17. $\triangle$OBC を底面とし，A から $\triangle$OBC へ下ろした垂線の足を H とする．$\triangle$OBC の面積を S とし $\boldsymbol{b}$，$\boldsymbol{c}$ で表すと，$S=\frac{1}{2}|\boldsymbol{b}\times\boldsymbol{c}|$ なので，$V=\frac{1}{6}|\boldsymbol{b}\times\boldsymbol{c}|\cdot|\overrightarrow{\mathrm{HA}}|$．また，$(\boldsymbol{b}\times\boldsymbol{c})/\!/\overrightarrow{\mathrm{HA}}$ であり，$\boldsymbol{b}\times\boldsymbol{c}$ と $\boldsymbol{a}$ とのなす角を θ とすると，A が $\triangle$OBC に対し $\boldsymbol{b}\times\boldsymbol{c}$ の正方向側にある場合には $\cos\theta>0$ であるから，$|\overrightarrow{\mathrm{HA}}|=|\boldsymbol{a}|\cos\theta=\dfrac{\boldsymbol{a}\cdot(\boldsymbol{b}\times\boldsymbol{c})}{|\boldsymbol{b}\times\boldsymbol{c}|}$．一方，A が $\boldsymbol{b}\times\boldsymbol{c}$ の負方向側にある場合には $\cos\theta<0$ であるから，$|\overrightarrow{\mathrm{HA}}|=-|\boldsymbol{a}|\cos\theta=-\dfrac{\boldsymbol{a}\cdot(\boldsymbol{b}\times\boldsymbol{c})}{|\boldsymbol{b}\times\boldsymbol{c}|}$．したがって，体積 V は，$V=\dfrac{1}{6}\left||\boldsymbol{b}\times\boldsymbol{c}|\cdot\dfrac{\boldsymbol{a}\cdot(\boldsymbol{b}\times\boldsymbol{c})}{|\boldsymbol{b}\times\boldsymbol{c}|}\right|=\dfrac{1}{6}|\boldsymbol{a}\cdot(\boldsymbol{b}\times\boldsymbol{c})|=\dfrac{1}{6}|[\boldsymbol{a},\ \boldsymbol{b},\ \boldsymbol{c}]|$ で求められる．

18.

(1) $\boldsymbol{a}=a_1\boldsymbol{i}+a_2\boldsymbol{j}+a_3\boldsymbol{k}$，$\boldsymbol{b}=b_1\boldsymbol{i}+b_2\boldsymbol{j}+b_3\boldsymbol{k}$，$\boldsymbol{c}=c_1\boldsymbol{i}+c_2\boldsymbol{j}+c_3\boldsymbol{k}$ とおくと，

$$[\boldsymbol{a},\ \boldsymbol{b},\ \boldsymbol{c}]=(a_1\boldsymbol{i}+a_2\boldsymbol{j}+a_3\boldsymbol{k})\cdot\{(b_2c_3-b_3c_2)\boldsymbol{i}+(b_3c_1-b_1c_3)\boldsymbol{j}+(b_1c_2-b_2c_1)\boldsymbol{k}\}$$
$$=a_1(b_2c_3-b_3c_2)+a_2(b_3c_1-b_1c_3)+a_3(b_1c_2-b_2c_1)$$
$$=a_1b_2c_3-a_1b_3c_2+a_2b_3c_1-a_2b_1c_3+a_3b_1c_2-a_3b_2c_1$$
$$=b_1(c_2a_3-c_3a_2)+b_2(c_3a_1-c_1a_3)+b_3(c_1a_2-c_2a_1)=[\boldsymbol{b},\ \boldsymbol{c},\ \boldsymbol{a}]$$
$$=c_1(a_2b_3-a_3b_2)+c_2(a_3b_1-a_1b_3)+c_3(a_1b_2-a_2b_1)=[\boldsymbol{c},\ \boldsymbol{a},\ \boldsymbol{b}]$$

(別解)

$$[\boldsymbol{a},\ \boldsymbol{b},\ \boldsymbol{c}]=a_1(b_2c_3-b_3c_2)+a_2(b_3c_1-b_1c_3)+a_3(b_1c_2-b_2c_1)=\begin{vmatrix}a_1&a_2&a_3\\b_1&b_2&b_3\\c_1&c_2&c_3\end{vmatrix}$$

なので，行列式の公式から，

$$\begin{vmatrix}a_1&a_2&a_3\\b_1&b_2&b_3\\c_1&c_2&c_3\end{vmatrix}=\begin{vmatrix}b_1&b_2&b_3\\c_1&c_2&c_3\\a_1&a_2&a_3\end{vmatrix}=[\boldsymbol{b},\ \boldsymbol{c},\ \boldsymbol{a}],\quad \begin{vmatrix}a_1&a_2&a_3\\b_1&b_2&b_3\\c_1&c_2&c_3\end{vmatrix}=\begin{vmatrix}c_1&c_2&c_3\\a_1&a_2&a_3\\b_1&b_2&b_3\end{vmatrix}=[\boldsymbol{c},\ \boldsymbol{a},\ \boldsymbol{b}]$$

(2) 6章演習問題10(1)より，

$$\boldsymbol{a}\times(\boldsymbol{b}\times\boldsymbol{c})+\boldsymbol{b}\times(\boldsymbol{c}\times\boldsymbol{a})+\boldsymbol{c}\times(\boldsymbol{a}\times\boldsymbol{b})$$
$$=\{(\boldsymbol{a}\cdot\boldsymbol{c})\boldsymbol{b}-(\boldsymbol{a}\cdot\boldsymbol{b})\boldsymbol{c}\}+\{(\boldsymbol{b}\cdot\boldsymbol{a})\boldsymbol{c}-(\boldsymbol{b}\cdot\boldsymbol{c})\boldsymbol{a}\}+\{(\boldsymbol{c}\cdot\boldsymbol{b})\boldsymbol{a}-(\boldsymbol{c}\cdot\boldsymbol{a})\boldsymbol{b}\}$$
$$=\{(\boldsymbol{c}\cdot\boldsymbol{b})-(\boldsymbol{b}\cdot\boldsymbol{c})\}\boldsymbol{a}+\{(\boldsymbol{a}\cdot\boldsymbol{c})-(\boldsymbol{c}\cdot\boldsymbol{a})\}\boldsymbol{b}+\{(\boldsymbol{b}\cdot\boldsymbol{a})-(\boldsymbol{a}\cdot\boldsymbol{b})\}\boldsymbol{c}=\boldsymbol{o}$$

(3) 6章演習問題10(2)において，$\boldsymbol{c}$ の代わりに $\boldsymbol{c}\times\boldsymbol{d}$ を代入すると，

$$(\boldsymbol{a}\times\boldsymbol{b})\times(\boldsymbol{c}\times\boldsymbol{d})=-(\boldsymbol{b}\cdot(\boldsymbol{c}\times\boldsymbol{d}))\boldsymbol{a}+(\boldsymbol{a}\cdot(\boldsymbol{c}\times\boldsymbol{d}))\boldsymbol{b}=[\boldsymbol{a},\ \boldsymbol{c},\ \boldsymbol{d}]\boldsymbol{b}-[\boldsymbol{b},\ \boldsymbol{c},\ \boldsymbol{d}]\boldsymbol{a}$$

19.

(1) 交線の方程式は，$\dfrac{x-2}{-3}=y=\dfrac{z}{2}$．したがって，交線上の 2 点 $(2,\ 0,\ 0)$，

$(-1,\ 1,\ 2)$ および点 $(2,\ -1,\ 3)$ を含む平面の方程式は，$5x + 9y + 3z = 10$

（別解）　σ と π の交線を含む（π 以外の）平面の方程式は，

$(x - y + 2z - 2) + k(x + y + z - 2) = 0$

点 $(2,\ -1,\ 3)$ を含むので，$(2 + 1 + 6 - 2) + k(2 - 1 + 3 - 2) = 0$

$\Rightarrow 2k = -7 \Rightarrow k = -\dfrac{7}{2}$

したがって，求める平面の方程式は，

$(x - y + 2z - 2) - \dfrac{7}{2}(x + y + z - 2) = -\dfrac{5}{2}x - \dfrac{9}{2}y - \dfrac{3}{2}z + 5 = 0$

$\Rightarrow 5x + 9y + 3z = 10$

(2)　直線 l，m 上の任意の点をそれぞれ $l:\begin{cases} x = 4s + 6 \\ y = -3s - 1 \\ z = -s + 4 \end{cases}$，$m:\begin{cases} x = 2t + 1 \\ y = t + 3 \\ z = 2t + 1 \end{cases}$ とし，

2 点間の距離を L とすれば，

$$L^2 = (4s - 2t + 5)^2 + (-3s - t - 4)^2 + (-s - 2t + 3)^2$$
$$= 9t^2 - (6s + 24)t + 26s^2 + 58s + 50$$
$$= 9\left(t - \frac{3s + 12}{9}\right)^2 + 25s^2 + 50s + 34 = 9\left(t - \frac{3s + 12}{9}\right)^2 + 25(s + 1)^2 + 9$$

したがって，$s = -1$，$t = 1$ のとき，L は最小値 3 をとる．

（別解）　2 直線間の最短距離となる線分は，各々の直線に垂直であるから，2 直線の方向ベクトルの外積 $-5\boldsymbol{i} - 10\boldsymbol{j} + 10\boldsymbol{k}$ と平行となる．すなわち，$\dfrac{4s - 2t + 5}{-5} = \dfrac{-3s - t - 4}{-10} = \dfrac{-s - 2t + 3}{10}$ が成り立つ s，t に対する点が最短距離となる線分の端点となる．この連立方程式を解くと，$s = -1$，$t = 1$ だから，直線 l，m の座標は，それぞれ $(2,\ 2,\ 5)$ および $(3,\ 4,\ 3)$．したがって，最短距離は 3 となる．

(3)　直線 m 上の 2 点から平面 σ へ垂線を下ろした足を結ぶ直線が m' になる．直線 m 上の 2 点 $(1,\ 3,\ 1)$，$(-1,\ 2,\ -1)$ から平面 σ への垂線の方程式はそれぞれ

$$\frac{x - 1}{1} = \frac{y - 3}{-1} = \frac{z - 1}{2},\quad \frac{x + 1}{1} = \frac{y - 2}{-1} = \frac{z + 1}{2}.$$

各直線の平面 σ との交点は，$\left(\dfrac{4}{3},\ \dfrac{8}{3},\ \dfrac{5}{3}\right)$，$\left(\dfrac{1}{6},\ \dfrac{5}{6},\ \dfrac{4}{3}\right)$

$\therefore$　直線 m' の方程式は，$\dfrac{x - \frac{1}{6}}{\frac{4}{3} - \frac{1}{6}} = \dfrac{y - \frac{5}{6}}{\frac{8}{3} - \frac{5}{6}} = \dfrac{z - \frac{4}{3}}{\frac{5}{3} - \frac{4}{3}} \Rightarrow \dfrac{x - \frac{1}{6}}{7} = \dfrac{y - \frac{5}{6}}{11} = \dfrac{z - \frac{4}{3}}{2}$

（別解）　直線 m と平面 σ の交点は，$\left(\dfrac{9}{5},\ \dfrac{17}{5},\ \dfrac{9}{5}\right)$．直線 m' は，この交点を通り，直線 m の方向ベクトルにおいて平面 σ の法線ベクトルに垂直なベクトルを方向ベクトルとしてもつ直線である．直線 m の方向ベクトルを $\boldsymbol{a}$ とし，平面 σ の法線ベクトルを $\boldsymbol{h}$ とすると，$\boldsymbol{a} = 2\boldsymbol{i} + \boldsymbol{j} + 2\boldsymbol{k}$，$\boldsymbol{h} = \boldsymbol{i} - \boldsymbol{j} + 2\boldsymbol{k}$ なので，直線 m' の方向ベクトルを $\boldsymbol{a}'$ とすると，6章演習問題16より，

$$\boldsymbol{a}' = \boldsymbol{a} - \left(\boldsymbol{a}\cdot\frac{\boldsymbol{h}}{|\boldsymbol{h}|}\right)\frac{\boldsymbol{h}}{|\boldsymbol{h}|} = (2\boldsymbol{i} + \boldsymbol{j} + 2\boldsymbol{k}) - \frac{(2\boldsymbol{i} + \boldsymbol{j} + 2\boldsymbol{k})\cdot(\boldsymbol{i} - \boldsymbol{j} + 2\boldsymbol{k})}{|\boldsymbol{i} - \boldsymbol{j} + 2\boldsymbol{k}|^2}(\boldsymbol{i} - \boldsymbol{j} + 2\boldsymbol{k})$$

$$= (2\boldsymbol{i} + \boldsymbol{j} + 2\boldsymbol{k}) - \frac{5}{6}(\boldsymbol{i} - \boldsymbol{j} + 2\boldsymbol{k}) = \frac{7}{6}\boldsymbol{i} + \frac{11}{6}\boldsymbol{j} + \frac{1}{3}\boldsymbol{k}$$

∴　直線 m' の方程式は，$\dfrac{x - \frac{9}{5}}{\frac{7}{6}} = \dfrac{y - \frac{17}{5}}{\frac{11}{6}} = \dfrac{z - \frac{9}{5}}{\frac{1}{3}} \Rightarrow \dfrac{x - \frac{9}{5}}{7} = \dfrac{y - \frac{17}{5}}{11} = \dfrac{z - \frac{9}{5}}{2}$

＊この直線の方程式の方向ベクトルは，先に求めた直線 m' の方程式の方向ベクトルに等しく，さらに，交点の座標を代入すると等式は成り立つので，2つの式は同じ直線を表している．

20. 直線 l の交点の位置ベクトルを $\boldsymbol{p} = \boldsymbol{a} + t\boldsymbol{d}$ とおき，平面 σ の方程式に代入すると，

$$(\boldsymbol{a} + t\boldsymbol{d} - \boldsymbol{b})\cdot\boldsymbol{h} = (\boldsymbol{a} - \boldsymbol{b})\cdot\boldsymbol{h} + t\boldsymbol{d}\cdot\boldsymbol{h} = 0 \Rightarrow t = \frac{(\boldsymbol{b} - \boldsymbol{a})\cdot\boldsymbol{h}}{\boldsymbol{d}\cdot\boldsymbol{h}} \quad \therefore\ \boldsymbol{p} = \boldsymbol{a} + \frac{(\boldsymbol{b} - \boldsymbol{a})\cdot\boldsymbol{h}}{\boldsymbol{d}\cdot\boldsymbol{h}}\boldsymbol{d}$$

21. 垂線の足をHとし，$\overrightarrow{\mathrm{OH}} = \boldsymbol{b} + t(\boldsymbol{b} - \boldsymbol{c})$（$t$：スカラー）とする．$\overrightarrow{\mathrm{AH}} \perp \overrightarrow{\mathrm{BC}}$ より $|\overrightarrow{\mathrm{AH}} \times \overrightarrow{\mathrm{BC}}| = |\overrightarrow{\mathrm{AH}}|\cdot|\overrightarrow{\mathrm{BC}}|$．したがって，

$$|(\boldsymbol{b} + t(\boldsymbol{b} - \boldsymbol{c}) - \boldsymbol{a}) \times (\boldsymbol{c} - \boldsymbol{b})| = |(\boldsymbol{b} - \boldsymbol{a}) \times (\boldsymbol{c} - \boldsymbol{b}) + t(\boldsymbol{b} - \boldsymbol{c}) \times (\boldsymbol{c} - \boldsymbol{b})|$$

$$= |(\boldsymbol{b} - \boldsymbol{a}) \times (\boldsymbol{c} - \boldsymbol{b})| = |\overrightarrow{\mathrm{AH}}|\cdot|\boldsymbol{b} - \boldsymbol{c}|$$

$$\therefore\quad |\overrightarrow{\mathrm{AH}}| = \frac{|(\boldsymbol{b} - \boldsymbol{a}) \times (\boldsymbol{c} - \boldsymbol{b})|}{|\boldsymbol{b} - \boldsymbol{c}|} = \frac{|\boldsymbol{a} \times \boldsymbol{b} + \boldsymbol{b} \times \boldsymbol{c} + \boldsymbol{c} \times \boldsymbol{a}|}{|\boldsymbol{b} - \boldsymbol{c}|}$$

22.

(1)　$(\boldsymbol{a} \times \boldsymbol{a})' = \boldsymbol{a}' \times \boldsymbol{a}' + \boldsymbol{a} \times \boldsymbol{a}'' = \boldsymbol{a} \times \boldsymbol{a}''$　(2)　$\left(\dfrac{\boldsymbol{a}}{|\boldsymbol{a}|}\right)' = \dfrac{1}{|\boldsymbol{a}|}\boldsymbol{a}' - \left(\dfrac{1}{|\boldsymbol{a}|}\right)'\boldsymbol{a} = \dfrac{1}{|\boldsymbol{a}|}\boldsymbol{a}' - \dfrac{|\boldsymbol{a}|'}{|\boldsymbol{a}|^2}\boldsymbol{a}$

(3)　$(\boldsymbol{a}\cdot\boldsymbol{a})' = (|\boldsymbol{a}|\cdot|\boldsymbol{a}|)' \Rightarrow 2\boldsymbol{a}\cdot\boldsymbol{a}' = 2|\boldsymbol{a}|\cdot|\boldsymbol{a}|'$

23. （必要性）$|\boldsymbol{a}(t)| = c$（c：一定）とすれば，$\boldsymbol{a}(t)\cdot\boldsymbol{a}(t) = c^2$．両辺を t で微分すると，

$$2\boldsymbol{a}(t)\cdot\frac{d\boldsymbol{a}(t)}{dt} = 0. \qquad \therefore\ \boldsymbol{a}(t)\cdot\frac{d\boldsymbol{a}(t)}{dt} = 0$$

（十分性）$\boldsymbol{a}(t)\cdot\dfrac{d\boldsymbol{a}(t)}{dt} = 0$ のとき，$\dfrac{d}{dt}(\boldsymbol{a}(t)\cdot\boldsymbol{a}(t)) = \dfrac{d\boldsymbol{a}(t)}{dt}\cdot\boldsymbol{a}(t) + \boldsymbol{a}(t)\cdot\dfrac{d\boldsymbol{a}(t)}{dt}$

$= 2\boldsymbol{a}(t)\cdot\dfrac{d\boldsymbol{a}(t)}{dt} = 0$　すなわち，$\dfrac{d}{dt}|\boldsymbol{a}(t)|^2 = 0.$

$\therefore$　$|\boldsymbol{a}(t)|^2$ は一定，つまり $|\boldsymbol{a}(t)|$ は一定である．

24. （必要性）$\boldsymbol{a}(t)$ は定方向ベクトルであるので，$\boldsymbol{a}(t)$ に平行な定ベクトルを $\boldsymbol{c}$ とすると，$\boldsymbol{a}(t)$ はスカラー関数 $f(t)$ を用いて，$\boldsymbol{a}(t) = f(t)\boldsymbol{c}$ と表せる．このとき，$\dfrac{d\boldsymbol{a}(t)}{dt} = \dfrac{df(t)}{dt}\boldsymbol{c}$ だから，

$$\boldsymbol{a}(t) \times \frac{d\boldsymbol{a}(t)}{dt} = f(t)\boldsymbol{c} \times \frac{df(t)}{dt}\boldsymbol{c} = f(t)\cdot\frac{df(t)}{dt}(\boldsymbol{c} \times \boldsymbol{c}) = \boldsymbol{o}$$ となる．

（十分性）$\boldsymbol{e}(t) = \dfrac{\boldsymbol{a}(t)}{|\boldsymbol{a}(t)|}$ とすると，$\boldsymbol{e}(t)$ は $\boldsymbol{o}$ にならない単位ベクトルである．また，

$$\boldsymbol{a}(t) \times \frac{d\boldsymbol{a}(t)}{dt} = |\boldsymbol{a}(t)|\boldsymbol{e}(t) \times \left(\frac{d|\boldsymbol{a}(t)|}{dt}\boldsymbol{e}(t) + \left|\boldsymbol{a}(t)\right|\frac{d\boldsymbol{e}(t)}{dt}\right) = |\boldsymbol{a}(t)|^2\left(\boldsymbol{e}(t) \times \frac{d\boldsymbol{e}(t)}{dt}\right) = \boldsymbol{o}.$$

$|\boldsymbol{a}(t)| \neq 0$ より，$\boldsymbol{e}(t) \times \dfrac{d\boldsymbol{e}(t)}{dt} = 0$．したがって，$\dfrac{d\boldsymbol{e}(t)}{dt} = \boldsymbol{o}$ か，あるいは $\boldsymbol{e}(t) /\!/ \dfrac{d\boldsymbol{e}(t)}{dt}$．

$\dfrac{d\boldsymbol{e}(t)}{dt} = \boldsymbol{o}$ のとき，$\boldsymbol{e}(t) = \boldsymbol{c}$ と定ベクトルであるから，$\boldsymbol{a}(t) = |\boldsymbol{a}(t)|\boldsymbol{c}$ と $\boldsymbol{a}(t)$ は定方向ベクトルになる．一方，$\boldsymbol{e}(t) /\!/ \dfrac{d\boldsymbol{e}(t)}{dt}$ のとき，$\dfrac{d\boldsymbol{e}(t)}{dt} = g(t)\boldsymbol{e}(t)$（$g(t)$：スカラー関数）と表せて，また，$|\boldsymbol{e}(t)| = 1$ より，前問の結果から，$\boldsymbol{e}(t)\cdot\dfrac{d\boldsymbol{e}(t)}{dt} = g(t)\boldsymbol{e}(t)\cdot\boldsymbol{e}(t) = g(t)|\boldsymbol{e}(t)|^2 = g(t) = 0$．すなわち，$\dfrac{d\boldsymbol{e}(t)}{dt} = \ = \boldsymbol{o}$ となる．ゆえに，いずれの場合においても，$\boldsymbol{a}(t)$ は定方向ベクトルとなる．

25. $t = 1$ における位置ベクトルは，$\boldsymbol{r}(1) = 3\boldsymbol{i} + \boldsymbol{j} + \boldsymbol{k}$．また，この位置における接線ベクトルは，$\boldsymbol{r}'(t) = (2t + 2)\boldsymbol{i} + (3t^2 - 2t)\boldsymbol{j} + (2t - 3)\boldsymbol{k}$ より，$\boldsymbol{r}'(1) = 4\boldsymbol{i} + \boldsymbol{j} - \boldsymbol{k}$．したがって，接線の方程式は，$\dfrac{x - 3}{4} = \dfrac{y - 1}{1} = \dfrac{z - 1}{-1}$ または，$x = 4t + 3$，$y = t + 1$，$z = -t + 1$

26. $\dfrac{d\boldsymbol{r}}{dt} = -\omega\boldsymbol{a}\sin\omega t + \omega\boldsymbol{b}\cos\omega t$，$\dfrac{d^2\boldsymbol{r}}{dt^2} = -\omega^2\boldsymbol{a}\cos\omega t - \omega^2\boldsymbol{b}\sin\omega t$．したがって，

$$\left[\boldsymbol{r},\ \frac{d\boldsymbol{r}}{dt},\ \frac{d^2\boldsymbol{r}}{dt^2}\right] = (\boldsymbol{a}\cos\omega t + \boldsymbol{b}\sin\omega t)\cdot\{(-\omega\boldsymbol{a}\sin\omega t + \omega\boldsymbol{b}\cos\omega t) \times (-\omega^2\boldsymbol{a}\cos\omega t - \omega^2\boldsymbol{b}\sin\omega t)\}$$

$$= (\boldsymbol{a}\cos\omega t + \boldsymbol{b}\sin\omega t)\cdot(\omega^3\sin^2\omega t + \omega^3\cos^2\omega t)\boldsymbol{a} \times \boldsymbol{b}$$

$$= \omega^3\cos\omega t(\boldsymbol{a}\cdot\boldsymbol{a} \times \boldsymbol{b}) + \omega^3\sin\omega t(\boldsymbol{b}\cdot\boldsymbol{a} \times \boldsymbol{b}) = 0$$

27.

(1)　$\boldsymbol{r}(t) = \cos t\cdot\boldsymbol{i} + \sin t\cdot\boldsymbol{j} + t\boldsymbol{k}$ より，$d\boldsymbol{r} = (-\sin t\cdot\boldsymbol{i} + \cos t\cdot\boldsymbol{j} + \boldsymbol{k})dt$．また，

$x = \cos t$, $y = \sin t$, $z = t$ を代入すると,

$$\int_C (x^2\boldsymbol{i} - y\boldsymbol{j} + xy\boldsymbol{k})\,d\boldsymbol{r} = \int_0^{\pi} (\cos^2 t\cdot\boldsymbol{i} - \sin t\cdot\boldsymbol{j} + \cos t\sin t\cdot\boldsymbol{k})\cdot(-\sin t\cdot\boldsymbol{i} + \cos t\cdot\boldsymbol{j} + \boldsymbol{k})\,dt$$

$$= \int_0^{\pi} (-\cos^2 t\sin t - \sin t\cos t + \cos t\sin t)\,dt = \int_0^{\pi} -\cos^2 t\sin t dt$$

$$= \left[\frac{1}{3}\cos^3 t\right]_0^{\pi} = -\frac{2}{3}$$

(2)　$\boldsymbol{r}(t) = t\boldsymbol{i} + (t^2+1)\boldsymbol{j} + (t^3 - t)\boldsymbol{k}$ より, $d\boldsymbol{r} = \{\boldsymbol{i} + 2t\boldsymbol{j} + (3t^2-1)\boldsymbol{k}\}dt$. また,

$x = t$, $y = t^2 + 1$, $z = t^3 - t$ を代入すると,

$$\int_C \{(2x + 3y + 2z)\boldsymbol{i} - (x^3 + y - z)\boldsymbol{j} - (x^2 - y)\boldsymbol{k}\}d\boldsymbol{r}$$

$$= \int_0^1 \{(2t^3 + 3t^2 + 3)\boldsymbol{i} - (t^2 + t + 1)\boldsymbol{j} + \boldsymbol{k}\}\cdot\{\boldsymbol{i} + 2t\boldsymbol{j} + (3t^2 - 1)\boldsymbol{k}\}d\boldsymbol{r}$$

$$= \int_0^1 (2t^3 + 3t^2 + 3 - 2t^3 - 2t^2 - 2t + 3t^2 - 1)\,dt = \int_0^1 (4t^2 - 2t + 2)\,dt$$

$$= \left[\frac{4}{3}t^3 - t^2 + 2t\right]_0^1 = \frac{7}{3}$$

7. ベクトルの応用

7-1 ベクトルの外積とモーメント

例題 7-1　ある剛体上に xyz 座標系をとる．いま，剛体上の点 A $(a_1,\ a_2,\ a_3)$ に力 $\boldsymbol{F} = F_1\boldsymbol{i} + F_2\boldsymbol{j} + F_3\boldsymbol{k}$ が作用している．このとき，座標原点 O に関するモーメントの大きさと回転軸の向きを求めよ．

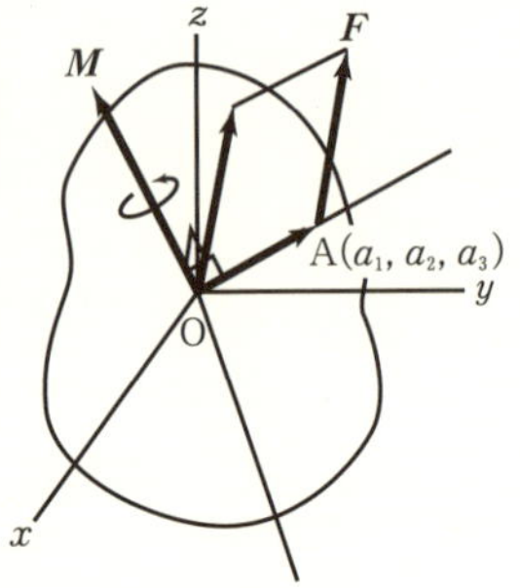

図 7-1

【モーメントとベクトルの外積】

力学のモーメントの大きさは，回転中心から力の作用点までの距離と，力の回転中心と作用点を結ぶ直線に垂直な方向の大きさとの積で求められる．本問においては，力の作用点が A，力が $\boldsymbol{F}$ となるので，線分 OA をベクトルと見なして，$\overrightarrow{\mathrm{OA}}$ と $\boldsymbol{F}$ とのなす角を θ $(0 \leqq \theta \leqq 2\pi)$ とすれば，モーメントの大きさは，$|\overrightarrow{\mathrm{OA}}||\boldsymbol{F}| \sin\theta$ となる．一方，モーメントの回転軸は，明らかに $\overrightarrow{\mathrm{OA}}$ および $\boldsymbol{F}$ ともに垂直な軸である．

以上のように，力学のモーメントの大きさは，回転中心から作用点までの位置ベクトルと力ベクトルの外積の大きさに等しく，回転軸の方向は，外積の向きと平行であることがわかる．

一方，力の大きさが同じで位置ベクトルとのなす角が同じであっても，モーメントにより回転する方向は 2 方向存在する．そこで，1 つの回転方向を正のモーメント，その逆方向を負のモーメントと正負化し，外積のベクトルの向きをモーメントの正負に割り当てることを考える．いま，座標原点 O を回転中心とし，作用点 (1, 0, 0) にて $\boldsymbol{F} = \boldsymbol{j}$ の力を受けているとする．このとき，モーメントによる回転の向きは，z 軸正方向から見て反時計回りになり，この向きを正とすると，(変位ベクトル) × (力ベクトル) の外積の向きと正負が一致する．すなわち，モーメントをベクトルと考え $\boldsymbol{M}$ とおけば，位置ベクトル $\boldsymbol{r}$，力ベクトル $\boldsymbol{F}$ に対し，$\boldsymbol{M} = \boldsymbol{r} \times \boldsymbol{F}$ と定義することで，モーメントの大きさ，回転軸の方向，回転の向きを定めることができる．

例題 7-2　ある剛体上に xyz 座標系をとり，剛体上の点 A (2, 3, 2) に力 $\boldsymbol{F} = -2\boldsymbol{i} + \boldsymbol{j} - 3\boldsymbol{k}$ が作用している．このとき，(1) 座標原点 O に関する x 軸回り，y 軸回り，z 軸回りの各モーメントの大きさを求めよ．また，さらに，点 B (−1, −2, −2) に力 $\boldsymbol{G} = \boldsymbol{i} + \boldsymbol{j} + 4\boldsymbol{k}$ が作用したとき，(2) 座標原点 O に

関する合モーメントを求めよ．

【モーメントの計算】

(1)　例えば，O に関する x 軸回りのモーメントは，点 A の yz 平面への投影点を A′，力 $\boldsymbol{F}$ の yz 平面への正射影ベクトルを $\boldsymbol{F}'$ とすれば，$\overrightarrow{\mathrm{OA}'} \times \boldsymbol{F}'$ で求められる．すなわち，$(3\boldsymbol{j} + 2\boldsymbol{k}) \times (\boldsymbol{j} - 3\boldsymbol{k}) = -11\boldsymbol{i}$ となり，モーメントの大きさは -11 となるが，これは，外積 $\overrightarrow{\mathrm{OA}} \times \boldsymbol{F}$ の x 成分に等しい．同様に，y 軸回り，z 軸回りの各モーメントの大きさは，$\overrightarrow{\mathrm{OA}} \times \boldsymbol{F}$ の y, z 成分にそれぞれ等しい．したがって，y 軸回り，z 軸回りの各モーメントの大きさは，それぞれ $(2\boldsymbol{i} + 2\boldsymbol{k}) \times (-2\boldsymbol{i} - 3\boldsymbol{k}) = 2\boldsymbol{j}$, $(2\boldsymbol{i} + 3\boldsymbol{j}) \times (-2\boldsymbol{i} + \boldsymbol{j}) = 8\boldsymbol{k}$ より，2 および 8 となる．

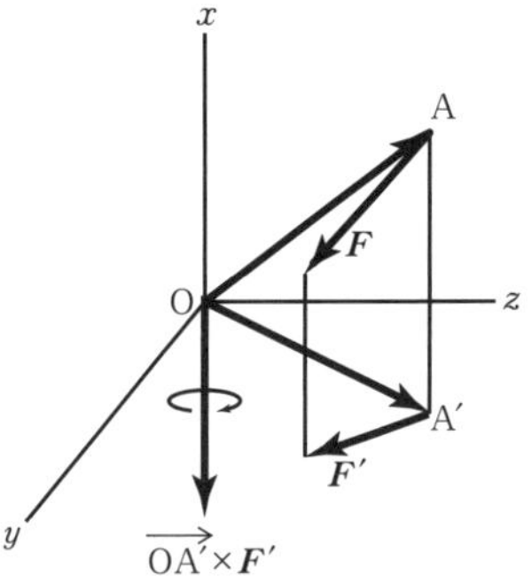

図 7-2

(2)　点 A の力 $\boldsymbol{F}$ によるモーメント $\boldsymbol{M}_1$ は，$\boldsymbol{M}_1 = -11\boldsymbol{i} + 2\boldsymbol{j} + 8\boldsymbol{k}$．一方，点 B の力 $\boldsymbol{G}$ によるモーメント $\boldsymbol{M}_2$ は，$\boldsymbol{M}_2 = (-\boldsymbol{i} - 2\boldsymbol{j} - 2\boldsymbol{k}) \times (\boldsymbol{i} + \boldsymbol{j} + 4\boldsymbol{k}) = -6\boldsymbol{i} + 2\boldsymbol{j} + \boldsymbol{k}$．したがって，点 O に関する合モーメントは $\boldsymbol{M}_1 + \boldsymbol{M}_2$ で求められるので，合モーメントは，$\boldsymbol{M} = -17\boldsymbol{i} + 4\boldsymbol{j} + 9\boldsymbol{k}$ となる．

7-2　ベクトル関数と質点の運動（速度ベクトルと接線ベクトル）

例題 7-3　質点が空間上を運動している．いま，時刻 t における質点の位置ベクトルを $\boldsymbol{r}(t)$ とし，$\boldsymbol{r}(t) = (t^2 + 2t)\boldsymbol{i} + (t^3 + \sin t)\boldsymbol{j} + (t^2 + \cos 2t)\boldsymbol{k}$ と表されるとき，この質点の速度ベクトル $\boldsymbol{v}(t)$ と加速度ベクトル $\boldsymbol{a}(t)$ を求めよ．

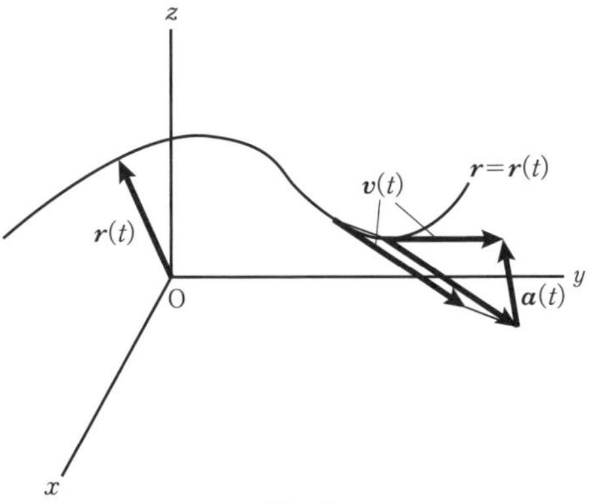

図 7-3

【質点の運動とベクトル関数】

6 章で述べたように，空間座標系での位置ベクトルのベクトル関数を $\boldsymbol{r}(t)$ とすれば，$\boldsymbol{r}(t)$ は空間内の曲線を表すので，t を時間の変数とすれば，$\boldsymbol{r}(t)$ はある質点の空間内の運動軌道を表す．

質点の運動において時刻 t における速度とは，t から微小時間 Δt 後の位置の

微小変位を Δt で除した値の $\Delta t \to 0$ における極限値で定義される．すなわち，

$\lim_{\Delta t \to 0} \dfrac{\boldsymbol{r}(t+\Delta t)-\boldsymbol{r}(t)}{\Delta t}$ で求められる．これは，ベクトル関数 $\boldsymbol{r}(t)$ の導関数そのものであり，$\boldsymbol{r}(t)$ で表される運動の速度はベクトルで表され，速度ベクトル $\boldsymbol{v}(t)$ は $\boldsymbol{r}'(t)$ に等しい．したがって，このことから，速度ベクトルは運動軌道の接線ベクトルとしても表される．

加速度についても，速度と同様にその定義から考えると，ベクトル関数 $\boldsymbol{v}(t)$ の導関数に一致するので，加速度はベクトルで表され，加速度ベクトル $\boldsymbol{a}(t)$ は $\boldsymbol{v}'(t)$ に等しい．つまり，$\boldsymbol{r}(t)$ の2次導関数 $\boldsymbol{r}''(t)$ に等しい．

以上のことから，本問における速度ベクトル $\boldsymbol{v}(t)$ と加速度ベクトル $\boldsymbol{a}(t)$ は次のように求められる．

$$\boldsymbol{v}(t)=\boldsymbol{r}'(t)=(2t+2)\boldsymbol{i}+(3t^2+\cos t)\boldsymbol{j}+(2t-2\sin 2t)\boldsymbol{k}$$
$$\boldsymbol{a}(t)=\boldsymbol{v}'(t)=\boldsymbol{r}''(t)=2\boldsymbol{i}+(6t-\sin t)\boldsymbol{j}+(2-4\cos 2t)\boldsymbol{k}$$

7-3　ベクトルの内積と仕事および線積分

例題 7-4　質点が力 $\boldsymbol{F}=\boldsymbol{i}+3\boldsymbol{j}-\boldsymbol{k}$ を受けながら，点P (2, −2, 1) から点Q (4, 1, 3) へ直線的に移動した．このとき，力 $\boldsymbol{F}$ のなした仕事 W を求めよ．

【仕事とベクトルの内積】

ある物体が一定の大きさ F の力を受けて，直線的に r の距離だけ変位（移動）したとき，その力によってなされた仕事 W は，$W=Fr\cos\theta$ で与えられる．ここで，θ は力の向きと物体の変位方向とのなす角を表す．いま，力と変位をベクトルとして $\boldsymbol{F}$, $\boldsymbol{r}$ と表すと，仕事は，$W=|\boldsymbol{F}||\boldsymbol{r}|\cos\theta=\boldsymbol{F}\cdot\boldsymbol{r}$ となる．つまり，仕事 W は，力ベクトル $\boldsymbol{F}$ と変位ベクトル $\boldsymbol{r}$ との内積によって表すことができる．

本問において，変位ベクトルは $\boldsymbol{r}=\overrightarrow{\mathrm{PQ}}=2\boldsymbol{i}+3\boldsymbol{j}+2\boldsymbol{k}$ であり，力ベクト

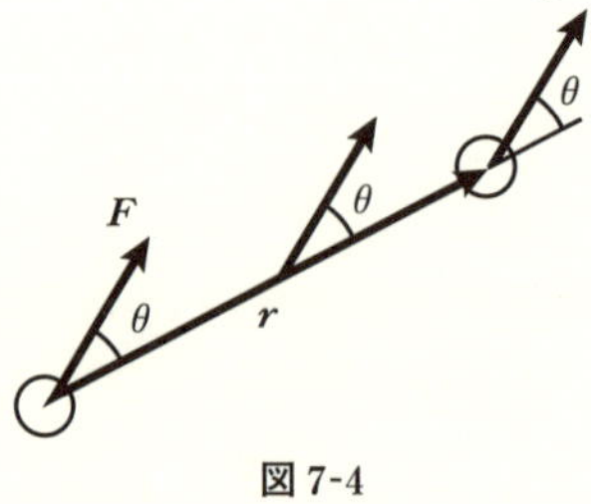

図 7-4

ルは $\boldsymbol{F}=\boldsymbol{i}+3\boldsymbol{j}-\boldsymbol{k}$ であるので，仕事 W は，$W=\boldsymbol{F}\cdot\boldsymbol{r}=2+9-2=9$ と求められる.

例題 7-5 空間上に質点が存在するとき，重力や電磁気力のように，その位置で定まる力が質点にはたらく空間はベクトル場と見なすことができ，一般にこのようなベクトル場を力場という．いま，空間内に xyz 座標系をとり，この力場を $\boldsymbol{F}(x,\ y,\ z)$ と表す．この力場内で，質点が点 P から点 Q へベクトル関数 $\boldsymbol{r}(t)$ で表される曲線 C に沿って移動した．このとき，この力場が質点になした仕事 W は，6 章例題 6-10 で示した線積分により求められることを示せ．ただし，$\boldsymbol{r}(t)$ は 1 階微分可能なベクトル関数であるとする.

【仕事と線積分】

本章例題 7-4 で示したように，質点の移動（変位）が直線であり，力が一定であるならば，その仕事は，変位ベクトルと力ベクトルの内積で求められる．したがって，曲線を微小線分に分割し，微小線分上で質点にはたらく力は一定であると見なせば，微小線分でなされた仕事は，微小線分に対する微小変位ベクトルとその位置で一定と見なした力ベクトルの内積で求めることができる.

6 章例題 6-10 を参考にすると，Δt を t の微小分割要素として，$\dfrac{d\boldsymbol{r}(t)}{dt}\Delta t$ は，曲線の微小線分に対する微小変位ベクトルを表し，$\boldsymbol{F}(x(t),\ y(t),\ z(t))$ は，この曲線上での t に対する力ベクトルを表すので，$\boldsymbol{F}(x(t),\ y(t),\ z(t))\cdot\dfrac{d\boldsymbol{r}(t)}{dt}\Delta t$ は，ある微小線分における微小変位ベクトルと，その微小線分上で一定と見なした力ベクトルの内積であるから，微小線分における微小仕事を表す．全体の仕事は，$\Delta t\to 0$ のときの点 P から点 Q までの微小仕事の総和で求められる．いま，曲線 C：$\boldsymbol{r}(t)$ 上で点 P，Q に対応する t の値が a，b であるとすると，求める仕事 W は，

$$W=\int_C \boldsymbol{F}\cdot d\boldsymbol{r}=\int_a^b \boldsymbol{F}(x(t),\ y(t),\ z(t))\cdot\frac{d\boldsymbol{r}(t)}{dt}dt$$

で求められる.

◇7章　演習問題◇

STEP 1

1．$\overrightarrow{\mathrm{OA}} = 3\boldsymbol{i} + \boldsymbol{j}$，$\overrightarrow{\mathrm{AB}} = \boldsymbol{i} - 3\boldsymbol{j} + 4\boldsymbol{k}$，$\overrightarrow{\mathrm{BC}} = \boldsymbol{i} + 2\boldsymbol{j} - \boldsymbol{k}$ のとき，次のものを求めよ．

(1) 力 $\overrightarrow{\mathrm{BC}}$ の点 A に関するモーメント

(2) 力 $\overrightarrow{\mathrm{BC}}$ の点 O に関するモーメント

2．点 P (2，−1，3) に作用する力を $\boldsymbol{F} = 3\boldsymbol{i} + 2\boldsymbol{j} - \boldsymbol{k}$ とするとき，

(1) 原点に関する $\boldsymbol{F}$ のモーメントを求めよ．

(2) 点 Q (−1，2，4) に関する $\boldsymbol{F}$ のモーメントを求めよ．

3．点 A に力 $\boldsymbol{F}$ が作用し，かつ点 B に力 $\boldsymbol{G}$ が作用することで，原点に関してモーメントのつり合いがとれているとする．このとき，点 A，B それぞれの位置ベクトルを $\boldsymbol{a}$，$\boldsymbol{b}$ とすると，$[\boldsymbol{b},\ \boldsymbol{a},\ \boldsymbol{F}] = 0$，かつ，$[\boldsymbol{G},\ \boldsymbol{a},\ \boldsymbol{F}] = 0$ が成り立つことを示せ．

4．次の質点の運動について，①速度ベクトル $\boldsymbol{v}(t)$ と加速度ベクトル $\boldsymbol{a}(t)$，②$t = 1$ における加速度ベクトル $\boldsymbol{a}(1)$ の接線方向成分ベクトル $\boldsymbol{a}_t$ と法線方向成分ベクトル $\boldsymbol{a}_n$ を求めよ．

(1) $\boldsymbol{r}(t) = (t^3 - t^2)\boldsymbol{i} + (t^2 + 1)\boldsymbol{j} + (t^3 - t)\boldsymbol{k}$

(2) $\boldsymbol{r}(t) = t\sin(t-1)\cdot\boldsymbol{i} + (t^2 + \cos(t-1))\boldsymbol{j} + (1 - t\cos(t-1))\boldsymbol{k}$

5．外力の作用を受けない質点の運動は直線運動であることを示せ．

6．質点が次の力 $\boldsymbol{F}$ を受けながら，点 A (1，3，−2) から点 B (2，−1，1) へ直線的に移動した．このとき，力 $\boldsymbol{F}$ のなした仕事 W を求めよ．

(1) $\boldsymbol{F} = 2\boldsymbol{i} - 4\boldsymbol{j} + 3\boldsymbol{k}$　　(2) $\boldsymbol{F} = -3\boldsymbol{i} + 5\boldsymbol{j} + 6\boldsymbol{k}$

(3) $\boldsymbol{F} = xy\boldsymbol{i} + (y^2 + xz)\boldsymbol{j} + (x - z)\boldsymbol{k}$　　(4) $\boldsymbol{F} = x^2\boldsymbol{i} + (y + z)\boldsymbol{j} - (xz + y)\boldsymbol{k}$

7．次の力場 $\boldsymbol{F}$ において，質点が曲線 $\boldsymbol{r}(t) = (t+1)\boldsymbol{i} + 2t^2\boldsymbol{j} + (t^2 + t)\boldsymbol{k}$ に沿って $t = 0$ から $t = 1$ まで運動する間に $\boldsymbol{F}$ のなす仕事量 W を求めよ．

(1) $\boldsymbol{F} = 2\boldsymbol{i} - \boldsymbol{j} + 2\boldsymbol{k}$　　(2) $\boldsymbol{F} = 3\boldsymbol{i} + 4\boldsymbol{j} - 2\boldsymbol{k}$

(3) $\boldsymbol{F} = (y + z)\boldsymbol{i} - (x^2 - z)\boldsymbol{j} - (y - 2z)\boldsymbol{k}$

(4) $\boldsymbol{F} = xy\boldsymbol{i} + (y - z)\boldsymbol{j} - (x + y - z)\boldsymbol{k}$

STEP 2

8．質点の位置ベクトルを $\boldsymbol{r}(t)$，速度ベクトルを $\boldsymbol{v}(t)$ とするとき，質点は $\boldsymbol{v}(t)$ に垂直な力を受けて運動しているという．このとき速度の大きさは一定に保たれることを示せ．

9．質点の位置ベクトルを $\boldsymbol{r}(t)$，速度ベクトルを $\boldsymbol{v}(t)$ とするとき，$\boldsymbol{r}(t) \times \boldsymbol{v}(t)$ が定方向ベクトルになるとき，この質点の運動は，ある定平面に平行になることを示せ．

10．剛体が，点Oを通るある軸のまわりを ω の角速度で一定に回転しているとき，大きさは ω で，向きは軸方向で右ねじの進む向きを正と定めたベクトル $\boldsymbol{\omega}$ を角速度ベクトルという．このとき，剛体内の任意の点Pにおける角速度により生じる速度ベクトル $\boldsymbol{v}$ は，点Pの点Oに対する位置ベクトルを $\boldsymbol{r}$ とすれば，$\boldsymbol{v} = \boldsymbol{\omega} \times \boldsymbol{r}$ と表される．これをふまえて以下の問いに答えよ．

(1) ある剛体が，点A (2，−3，5) を通り $2\boldsymbol{i} + 2\boldsymbol{j} - \boldsymbol{k}$ に平行な軸のまわりに，4 rad/s の角速度で回転しているとき，角速度ベクトル $\boldsymbol{\omega}$ を求めよ．

(2) このとき，点Q (1，−2，1) および点R (1，−1，6) における速度ベクトル $\boldsymbol{u}$，$\boldsymbol{v}$ をそれぞれ求めよ．

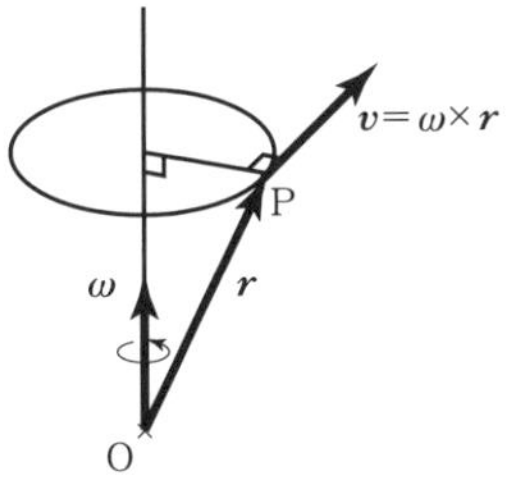

図 7-5

11．質量 m の質点が，定点Oに対して位置ベクトル $\boldsymbol{r}$ で表される位置を速度 $\boldsymbol{v}$ で運動しているとき，$\boldsymbol{l} = \boldsymbol{r} \times (m\boldsymbol{v}) = m(\boldsymbol{r} \times \boldsymbol{v})$ を角運動量という．一方，質量 m の質点に作用する力 $\boldsymbol{F}$ が，常に定点Oに対する質点の位置ベクトル $\boldsymbol{r}$ の方向に作用し，$\boldsymbol{F}$ の大きさが点Oと質点との距離 r だけの関数であるとき，$\boldsymbol{F}$ を中心力といい，一般に，$\boldsymbol{F} = f(r)\dfrac{\boldsymbol{r}}{r}$ と表される．いま，質量 m の質点が，中心力 $\boldsymbol{F}$ を受けて運動しているとき，角運動量は時間に対し一定であることを示せ．

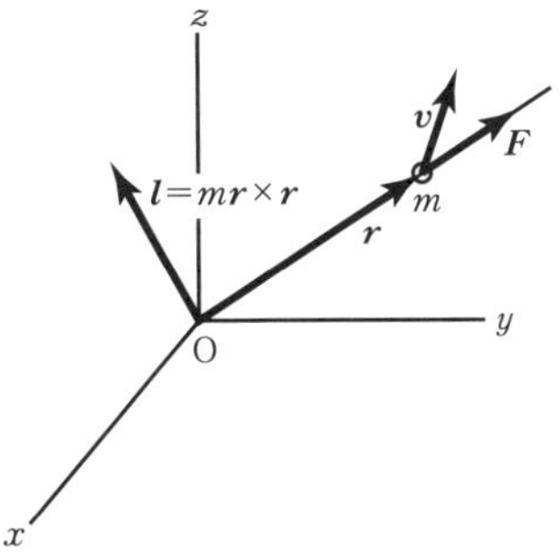

図 7-6

◇7章　演習問題解答◇

STEP 1

1．(1)　$\overrightarrow{\mathrm{AB}} \times \overrightarrow{\mathrm{BC}} = -5\boldsymbol{i} + 5\boldsymbol{j} + 5\boldsymbol{k}$　　(2)　$\overrightarrow{\mathrm{OB}} \times \overrightarrow{\mathrm{BC}} = -6\boldsymbol{i} + 8\boldsymbol{j} + 10\boldsymbol{k}$

2．(1)　$\overrightarrow{\mathrm{OP}} \times \boldsymbol{F} = -5\boldsymbol{i} + 11\boldsymbol{j} + 7\boldsymbol{k}$　　(2)　$\overrightarrow{\mathrm{QP}} \times \boldsymbol{F} = 5\boldsymbol{i} + 15\boldsymbol{k}$

3．原点に関してモーメントのつり合いがとれているので，$\boldsymbol{a} \times \boldsymbol{F} = \boldsymbol{b} \times \boldsymbol{G}$が成り立つ．すなわち，$\boldsymbol{a} \times \boldsymbol{F}$と$\boldsymbol{b} \times \boldsymbol{G}$は平行．また，明らかに，$\boldsymbol{b}$，$\boldsymbol{G}$は共に$\boldsymbol{b} \times \boldsymbol{G}$に対し垂直であるから，$\boldsymbol{a} \times \boldsymbol{F}$に対しても垂直．ゆえに，$[\boldsymbol{b}, \boldsymbol{a}, \boldsymbol{F}] = 0$，かつ，$[\boldsymbol{G}, \boldsymbol{a}, \boldsymbol{F}] = 0$が成り立つ．

4．

(1)　①　$\boldsymbol{v}(t) = (3t^2 - 2t)\boldsymbol{i} + 2t\boldsymbol{j} + (3t^2 - 1)\boldsymbol{k}$，$\boldsymbol{a}(t) = (6t - 2)\boldsymbol{i} + 2\boldsymbol{j} + 6t\boldsymbol{k}$

②　$\boldsymbol{v}(1) = \boldsymbol{i} + 2\boldsymbol{j} + 2\boldsymbol{k}$，$\boldsymbol{a}(1) = 4\boldsymbol{j} + 2\boldsymbol{j} + 6\boldsymbol{k}$より，

$$\boldsymbol{a}_t = \frac{\boldsymbol{v}(1)\cdot\boldsymbol{a}(1)}{|\boldsymbol{v}(1)|^2}\boldsymbol{v}(1) = \frac{20}{9}(\boldsymbol{i} + 2\boldsymbol{j} + 2\boldsymbol{k}) = \frac{20}{9}\boldsymbol{i} + \frac{40}{9}\boldsymbol{j} + \frac{40}{9}\boldsymbol{k}$$

$$\boldsymbol{a}_n = \boldsymbol{a}(1) - \boldsymbol{a}_t = \frac{16}{9}\boldsymbol{i} - \frac{22}{9}\boldsymbol{j} + \frac{14}{9}\boldsymbol{k}$$

(2)　①　$\boldsymbol{v}(t) = (t\cos(t-1) + \sin(t-1))\boldsymbol{i} + (2t - \sin(t-1))\boldsymbol{j} + (t\sin(t-1) - \cos(t-1))\boldsymbol{k}$

$\boldsymbol{a}(t) = (-t\sin(t-1) + 2\cos(t-1))\boldsymbol{i} + (2 - \cos(t-1))\boldsymbol{j} + (t\cos(t-1) - 2\sin(t-1))\boldsymbol{k}$

②　$\boldsymbol{v}(1) = \boldsymbol{i} + 2\boldsymbol{j} - \boldsymbol{k}$，$\boldsymbol{a}(1) = 2\boldsymbol{j} + \boldsymbol{j} + \boldsymbol{k}$より，

$$\boldsymbol{a}_t = \frac{\boldsymbol{v}(1)\cdot\boldsymbol{a}(1)}{|\boldsymbol{v}(1)|^2}\boldsymbol{v}(1) = \frac{3}{6}(\boldsymbol{i} + 2\boldsymbol{j} - \boldsymbol{k}) = \frac{1}{2}\boldsymbol{i} + \boldsymbol{j} - \frac{1}{2}\boldsymbol{k}$$

$$\boldsymbol{a}_n = \boldsymbol{a}(1) - \boldsymbol{a}_t = \frac{3}{2}\boldsymbol{i} + \frac{3}{2}\boldsymbol{k}$$

5．時間tにおける質点の位置ベクトルと速度ベクトルをそれぞれ$\boldsymbol{r}(t)$，$\boldsymbol{v}(t)$とすると，質点の運動方程式は，$m\dfrac{d^2\boldsymbol{r}}{dt^2} = m\dfrac{d\boldsymbol{v}}{dt} = \boldsymbol{F}$．ただし，$m$は質点の質量，$\boldsymbol{F}$は外力を表す．いま，$\boldsymbol{F} = \boldsymbol{o}$なので，$m\dfrac{d\boldsymbol{v}}{dt} = \boldsymbol{o}$より，$\boldsymbol{v}(t) = \boldsymbol{a}$（$\boldsymbol{a}$：定ベクトル）．したがって，$\dfrac{d\boldsymbol{r}}{dt} = \boldsymbol{a}$より，$\boldsymbol{r}(t) = \boldsymbol{a}t + \boldsymbol{b}$（$\boldsymbol{b}$：定ベクトル）と表せる．ここで，この式の右辺は，位置ベクトル$\boldsymbol{b}$を通り，方向ベクトル$\boldsymbol{a}$に平行な直線の式を表す．ゆえに，質点の運動は直線運動である．

6．

(1)　$W = \boldsymbol{F}\cdot\overrightarrow{\mathrm{AB}} = (2\boldsymbol{i} - 4\boldsymbol{j} + 3\boldsymbol{k})\cdot(\boldsymbol{i} - 4\boldsymbol{j} + 3\boldsymbol{k}) = 27$

(2)　$W = \boldsymbol{F}\cdot\overrightarrow{\mathrm{AB}} = (-3\boldsymbol{i} + 5\boldsymbol{j} + 6\boldsymbol{k})\cdot(\boldsymbol{i} - 4\boldsymbol{j} + 3\boldsymbol{k}) = -5$

(3)　線分 AB は，$\boldsymbol{r}(t) = (t+1)\boldsymbol{i} + (-4t+3)\boldsymbol{j} + (3t-2)\boldsymbol{k}$，$0 \leqq t \leqq 1$ と表せるので，

$$W = \int \boldsymbol{F}\cdot d\boldsymbol{r}$$
$$= \int_0^1 \Big[(t+1)(-4t+3)\boldsymbol{i} + \{(-4t+3)^2 + (t+1)(3t-2)\}\boldsymbol{j} + \{(t+1) - (3t-2)\}\boldsymbol{k}\Big]\cdot(\boldsymbol{i} - 4\boldsymbol{j} + 3\boldsymbol{k})\,dt$$
$$= \int_0^1 \{(-4t^2 - t + 3)\boldsymbol{i} + (19t^2 - 23t + 7)\boldsymbol{j} + (-2t+3)\boldsymbol{k}\}\cdot(\boldsymbol{i} - 4\boldsymbol{j} + 3\boldsymbol{k})\,dt$$
$$= \int_0^1 (-80t^2 + 85t - 16)\,dt = \left[-\frac{80}{3}t^3 + \frac{85}{2}t^2 - 16t\right]_0^1 = -\frac{1}{6}$$

(4)　(3)と同様に考えると，

$$W = \int \boldsymbol{F}\cdot d\boldsymbol{r}$$
$$= \int_0^1 \Big[(t+1)^2\boldsymbol{i} + \{(-4t+3) + (3t-2)\}\boldsymbol{j} - \{(t+1)(3t-2) + (-4t+3)\}\boldsymbol{k}\Big]\cdot(\boldsymbol{i} - 4\boldsymbol{j} + 3\boldsymbol{k})\,dt$$
$$= \int_0^1 \{(t^2 + 2t + 1)\boldsymbol{i} + (-t+1)\boldsymbol{j} - (3t^2 - 3t + 1)\boldsymbol{k}\}\cdot(\boldsymbol{i} - 4\boldsymbol{j} + 3\boldsymbol{k})\,dt$$
$$= \int_0^1 (-8t^2 + 15t - 6)\,dt = \left[-\frac{8}{3}t^3 + \frac{15}{2}t^2 - 6t\right]_0^1 = -\frac{7}{6}$$

7．

(1)　$W = \int \boldsymbol{F}\cdot d\boldsymbol{r} = \int_0^1 (2\boldsymbol{i} - \boldsymbol{j} + 2\boldsymbol{k})\cdot(\boldsymbol{i} + 4t\boldsymbol{j} + (2t+1)\boldsymbol{k})\,dt = \int_0^1 (2 - 4t + 4t + 2)\,dt$

$$= \Big[4t\Big]_0^1 = 4$$

(2)　$W = \int \boldsymbol{F}\cdot d\boldsymbol{r} = \int_0^1 (3\boldsymbol{i} + 4\boldsymbol{j} - 2\boldsymbol{k})\cdot(\boldsymbol{i} + 4t\boldsymbol{j} + (2t+1)\boldsymbol{k})\,dt$

$$= \int_0^1 (3 + 16t - 4t - 2)\,dt = \Big[6t^2 + t\Big]_0^1 = 7$$

(3)　$W = \int \boldsymbol{F}\cdot d\boldsymbol{r} = \int_0^1 \{(3t^2 + t)\boldsymbol{i} - (t+1)\boldsymbol{j} + 2t\boldsymbol{k}\}\cdot(\boldsymbol{i} + 4t\boldsymbol{j} + (2t+1)\boldsymbol{k})\,dt$

$$= \int_0^1 (3t^2 + t - 4t^2 - 4t + 4t^2 + 2t)\,dt = \int_0^1 (3t^2 - t)\,dt = \left[t^3 - \frac{t^2}{2}\right]_0^1 = \frac{1}{2}$$

(4)　$W = \int \boldsymbol{F}\cdot d\boldsymbol{r} = \int_0^1 \{(2t^3 + 2t^2)\boldsymbol{i} + (t^2 - t)\boldsymbol{j} - (t^2+1)\boldsymbol{k})\}\cdot(\boldsymbol{i} + 4t\boldsymbol{j} + (2t+1)\boldsymbol{k})\,dt$

$$= \int_0^1 (2t^3 + 2t^2 + 4t^3 - 4t^2 - 2t^3 - t^2 - 2t - 1)\,dt = \int_0^1 (4t^3 - 3t^2 - 2t - 1)\,dt$$
$$= \Big[t^4 - t^3 - t^2 - t\Big]_0^1 = -2$$

STEP 2

8．力ベクトルを $\boldsymbol{F}$ とすると，$\boldsymbol{v}(t) \perp \boldsymbol{F}$ より，$\boldsymbol{v}(t) \cdot \boldsymbol{F} = 0$．また，質点の質量を m とすると，質点の運動方程式は，$m\dfrac{d^2\boldsymbol{r}}{dt^2} = m\dfrac{d\boldsymbol{v}}{dt} = \boldsymbol{F}$ と表せるので，$\boldsymbol{v} \cdot m\dfrac{d\boldsymbol{v}}{dt} = 0$，すなわち，$\boldsymbol{v} \cdot \dfrac{d\boldsymbol{v}}{dt} = 0$．ゆえに，6章演習問題23より，$|\boldsymbol{v}(t)|$ は一定となる．

9．条件から，$\boldsymbol{r}(t) \times \boldsymbol{v}(t) = f(t)\boldsymbol{c}$（$f(t)$：スカラー関数，$\boldsymbol{c}$：定ベクトル）と表せる．また，明らかに，$\boldsymbol{r}(t) \perp (\boldsymbol{r}(t) \times \boldsymbol{v}(t))$ だから，$\boldsymbol{r}(t) \perp \boldsymbol{c}$．すなわち，質点の運動 $\boldsymbol{r}(t)$ は，$\boldsymbol{c}$ を法線ベクトルとする平面に平行となる．

10．

(1)　角速度ベクトル $\boldsymbol{\omega}$ の単位ベクトルは，$2\boldsymbol{i} + 2\boldsymbol{j} - \boldsymbol{k}$ の単位ベクトルに等しい．また，$|\boldsymbol{\omega}| = 4$ より，$\omega = \dfrac{4}{|2\boldsymbol{i} + 2\boldsymbol{j} - \boldsymbol{k}|}(2\boldsymbol{i} + 2\boldsymbol{j} - \boldsymbol{k}) = \dfrac{4}{3}(2\boldsymbol{i} + 2\boldsymbol{j} - \boldsymbol{k})$

(2)　$\boldsymbol{u} = \boldsymbol{\omega} \times \overrightarrow{\mathrm{AQ}} = \dfrac{4}{3}(2\boldsymbol{i} + 2\boldsymbol{j} - \boldsymbol{k}) \times (-\boldsymbol{i} + \boldsymbol{j} - 4\boldsymbol{k}) = \dfrac{4}{3}(-7\boldsymbol{i} + 9\boldsymbol{j} + 4\boldsymbol{k})$

$\boldsymbol{v} = \boldsymbol{\omega} \times \overrightarrow{\mathrm{AR}} = \dfrac{4}{3}(2\boldsymbol{i} + 2\boldsymbol{j} - \boldsymbol{k}) \times (-\boldsymbol{i} + 2\boldsymbol{j} + \boldsymbol{k}) = \dfrac{4}{3}(4\boldsymbol{i} - \boldsymbol{j} + 6\boldsymbol{k})$

11．質点の角運動量の時間微分を求めると，

$$\frac{d\boldsymbol{l}}{dt} = \frac{d}{dt}(m(\boldsymbol{r} \times \boldsymbol{v})) = m\frac{d\boldsymbol{r}}{dt} \times \boldsymbol{v} + m\boldsymbol{r} \times \frac{d\boldsymbol{v}}{dt} = m\boldsymbol{v} \times \boldsymbol{v} + m\boldsymbol{r} \times \frac{d\boldsymbol{v}}{dt} = m\boldsymbol{r} \times \frac{d\boldsymbol{v}}{dt}$$

一方，質点の運動方程式は，$m\dfrac{d^2\boldsymbol{r}}{dt^2} = m\dfrac{d\boldsymbol{v}}{dt} = f(r)\dfrac{\boldsymbol{r}}{r}$ であるから，この式を上式に代入すると，

$$\frac{d\boldsymbol{l}}{dt} = m\boldsymbol{r} \times \frac{d\boldsymbol{v}}{dt} = m\boldsymbol{r} \times f(r)\frac{\boldsymbol{r}}{r} = \frac{mf(r)}{r}\boldsymbol{r} \times \boldsymbol{r} = \boldsymbol{o}$$

したがって，角運動量は時間に対し一定である．

＊このことを，角運動量保存の法則という．

── 著 者 略 歴 ──

松本　亮介（まつもと　りょうすけ）

1992年　同志社大学工学部機械工学科卒業
1994年　同志社大学大学院工学研究科博士前期課程修了（機械工学専攻）
1994年　関西大学助手
2001年　博士（工学）（同志社大学）
2002年　関西大学専任講師，アレキサンダー・フォン・フンボルト財団奨学研究員
2007年　関西大学准教授
現在に至る

山口　智実（やまぐち　ともみ）

1984年　東京大学工学部精密機械工学科卒業
1989年　東京大学大学院工学系研究科博士課程修了（精密機械工学専攻），工学博士
1989年　財団法人京都高度技術研究所研究員（1990年～主任研究員）
1994年　関西大学専任講師
1997年　関西大学助教授
1999年　Stanford大学客員研究員（1年間）
2007年　関西大学教授
現在に至る

演習　グラフィカル 物理数学

2012年　4月20日　　第1版第 1刷発行
2016年　1月22日　　第1版第 2刷発行

著　者　松本亮介（まつもとりょうすけ）
　　　　山口智実（やまぐちともみ）
発行者　田中久米四郎

発 行 所
株式会社 電 気 書 院
ホームページ　www.denkishoin.co.jp
（振替口座　00190-5-18837）
〒101-0051　東京都千代田区神田神保町1-3ミヤタビル2F
電話(03)5259-9160／FAX(03)5259-9162

印刷　創栄図書印刷株式会社
Printed in Japan／ISBN978-4-485-30066-4

- 落丁・乱丁の際は，送料弊社負担にてお取り替えいたします.
- 正誤のお問合せにつきましては，書名・版刷を明記の上，編集部宛に郵送・FAX（03-5259-9162）いただくか，当社ホームページの「お問い合わせ」をご利用ください．電話での質問はお受けできません．また，正誤以外の詳細な解説は行っておりません.